수학의 중력

The Gravity of Math How Geometry Rules the Universe
Copyright © 2024 by Steve Nadis, Shing-Tung Yau
Korean Translation Copyright © 2025 by Dongnyok Science Publishing Co.

Korean edition is published by arrangement
with Basic Books, an imprint of Perseus Books, LLC,
a subsidiary of Hachette Book Group Inc., New York, New York, USA.
through Duran Kim Agency.

이 책의 한국어판 저작권은 듀란킴 에이전시를 통한 Perseus Books와의 독점계약으로 동녘사이언스에 있습니다.
저작권법에 의하여 한국 내에서 보호를 받는 저작물이므로 무단전재와 무단복제를 금합니다.

수학의 중력
일반상대성이론부터 양자중력까지, 우주를 지배하는 수학의 최전선

초판 1쇄 펴낸날 2025년 4월 7일
초판 2쇄 펴낸날 2025년 6월 20일

지은이 야우싱퉁·스티브 네이디스	편집 김현정 김혜윤 이심지 이정신 이지원 홍주은
옮긴이 박초월	디자인 김태호
펴낸이 이건복	마케팅 임세현
펴낸곳 동녘사이언스	관리 서숙희 이주원

만든 사람들
편집 이송찬 김혜윤 디자인 김태호

인쇄 새한문화사 라미네이팅 북웨어 종이 한서지업사

등록 제406-2004-000024호 2004년 10월 21일
주소 (10881) 경기도 파주시 회동길 77-26
전화 영업 031-955-3000 편집 031-955-3005 팩스 031-955-3009
홈페이지 www.dongnyok.com 전자우편 editor@dongnyok.com
페이스북·인스타그램 @dongnyokpub

ISBN 978-89-90247-91-9 (03420)

- 잘못 만들어진 책은 바꿔드립니다.
- 책값은 뒤표지에 쓰여 있습니다.

수학의 중력

일반상대성이론부터 양자중력까지,
우주를 지배하는 수학의 최전선

야우싱퉁 ·
스티브 네이디스 지음

박초월 옮김

The Gravity of Math
How Geometry Rules the Universe

우리의 부모님,
로레인 B. 네이디스와 마틴 네이디스
그리고 렁역람과 치우천잉을 추억하며

이 책에 쏟아진 찬사

"빅뱅에서부터 블랙홀 형성까지, 풀리지 않은 수수께끼와 중력의 수학을 탐사하는 매력적이고 광범위한 여정."

아비 로브 Avi Loeb   하버드대학교 프랭크 B. 베어드 주니어 과학교수·《오무아무아》 저자

"지구로 떨어지는 사과와 우리은하 중심에 있는 거대 블랙홀이 이토록 밀접하게 연결되어 있다니. 그 연관성을 밝혀낸 인간의 사고 능력은 또 얼마나 뛰어난가. 수리물리학이 과학소설 못지않은 즐거움을 선사할 수 있다는 사실을 보여준다."

폴 나힌 Paul Nahin   뉴햄프셔대학교 전기공학과 명예교수

"놀랍도록 멋지고 위대한 과학 대서사시를 가장 최근의 연구까지 포함하여 읊어준다. 수학과 질량을 능숙하게 엮으며 중력과 기하학의 감동적인 결합을 보여주는 책."

카를 지크문트 Karl Sigmund   오스트리아 빈대학교 수학과 명예교수·
《어떻게 수학을 사랑하지 않을 수 있을까?》 저자

"아인슈타인의 상대성이론부터 끈이론에 이르기까지, 수학과 물리적 실재 간의 깊은 연관성을 명료하고 우아하게 서술한다. 현대 물리학의 근간을 이루는 심오한 원리에 대한 명쾌한 설명을 원하는 독자에게 추천한다."

폴 핼펀 Paul Halpern   필라델피아대학교 물리학과 교수·
《아인슈타인의 주사위와 슈뢰딩거의 고양이》 저자)

일러두기

본문의 각주는 모두 옮긴이주입니다.

권두시

빛을 찾아서

세상의 참된 형상은 안개와 구름 속으로 모습을 감추었다.
끊임없는 탐구가 이루어졌지만 끝내 모두 실패하고 말았다.

그러나 새벽에 드리운 연무를 뚫고 희미한 빛이 깜박이니,
조화의 감각이 나를 압도하고, 마음과 정신이 하나가 된다.

떠오르는 태양에 꽃잎이 하나둘 펼쳐지고,
짝을 지어 날아다니는 제비들은 상공에서 선회의 궤적을 그리고.

땅과 하늘의 신비는 언제나 저물지 않고 나를 향해 손짓한다.
여느 때처럼 나는 그 힘에 속수무책으로 휘둘릴 뿐.

찰나의 통찰에 경의를 표하며 조용히 고개를 숙인다.
바람이 부는 이 경이로운 길의 다음 여정을 위해 몸을 가다듬는다.

앞으로의 노정은 험난하며 또 위험하기까지 하다.
험난한 고갯길을 넘고 드높은 언덕을 올라야 하니.

결연하게 의지를 다지며 계속 나아간다. 멈출 줄 모르고.
불안하지만 궁금한 마음은 영원하다. 정상에서 무엇이 나를 기다릴지.

차례

들어가며	물리학과 수학이 함께 추는 춤	13
전주곡	원뿔을 자르는 방법은 하나만이 아니다	22

1장 **낙하하는 물체, 패러다임의 전환** 31
특수상대성이론과 중력 이론의 실마리

2장 **일반적인 길로 향하는 여정** 71
리만 기하학과 일반상대성이론의 발전

3장 **최고의 걸작** 103
중력장 방정식의 완성

4장 **가장 특이한 해답** 143
방정식의 첫 번째 해, 블랙홀과 특이점

5장	**중력의 파동을 찾아서**	189
	중력파 존재의 수학적 증명과 관측	
6장	**우주 전체의 방정식**	213
	일반상대성이론이 탄생시킨 현대 우주론	
7장	**물질의 질량**	233
	양수 질량 추측과 질량의 정의	
8장	**통일을 위한 탐구**	261
	통일 이론과 양자중력 그리고 끈이론	
후주곡	진정한 '미스터리 스폿'이 숨겨진 곳	294
나가며	일반상대성이론의 지난 반세기를 돌아보며	302

옮긴이의 말	309
미주	313
찾아보기	335

들어가며

물리학과 수학이 함께 추는 춤

알베르트 아인슈타인Albert Einstein의 일반상대성이론을 처음 접한 1960년대 초엽, 나는 홍콩의 고등학생이었다. 그 주제를 겉핥기로라도 배웠다고 말할 수 없는데, 실상은 그보다 안 좋았기 때문이다. 사실 당시에는 그 이론을 이해할 만큼 수학을 잘 알지 못했다. 주변에 가르쳐줄 사람도 없었다. 몇 년 후, 홍콩의 작은 대학에 등록했지만 그곳에도 가르칠 자격을 갖춘 교사는 없었다. 하지만 나는 항상 마음속 깊이 알고 있었다. 일반상대성이론은 내가 언젠가 어떻게든 배워야 할 심오하고 풍요로운 분야라는 것을.

기회는 1970년 1월에 찾아왔다. 그때 나는 캘리포니아대학교 버클리캠퍼스 수학과 대학원에서의 첫해를 보내고 있었다. 대학원에 입학하기 네 달 전부터는 기하학에 빠져 있었고 이듬해부터는 일반상대성이론 강의를 듣기 시작했다. 나는 깜짝 놀랐다. 오랫동안 끌어당기는 힘으로 설명되어온 '중력'을 기하학적 효과로 보는 것이 더 정확하다는 사실을 알게 되었다. 다시 말해 중력은 질량이 있는 물체가 시공간을 휘거나 구부린 결과였다. 순진하고 무지했던 과거의 나는 물리학과 기하학을 별개의 주제로 보았다. 그 둘이 이처럼 밀접하게 연결될 수 있다는 사실은 마치 계시와도 같았다. 갑자기 호기심이 발동한 나는 물질이 전혀 없는 진공에서도 시공간이 휘어지면서 중력이 나타날 수 있을지 궁금해졌다. 처음에는 내가 고민하던 문제가 1954년에 수학자 에우제니오 칼라비Eugenio Calabi가 제기한 문제와 같다는 것을 미처 알지 못했다. 칼라비가 무엇을 했는지 알게 된 나는 중력과 전혀 상관없어 보이는 수학의 언어로 빼곡하게 쓰인 그의 추측에 사로잡혔다. 이후로도 나는 오랫동안 '칼라비 추측Calabi conjecture'에 관심을 두었다.

칼라비에게 이 문제는 일반상대성이론과의 연관성을 떠나서 그 자체로 흥미로운 기하학 문제였다. 당시에는 나도 대체로 그런 관점에서 접근했다. 하지만 나는 수학과 물리학의 관계에도 흥미를 느끼고 있던 참이었다. 실제로 일반상대성이론 강의를 들으며 호기심이 고조된 그 순간부터 나의 연구 경력은 대부분 두 위대한 학문 사이의, 때로는 빈약하게 묘사되곤 하는 경계를 따라 춤을 추면서 이루어졌다. 알고 보니 그 경계는 매우 유익할 때가 많았다. 왜냐하면 물리학의 획기적 발전이 연달아 수학의 진보를 추동했던 것처럼 수학의 발상도 오랫동안 물리학의 발전을 촉진했기 때문이다. 이 같은 역동적인 상호작용은 특히 일반상대성이론 분야에서 두드러졌다. 그리고 이 책을 집필한 큰 동기가 되기도 했다.

놀랍게도 아인슈타인이 1915년에 발표한 일반상대성이론에는 한 세기가 지난 지금까지 중력에 대해 알려진 거의 모든 지식이 포함되어 있다. 공저자 스티브 네이디스와 나는 아인슈타인이 일반상대성이론과 그 이론에 포함된 방정식들을 만드는 데 사용한 온갖 종류의 수학을 강조하고 싶었다. 그리고 그 과정에서 그가 수학자들로부터 받은 모든 도움과, 오늘날에도 이론이 가지를 뻗고 있는 영역을 탐구하는 데 수학자들이 주는 도움까지 알려주고 싶었다. 예를 들어 수학에서 이끌어낸 많은 통찰이 없었더라면 지금과 같은 수준으로 블랙홀을 이해하지 못했을 것이다. 반대도 마찬가지다. 물리학자들이 없었더라면 애초부터 그런 놀라운 현상이 있으리라고는 꿈도 꾸지 못했을 것이다.

그건 정말이지 흥미진진한 협력이었고 지금도 계속되고 있다. 나 또한 그 협업에 참여하게 된 것을 행운이라고 생각한다. 물리학자들과 수학자들은 (그리고 두 분야의 경계에 걸쳐 있는 수리물리학자들은) 때로는 갈등을 빚기도 하지만 협력에 기꺼이 뛰어들곤 한다. 그 놀라운 협력 관계를 이 책 《수학의 중력》에서 설명하고 기념하고자 한다.

야우싱퉁
2023년 베이징에서

이 책은 한 단어에서 시작되었다. 몇 년 전, 어느 학술 출판사의 편집자가 느닷없이 야우싱퉁에게 연락해서 책으로 만들 만한 아이디어가 있느냐고 물었다. 야우싱퉁은 "중력에 관한 책은 어떻습니까?"라고 답했다.

책 집필을 시작하기에 충분한 출발점은 아니었다. 하지만 2006년 뉴욕의 한 출판 에이전트의 요청으로 첫 번째 책의 공동 집필에 착수했을 때보다는 상황이 더 나았다. 그때 우리는 에이전트와 대화를 나누다가 그가 어떤 주제로 어떤 종류의 책을 구상하고 있는지 물었다. 에이전트는 이렇게 말했다. "뭐라고 해야 할지 모르겠군요. 하지만 좋은 책이 될 거라고 확신합니다."

이번 책의 경우에는 적어도 '중력'이라는 두 글자로 이루어진 작은 씨앗이 있었다. 하지만 그 주제가 포괄하는 범위는 그야말로 엄청났다. 중력은 우주의 주요 설계자이다. 수십억 광년에 걸쳐 행성과 별부터 초은하단까지 모든 것을 형성함으로써 가장 거대한 규모의 우주를 조각한 장본인이다. 하지만 아직 이해하지 못하는 것들도 많다. 중력은 왜 다른 힘보다 훨씬 약할까? 예를 들어 전자기력보다 10^{36}배나 더 작은 이유는 무엇일까? 그리고 중력과 그 밖의 세 가지 힘(강한 핵력, 약한 핵력, 전자기력)이 편안하게 맞물리는 통일 이론을 만드는 작업은 왜 이렇게 어려운 걸까?

중력은 다루기 힘든 주제이다. 무엇보다 논의의 중심인물인 알베르트 아인슈타인과 그의 업적이 이미 1700권에 달하는 책에서 중점적으로 다루어졌기 때문이다. 그 수는 계속해서 늘고 있다. 기존의 방대한 문헌을 고려한 야우싱퉁과 나는 전기적·역사적 학문 차원에서 새로운 지평을 열려고 하지는 않았다. 우선 이 책은 아인슈타인이라는 인물 자체에 관한 책이 아니다. 비록 그가 10년간의 고된 노력 끝에 오늘날까지 통용되는 일반상대성이론을 만드는 데 성공했지만 말이다. 우리는 일반상대성이론의 수학적 토대, 그리고 연구자들이 그 이론의 여러 측면을 탐구할 수 있게 해준 수학적 도구를 조명함으로써 중력에 대한 이해에 기여하고자 한다. 연구자들은 실험 데이터가 전혀 없는 상황에서 혹은 데이터가 만들어지기 수십 년도 더 전에 수학을 통해 놀랍도록 멀리 나아갔다.

흥미롭게도 노벨상을 수상한 물리학자 스티븐 와인버그Steven Weinberg는 고전이 된 저술 《중력과 우주론 Gravitation and Cosmology》에서 우리와는 거의 정반대의 접근 방식을 취했다. 와인버그는 1972년에 책의 첫 번째 장 서두에서 다음과 같이 적었다. "이 책에서는 계량[텐서]이나 …… 곡률과 같은 기하학적 대상을 최대한 늦게 도입하려 했다. 물리학을 고려하는 과정에서 필요할 때까지 말이다." 우리의 책은 와인버그와는 다른 관점을 제공한다. 수학을, 특히 기하학을 가장 먼저 전면에 내세워 중점적으로 다루고자 한다. 나는 이 관점이 유용하다고 생각한다. 왜냐하면 대부분의 경우 일반상대성이론은 기존에 확립되어 있던 수학적 원리의 영향을 받아 발전했고 또 그 원리에 토대를 두었기 때문이다. 일반상대성이론을 추후에 확장한 연구들도 마찬가지이다.

수학자도 물리학자도 아닌 나로서는 이 주제를 소화하기가 쉽지 않았다('통달'했다고 말할 엄두가 나지 않는다). 나의 개인적인 고생을 과장하거나 우스갯소리로 비교하려고 하는 말은 아니지만, "자신감과 탈진이 번갈아 찾아들고 …… 어둠 속에서 불안하게 탐색한 그 세월"이었다는 아인슈타인의 말에 공감할 수밖에 없었다(《일반상대성이론의 기원에 대한 메모Notes on the Origins of the General Theory of Relativity》, 1934). 나 역시 책의 논의를 구성할 만큼 수학과 물리학을 충분히 이해하는 데 어려움을 겪었다.

다행히도 내 주변에는 전문가들이 있었다. 무엇보다 수리일반상대론Mathematical general relativity을 비롯한 다양한 분야에서 획기적인 연구를 수행한 공저자 야우싱퉁의 도움을 빼놓을 수 없다. 그리고 다른 많은 수학자와 물리학자는 물론이고 과학자가 아닌 사람들로부터도 귀중한 도움을 받았다. 이 모든 분들께 감사의 말을 전한다.

• • •

다음 명단은 시간과 지원을 아끼지 않고 집필에 도움을 주신 분들이다. 본의 아니게 누락한 이름이 있다면 미리 사과의 말씀을 드린다. 아길 알라이Aghil Alaee, 라르스 안데르손Lars Andersson, 모린 암스트롱Maureen Armstrong, 압하이 아쉬테카르, 켄 번스타인Ken

Bernstein, 마이클 번스타인Michael Bernstein, 로버트 브라이언트Robert Bryant, 릴리 찬Lily Chan, 천웨원, 폴 체슬러Paul Chesler, 레오 코리, 데메트리오스 크리스토둘루, 미할리스 다페르모스, 사이먼 도널드슨, 스콧 필드Scott Field, 펠릭스 핀슈터, 피터 갤리슨, 그레고리 갤러웨이, 엘레나 조르지, 구웨이Wei Gu, 황란쉬안, 니키 캄란Niky Kamran, 드미트리 카자라스Demetre Kazaras, 조던 켈러Jordan Keller, 에노 케슬러Enno Keßler, 고라브 칸나Gaurav Khanna, 마커스 쿠리Marcus Khuri, 세르지우 클라이네르만, 하리 쿤두리Hari Kunduri, 세라 라보브Sarah LaBauve, 마크 리Mark Lee, 마틴 레서드, 리이Yi Li, 아이린 마인더Irene Minder, 예오르고스 모스히디스Georgios Moschidis, 제임스 네스터James Nester, 피터 올버Peter Olver, 프란스 프리토리우스, 요르단 라이노네Jordan Rainone, 데이비드 로, 부르카르프 슈바프Burkhard Schwab, 앙투안 송Antoine Song, 앤드루 스트로민저, 제레미 셰프텔, 발렌티노 토사티Valentino Tosatti, 헨리 타이Henry Tye, 비자이 바르마, 로버트 월드Robert Wald.

국립대만사범대학의 유메이헝Mei-Heng Yueh은 이 책의 삽화를 그려 우리에게 큰 도움을 주었다. 전문적이고 효율적으로 빠르게 일을 처리해준 것에 감사드린다. 그리고 어려운 주제를 이해할 수 있도록 여러 차례에 걸쳐 기꺼이 시간을 내서 친절하게 도와준 리디아 비에리, 데이비드 가핑클, 왕무타오, 우훙시에게 특별히 감사의 말을 전하고 싶다. 그들은 많은 대화를 나누는 도중 이해하는 속도가 더딘 나를 위해 놀라운 인내심을 발휘해주었다. 앞서 언급한 분들과 더불어 이 모든 분들께 큰 빚을 졌다.

편집자 T. J. 켈러허T.J. Kelleher(과거에도 함께 멋진 책을 만들었다), 보조 편집자 크리스틴 킴Kristen Kim, 총괄 편집자 셰나 레드몬드Shena Redmond에게도 깊은 감사의 말을 전한다. 더불어 베이식북스 직원들의 노고에도 감사를 표한다. 라라 하이머트Lara Heimert, 리즈 웨츨Liz Wetzel, 캐서린 로버트슨Katherine Robertson, 앰버 후버Amber Hoover, 브라이언 디스텔버그Brian Distelberg, 세라 샤이너Sara Sheiner, 시바니 부드후Shivani Boodhoo, 케이틀린 버드닉Caitlyn Budnick은 처음부터 이 프로젝트를 믿어주었다. 그리고 초기의 거친 원고를 우리 둘 다 자부심을 느낄 만한 세련된 결과물로 완성할 수 있도록 능숙하게 지도해주었다. 다행히도 원고는 매우 유능한 본문 편집자 샬럿 번스Charlotte Byrnes의 손에 맡겨졌다. 샬럿은 본문에서 수많은 거친 부분을 매끄럽게 다듬어 처음부터 끝까지 문장의 의미를 명료하게 바꿔주었다. 그와 동시에 미국식 영어의 문법을 아무렇게나 적용한 나의 글을 일관적으로 만들어주었다.

마지막으로 아내 멀리사Melissa와 두 딸 줄리엣Juliet, 폴린Pauline에게 항상 곁에 있어줘서 고맙다는 말을 전하고 싶다. 내가 중력에 관해 이야기하는 것을 기꺼이 참아주었는데, 보통 사람이라면 견디기 힘들었을 것이다. 부모님 로레인Lorraine과 마티Marty께도 특별히 감사의 말씀을 전한다. 지금은 살아계시지 않지만 내가 이런 야심 찬(때로는 그 야심이 지나친) 프로젝트를 수행할 수 있게 해주셨다. 더불어 형제자매 수전Susan과 프레드Fred는 지난 수년 동안 내가 세워온 무모한 계획들을 한결같이 지지해주었다.

스티브 네이디스
2023년 매사추세츠주 케임브리지에서

전주곡

원뿔을 자르는 방법은 하나만이 아니다

기원전 200년경, 동시대인에게 "위대한 기하학자"로 불린 그리스 페르게 출신의 수학자 아폴로니우스Apollonius는 당시에 원뿔곡선Conic section에 대해 알려져 있던 모든 것을 기록하기 시작했다. 원뿔곡선이란 무한히 긴 직원뿔(중심축이 밑면에 수직인 원뿔)의 표면이 평면과 다양한 각도로 교차할 때 만들어지는 곡선을 말한다(그림 1). 평면이 원뿔의 중심축에 수직이면 원이 생긴다. 평면이 약간 기울어져 있으면 타원이 만들어진다. 평면이 좀 더 기울어지면 포물선이 생기고, 더 기울어지면 쌍곡선이 생긴다. 아폴로니우스보다 한 세기쯤 앞서 활동한 유클리드는 그보다도 수십 년 전에 활동한 수학자 메나이크모스Menaechmus의 아이디어를 토대로 《원뿔곡선론Conics》이라는 네 권 분량의 책을 집필해놓았다. 하지만 아폴로니우스가 저술한 여덟 권 분량의 《원뿔곡선론Conics》

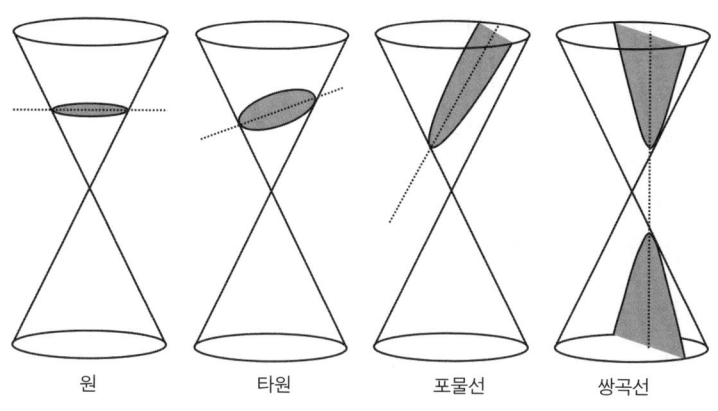

원　　　　타원　　　포물선　　　쌍곡선

그림 1　원뿔곡선

은 다루는 내용의 범위가 훨씬 더 넓고 직접 구상한 새로운 아이디어들도 많이 담겨 있었다.

아폴로니우스의 책은 읽기가 쉽지 않다. 새로 번역된 《원뿔곡선론》을 다룬 1896년 《네이처》의 서평에는 이렇게 적혀 있다. "대부분 직관적으로 명백하다고 치부하기 쉬운 [총 387개의] 명제에 대한 형식적인 증명이 담겨 있다. 때로는 외고집으로 느껴질 만큼 간접적인 증명 방식을 선호한다." 《네이처》의 서평가는 《원뿔곡선론》이 대체로 장황하고 지엽적인 내용으로 흐를 때가 많지만 "그리스 기하학 전성기의 방법론을 잘 보여주는 모범적인 예시"라고 덧붙였다. 그리고 한 가지 기술적인 예외만 제외하면 "통상적인 기하학적 원뿔에 대한 거의 모든 주요 정리를 20세기 전에 집필된 이 논고에서 찾아볼 수 있다"라고도 말했다.[1]

수 세기 동안 아폴로니우스의 저술은 사실상 잠들어 있었다.

오늘날의 관점에서 봐도 어떤 새로운 수학적 통찰을 가져다줄 수 있을지 말하기가 어렵다. 아폴로니우스의 수학적 구조물은 오랜 휴면 기간 동안 실용적으로 응용된 적도 과학적으로 중요해진 적도 거의 없었다.

하지만 17세기로 접어들면서 모든 것이 뒤바뀌었다. 요하네스 케플러Johannes Kepler는 아폴로니우스의 저술을 탐독했고 머지않아 직접 원뿔곡선 연구를 수행했다. 그의 연구 결과는 천문학에서 발생할 만한 광학 문제를 다룬 1604년 저술에서 모습을 드러냈다. 원뿔곡선 연구를 통해 케플러는 훗날 그를 유명하게 만들어준 일련의 발견으로 향하게 되었다.

케플러는 1609년에 행성 운동에 관한 두 가지 법칙을 발표했다. 제1법칙은 이렇게 선언한다. 태양계의 행성들은 (원이 아니라) 타원 궤도를 그리면서 태양 주위를 움직인다. 그리고 태양은 타원의 한 초점에 놓여 있다. 케플러의 제2법칙은 다음과 같다. 태양에서 행성(가령 지구)까지 연장된 선은 같은 시간 동안 같은 면적을 쓸고 지나간다(그림 2). 세 번째 법칙은 10년 후에 발표되었다. 행성의 공전 주기의 제곱은 태양으로부터의 평균 거리의 세제곱에 비례한다는 것이었다.

케플러의 연구는 60여 년 전에 니콜라우스 코페르니쿠스Nicolaus Copernicus가 발전시킨 태양중심설(지구중심설의 대립 학설)을 강력하게 뒷받침했다. 하지만 케플러는 실망감을 감출 수 없었다. 왜냐하면 훗날 물리학자 로버트 데이크흐라프Robbert Dijkgraaf가

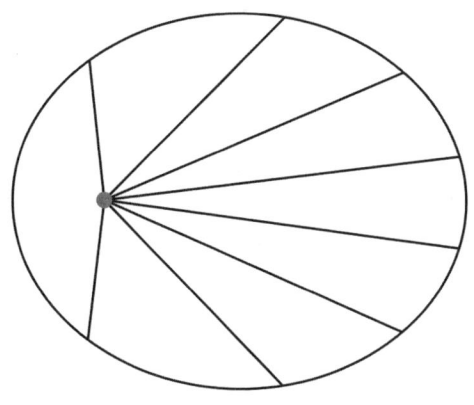

그림 2 케플러의 제2법칙

적었듯이 "행성들의 궤도가 하나의 완벽한 원 모양이 아니라 추한 타원 모양을 하고" 있었기 때문이다.[2]

그로부터 60여 년 후, 아이작 뉴턴Issac Newton은 케플러의 결과를 설명하는 작업에 착수했다. 뉴턴은 그가 직접 개발한 수학 도구인 미적분학Calculus을 사용하여 새로운 중력 법칙을 선보였다. 뉴턴의 연구는 천체의 궤도가 원이 아닌 타원인 이유를 정확하게 알려주었다.

뉴턴의 중력 법칙은 200여 년 동안 완벽하게 작동하는 것처럼 보였다. 하지만 19세기 말이 되자 몇 가지 한계가 분명해졌다. 그 무렵 알베르트 아인슈타인은 적용 범위가 더 넓고 일반적인 중력 이론을 고안하기 시작했다. 뉴턴의 법칙을 통합하면서도 그 법칙이 한계를 보이는 예외적인 사례까지 다룰 수 있는 이론이 필요했던 것이다.

그렇지만 아인슈타인에게는 상당한 진전을 이루기에 앞서 할 일이 있었다. 상당히 새로운 형태의 기하학(엄밀히 말하면 그에게는 새로운 기하학)을 활용하는 방법을 알아내야 했다. 새로운 기하학은 60여 년 전에 등장했지만 물리학자들은 수십 년 동안 사실상 관심을 기울이지 않았다. 하지만 아인슈타인은 대학교 동창에게 해당 주제에 대한 설명을 듣고 금세 깨달았다. 자신이 찾고 있던 것, 즉 완전히 새로운 중력 이론을 구축할 수 있는 토대를 제공해줄 만한 수학이 그곳에 있었다는 사실을 말이다. 새로운 기하학을 바탕으로 새로운 중력 이론을 만들어내는 것. 아인슈타인이 한 일이 바로 그것이었다.

물리학자 양천닝Chen Ning Yang은 아인슈타인의 놀라운 깨달음과 이를 집성한 이론을 "순수한 창조 행위"라고 묘사했다. 그리고 "단 한 사람이 구상하고 실행으로 옮긴" 것이라고 말하며[3] 그 공헌을 오로지 아인슈타인에게 돌렸다. 아인슈타인이 생의 마지막 22년을 보낸 프린스턴고등연구소의 소장 로버르트 데이크흐라프는 그의 업적을 두고 "아마도 단 하나의 인간 지성이 이루어낸 가장 위대한 성취"라고 말했다.[4] 물론 아인슈타인의 업적은 과학의 역사상 최고의 이론적 발전으로 손꼽힌다. 하지만 이를 "순수한 창조 행위"라고 부르는 것은 다소 오해의 소지가 있다. 무엇보다 아인슈타인의 연구는 두 세기 전에 발표된 뉴턴의 중력 이론에 토대를 두고 있다. 뉴턴은 1675년에 쓴 편지에서 다음과 같은 유명한 말을 남겼다. "내가 더 멀리 보았다면 그것은 거인들의 어깨에 올라

섰기 때문이다." 아인슈타인은 그 어떤 선학보다 멀리 보았지만 그것은 다른 이들, 특히 뉴턴의 어깨에 오른 덕분이었다. 정작 아인슈타인은 양첸닝과 데이크흐라프보다는 자신의 연구에 덜 감동받았을지도 모른다. 오히려 뉴턴을 다음과 같이 묘사했으니 말이다. "서구의 사상과 연구, 실천의 방향을 결정한 천재적인 인물로서 과거에도 앞으로도 그에 견줄 자는 아무도 없다."[5]

더 나아가 아인슈타인이 아무것도 없는 상태에서 중력 이론을 고안한 것도 아니다. 왜냐하면 1905년에 첫 번째 형태가 발표된 특수상대성이론을 기반으로 했기 때문이다. 또 아인슈타인은 명실상부 일반상대성이론의 창시자가 맞지만 이론의 고안 과정에서 다른 이들의 도움을 많이 받은 것도 사실이다. 그 명단에는 베른하르트 리만Bernhard Riemann, 헤르만 민코프스키Hermann Minkowski, 그레고리오 리치-쿠르바스트로Gregorio Ricci-Curbastro가 포함되어 있다. 그들 모두 중력 이론 연구에 필수적인 도움을 주었다. 그리고 아인슈타인에게 직접 일조한 사람들도 많았다. 수학자 마르셀 그로스만Marcel Grossmann, 다비트 힐베르트David Hilbert, 툴리오 레비-치비타Tulio Levi-Civita가 그랬고, 아인슈타인의 절친이었던 엔지니어 미켈레 베소Michele Besso도 있었다. 특히 베소에 대해서 아인슈타인은 과학적 발상을 논의할 때 "유럽에서 제일가는 자문 상대"라고 칭찬하기도 했다.[6]

또 하나. 아인슈타인은 이론을 정식화하기 위해 생소한 수학을 많이 배워야 했지만 이전에는 그것들을 소홀히 여겼다는 점에도 주목할 필요가 있다. 과거에는 그러한 수학 분야를 탐구할 가치가 전혀 없는 것처럼 보였으나, 그렇게 하지 않으면 멀리 나아갈 수 없다는 점이 분명해졌다. 다행히도 그는 필요한 수학적 기법을 습득했다. 그렇게 아인슈타인은 수학과 수학자들 그리고 자신의 탁월한 소질을 발판으로 삼아 멀리까지 나아갔다. 그의 아이디어는 그 후로도 우리를 먼 곳으로 이끌었다.

일반상대성이론의 풍요로움을 보여주는 증거가 하나 있다. 이론이 공표된 지 한 세기가 지난 지금도 물리학자들과 수학자들이 계속해서 그 함의를 풀어가고 있으며 여전히 이론에서 새로운 구석을 찾아내 밀어붙이고, 찔러보고, 탐구하고 있다는 사실이다. 탐험은 계속되고 있다.

이토록 성공적이고 생산적인 이론이, 물리학자들이 거의 반세기 동안 주목하지 않았던 수학의 한 갈래인 기하학을 중심으로 만들어졌다는 사실은 거듭 강조할 필요가 있다. 케플러 역시 행성 운동 법칙을 만들면서 그때까지는 물리학에 별다른 영향을 미치지 못했던, "위대한 기하학자"가 1800년 전에 집필한 원뿔곡선 논고에 의존했다. 물론 이는 수학의 놀라운 지속력을 보여주는 사례이다. 엄밀하게 증명된 수학 정리가 지닌 영원함은 인류의 역사에서 유례가 없다고는 할 수 없으나 매우 드문 속성이다. 토머스 제퍼슨Thomas Jefferson의 표현을 빌려 말하자면, "영원한 진리를 품은 공리들"은 수 세기가 지난 후에도 다시 발견될 수 있고 창시자가 상상하지 못했던 방식으로 활용될 수 있는 도구이다.

1900년대 초에도 이러한 '재활용' 행위가 일어났다. 그 일이 이 책이 전하고자 하는 이야기의 핵심에 자리 잡고 있다.

1장

낙하하는 물체, 패러다임의 전환

| 특수상대성이론과
중력 이론의 실마리

과학혁명은 어떻게 시작될까? 물론 정해진 형식이나 절차 따위는 없다. 그런 게 있다면 혁명이라는 이름에 걸맞지 않는 흔한 사건일 것이다. 그럼에도 중력에 대한 이해를 진일보시킨 두 사건은 비슷한 방식으로 촉발되었다. 첫 번째 진보는 무작위로 떨어지는 물체에 대한 생각 속에서, 두 번째 진보는 집 지붕에서 떨어지는 사람에 대한 생각 속에서 이루어졌다. 물론 '낙하'라는 개념은 중력에 관한 직관, 때로는 구체적인 관념의 핵심을 이루고 있다. 두 사례에서 나타난 놀라운 통찰은 자유낙하Free fall*와 그와 관련된 현상에 대한 고찰에서 비롯되었다.

첫 번째 사례는 1666년에 일어난 것으로 알려져 있다. 그로부

---

* 오직 중력만 받으면서 일정한 가속도로 움직이는 운동 상태. 물체가 중력만 받으면서 수직으로 떨어지는 운동도 자유낙하이지만, 포물선 궤적을 그리면서 운동하는 상태도 (중력만 받고 움직이므로) 자유낙하에 해당한다.

터 1년 전인 1665년 여름, 아이작 뉴턴은 케임브리지대학교 트리니티칼리지를 다니던 스물세 살 학생이었다. 당시에 런던 대역병(가래톳 흑사병의 치명적인 창궐)이 케임브리지까지 접근하고 있었으므로, 대학교는 학생들과 학자들을 2년 동안 집으로 돌려보냈다. 뉴턴은 잉글랜드 링컨셔주의 출생지이자 가족이 있는 집으로 돌아갔다. 돌이켜보면 그곳에서 머문 기간은 더없이 생산적인 시간이었다.

이듬해 여름 뉴턴은 정원에 앉아 사과가 떨어지는 장면을 보았다. 프랑스의 철학자이자 작가 볼테르Voltaire에 따르면 뉴턴은 "지구의 중심까지 연장되는 선을 따라 모든 물체를 끌어당기는 원인을 깊이 숙고했다."[1] 몇십 년 후, 뉴턴의 조수이자 조카사위였던 존 콘딧John Conduitt은 좀 더 자세한 설명을 내놓았다. 콘딧이 전하는 바에 의하면, 뉴턴은 정원에 있는 동안 이렇게 생각했다. "그는 중력이라는 힘(나무에 달린 사과를 땅으로 떨어뜨리는 힘)이 지구로부터 짧은 거리만큼 떨어진 곳에만 국한되지 않고 통념보다 훨씬 멀리까지 미쳐야 한다는 생각을 떠올렸다. 그러고는 혼자서 생각했다. 달처럼 높은 곳까지 힘이 미치지 않을 이유가 있을까? 만일 달까지 힘이 미친다면 중력은 반드시 달의 운동에 영향을 가함으로써 달을 그 궤도에 머물게 할 수 있을 것이다. 생각이 여기까지 이르자 그는 계산에 착수했다."[2]

이러한 의문은 뉴턴이 적용 범위가 넓은 중력 이론을 고안하도록 이끌었다. 뉴턴의 이론에 따르면 사과를 지구 중심으로 끌어당기는 힘은 달을 지구 쪽으로 끌어당겨 달이 우주로 떠내려가지 않고 일정한 궤도를 돌게 하는 힘과 동일하다. 수십 년 전에 요하네스 케플러는 (이론적인 계산이 아닌 관측과 근사치에 근거하여) 행성들이 타원을 그리면서 태양 주위를 돈다고 주장했다. 뉴턴은 케플러의 말이 옳다고 간주하고 달 역시 타원을 그리면서 지구 주위를 돈다고 추정했다. 결과적으로 뉴턴은 지구가 달에 가하는 중력의 세기가 둘 사이 거리의 제곱에 반비례한다면(이를 역제곱법칙Inverse square law이라고 한다) 달의 궤도가 실제로 타원이 된다는 사실을 보여주었다.

뉴턴은 '유율 이론(유율법)Theory of fluxions'이라는 도구를 활용하여 자신의 주장을 수학적으로 증명했다. 오늘날 미적분학이라고 부르는 이 유율 이론도 뉴턴이 고향집에 머물던 공백기에 고안한 것이다. (거의 같은 시기에 고트프리트 빌헬름 라이프니츠Gottfried Wilhelm Leibniz도 미적분학을 독자적으로 발명했다. 훗날 미적분학의 창시자가 누구인지를 둘러싸고 격렬한 우선권 논쟁이 벌어졌다. 뉴턴의 초창기 미적분학 연구는 라이프니츠보다 10년쯤 앞선 것으로 보이지만 미적분학 논고를 처음으로 출간한 인물은 라이프니츠였다. 더 나아가 후대의 수학자들은 뉴턴이 아닌 라이프니츠가 제시한 형태의 미적분학을 채택했다.[3] 그러므로 두 사람을 미적분학의 공동 창시자로 보는 데서 마무리하는 것이 공평하고 적절한 처사일 듯하다.)

뉴턴이 사용한 새로운 도구 중 하나는 **미분학**Differential calculus이라는 일반적인 범주에 속한다. 미분학이라는 도구를 이용하면 곡선을 아주 짧은 선분들로 이루어진 무한히 작은 증가분으로 분해해서 곡선의 모양을 구할 수 있다. 뉴턴은 또한 독자적으로 **적분학**Integral calculus을 개발하기도 했다. 적분학은 임의의 곡선 아래에 있는 공간을 무한히 작은 직사각형들로 나눠서 면적을 구하는 방법이다. 미분학과 적분학을 사용하면 중력의 역제곱 법칙이 타원 궤도를 산출한다는 것뿐만 아니라 그렇게 보장되어 있다는 사실까지 보여줄 수 있다.

뉴턴은 여기서 멈추지 않았다. 이전에는 신비롭게 여겨졌던 중력의 작용을 단 하나의 간단한 공식으로 담아냈다. 이 공식은 지구와 달은 물론이고 태양계에 있는 모든 천체에 적용할 수 있었다. 정확히는 우주의 어디에 있더라도 질량을 가지고 있는 모든 물체에 적용 가능했다. 뉴턴의 중력 방정식에 따르면, 질량을 가진 두 물체 m_1과 m_2 사이에서 작용하는 중력 F는 두 질량의 곱에 비례하고 두 물체 사이의 거리 r(더 정확하게 말하면 두 물체의 질량중심* 사이의 거리)의 제곱에 반비례한다(아래의 식에서 G는 중력상수이다).

$$F = \frac{Gm_1m_2}{r^2}$$

---

* 물리학자들은 흔히 문제를 단순하게 만들기 위해 일정 부피를 가진 물체가 마치 한 점에 몰려 있다고 보고 물체의 운동을 서술하곤 한다. 그와 같은 점을 '질량중심'이라고 부른다.

여기서 다음과 같은 사실을 언급할 가치가 있다. 어느 모로 보나 뉴턴은 성미가 고약한 인물이었다.[4] 이유야 어찌 됐든 그는 로버트 후크Robert Hooke와 격렬한 우선권 논쟁을 벌였다. 후크는 1665년에 《마이크로그라피아Micrographia》라는 책에서 중력이 물체들 사이의 거리의 제곱에 반비례한다고 주장했다.[5] 하지만 뉴턴과 달리 후크는 자신의 주장을 완전한 중력 이론으로 통합하지 못했다. 게다가 후크는 미적분학을 몰랐기 때문에 뉴턴이 얻은 통찰이나 다양한 결과에 이를 수 없었다.

물론 뉴턴이 중력 이론을 최초로 세운 인물은 아니다. 중력이라는 현상은 선사시대부터 적어도 막연하게나마 인식되어왔고 오랫동안 학자들 사이에서 숙고와 논쟁의 대상이 되었다. 이를테면 기원전 4세기에 아리스토텔레스Aristotle는 물체가 지구의 중심, 즉 우주의 중심을 향해 떨어지는 경향이 있으며 그때 속력은 무게에 비례한다고 보았다. 2000여 년 후, 갈릴레오 갈릴레이Galileo Galilei는 일련의 실험을 수행해서 아리스토텔레스의 핵심 주장과 모순되는 결과를 이끌어냈다. 갈릴레오는 다음과 같이 결론지었다. 중력의 영향을 받는 모든 물체는 (공기 저항이나 마찰의 영향을 무시한다면) 똑같은 가속도를 겪으면서 똑같은 속력으로 떨어진다고 말이다.

그로부터 수십 년 후, 뉴턴은 다음 단계로 한 걸음을 내딛었다. 아니, 그것은 거대한 도약이었다. 중력 개념을 구축하기 위한 수학적 발판을 마련했던 것이다.

흑사병이 창궐해 뉴턴이 고향에 머물렀던 기간 중에서도 1666년은 '안누스 미라빌리스Annus mirabilis', 즉 기적의 해로 불린다. 그 시기에 뉴턴은 미적분학의 기초를 닦았고 빛이 다양한 성분으로 나뉘는 복합광임을 증명하여 광학 분야에서 중요한 발전을 이루었으며 물론 만유인력 연구에서도 돌파구를 마련했다. 뉴턴은 훗날 이렇게 적었다. "이 모든 것은 역병이 창궐한 1665년과 1666년 두 해에 걸쳐 이루어졌다. 그 시절은 나의 창의력이 최고조에 달한 때였고, 그 어느 때보다 수학과 철학에 관심이 많았다."[6]

뉴턴은 계속해서 중력 연구를 다듬었고, 그것을 운동 법칙과 그 밖의 주제들에 대한 연구와 결합했다. 그리고 마침내 20년이 지난 1687년에 모든 결과를 최고의 걸작 《자연철학의 수학적 원리Philosophiae Naturalis Principia Mathematica》(《프린키피아》)로 발표했다. 현대에 들어 스티븐 호킹Stephen Hawking은 《프린키피아》가 "아마도 물리과학 분야에서 지금까지 발표된 단일 저작 중 가장 중요한 저술"일 것이라고 말했다.[7] 이 걸작에서 뉴턴은 고전역학*의 핵심인 세 가지 운동 법칙을 도입하고 만유인력 법칙을 도출했다. (뉴턴은 자신의 논증을 미적분학의 용어로 제시하지 않았다. 그랬더라면 한

---

* 뉴턴의 세 가지 운동 법칙을 토대로 물체에 작용하는 힘과 운동의 관계를 서술하는 물리학을 말한다(뉴턴 역학이라고도 부른다). 20세기 초부터 상대성이론과 양자역학이 이른바 '현대 물리학'의 두 축으로 부상하면서 뉴턴 역학에 '고전'이라는 수식어가 붙게 되었다.

층 더 간결하고 우아했을 텐데 말이다. 그 이유는 다른 사람들이 쉽게 이해할 수 있는 용어로 논의를 전개하려 했기 때문이다.) 또 뉴턴은 《프린키피아》에서 태양계 관측에 기반한 케플러의 세 가지 행성 운동 법칙이 본인의 운동 법칙과 중력 법칙에서 수학적으로 도출된다는 사실을 보여주었다. 더 나아가 사상 최초로 중력의 세기를 정량적으로 나타내는 방법은 물론이고 중력을 이해하기 위한 확고한 수학적 토대까지 제시했다.

놀랍게도 뉴턴의 아이디어는 여전히 유효하다. 실제로 NASA의 아폴로 계획에서 수행된 모든 항법 계산은 뉴턴의 중력 이론을 토대로 이루어졌다. 1968년 12월에 발사되어 사상 최초로 인간을 달로 보낸 아폴로 8호는 우주에서 가장 가까운 이웃인 달의 궤도를 도는 것이 목적이었다(이 탐사에서는 착륙할 의도가 전혀 없었다). 물리학자 스티븐 와인버그는 다음과 같이 언급했다. "우주선에 올라탄 우주비행사들은 달 궤도를 여러 번 돌았고 …… 연료가 모두 떨어진 상태에서 뉴턴 법칙의 타당성에만 의존하여 지구로 돌아왔다."[8] 우주비행사 빌 앤더스Bill Anders는 귀환하던 도중에 휴스턴에 있는 관제센터와 교신하면서 이렇게 말했다. "지금 운전은 아이작 뉴턴이 거의 다 하고 있는 것 같네요."[9] 앤더스와 동료들(프랭크 보먼Frank Borman과 짐 러벌Jim Lovell)은 뉴턴의 능숙한 "운전" 덕분에 이틀도 채 지나지 않아 태평양에 떨어지면서 무사히 지구에 착륙했다.

뉴턴의 이론은 여전히 유용하지만 결점도 드러났다. 한 가지는 한 마디로 말해 철학적인 문제다. 뉴턴은 중력의 효과를 정확하게 계산하고 예측도 정확하게 해낼 수 있었지만 그 바탕에 있는 메커니즘에 대해서는 아무런 설명도 내놓지 못했다. 다시 말해, 뉴턴은 중력이 어떻게 작용하는지 알지 못했고 스스로도 이 결점을 터놓고 인정했다. 트리니티칼리지의 신학자이자 철학자인 리처드 벤틀리Richard Bentley에게 1692년에 보낸 편지에서 뉴턴은 다음과 같이 적었다. "선생께서는 중력이 물질에 내재한 본질적인 성질이라고 말씀하실 때가 있더군요. 제발 그 개념을 저의 것이라고 하지 마십시오. 저는 중력의 원인을 안다고 말한 적이 없습니다."[10] 뉴턴은 《프린키피아》 2판 말미에 수록된 소론 〈일반 주해General Scholium〉에서도 비슷한 견해를 드러냈다. "지금으로서는 중력이 그런 성질을 갖는 이유를 현상으로부터 추론할 수가 없다. 나는 가설을 세우지 않는다."[11] 뉴턴의 중력 이론은 모든 물체가 같은 속력으로 떨어진다는 갈릴레오의 발견에 대해서도 아무런 설명을 내놓지 못했다. 당시 사람들이 잘 받아들이지 못한 뉴턴 법칙의 또 다른 당혹스러운 특징은 중력이 어떻게든 즉시 전달되어야 한다는 것이었다. 중력의 세기가 두 물체 사이의 거리에 따라 달라진다는 점을 생각해보자. 이에 따르면 한 물체에 작용하는 중력은 다른 물체가 움직이는 즉시 자동으로 조정된다. 그렇다면 마치 마법처럼 정체불명의 수단이나 가정되지 않은 어떤 수단을 통해서 변화가 전달된다는 말이다.

뉴턴은 본인의 중력 이론에 한계가 있고 몇 가지 중요한 문제가 해결되지 않았다는 점을 알고 있었다. 하지만 중력 이론이 상당히 잘 작동한다는 사실 역시 알고 있었다. 그는 중력의 본질에 대한 철학적 논쟁에 휘말리기보다는 좀 더 실용적인 입장을 취했다. "중력이라는 것이 존재하고 그것으로 하늘의 현상을 설명할 수 있다는 점만으로도 충분하다"라고 단언했던 것이다.[12]

뉴턴의 중력에 대한 철학적인 의문은 거의 2세기 동안 성공적으로 일축되었다. 하지만 1800년대 중반에 제기된 한 가지 기술적 문제는 쉽게 무시할 수 없었다. 뉴턴의 운동 법칙과 중력 법칙은 태양계 행성들의 운동을 거의 완벽하게 예측할 수 있었지만 한 가지 주목할 만한 예외가 있었다. 바로 수성이다. 수성의 궤도 운동은 뉴턴의 법칙이 예측한 움직임에서 약간 벗어났다. 1859년, 천문학자 위르뱅 르베리에Urbain Le Verrier는 태양의 주위를 도는 수성의 궤도에서 일어나는 일을 관찰했다. 수성이 태양에 가장 가까이 접근하는 궤도상의 지점인 '근일점'이 계속해서 바뀌고 있었다. 수성이 태양 주위를 한 바퀴 공전할 때마다 근일점도 수성의 공전 방향과 같은 쪽으로 조금씩 움직였다. 근일점이 바뀐다는 말은 곧 수성의 공전 궤도 자체가 틀어진다는 뜻이다. 이처럼 근일점이 변하는 운동을 세차운동Precession이라고 한다.

사실 태양계의 모든 행성은 근일점이 바뀐다. 그러나 수성의 근일점 변화만 유독 뉴턴의 이론과 잘 맞지 않았다. 이처럼 수성만 특별 취급을 받는 이유는 나중에 밝혀졌다. 태양계 행성 가운데 태양에 가장 가까워서 중력 효과를 제일 강하게 받고 다른 행성들보다 훨씬 빨리 움직이기 때문이었다. 르베리에가 1859년에 계산한 바에 따르면, 수성의 근일점 세차운동은 뉴턴의 이론이 예측하는 것보다 100년에 35각초(1각초Arc-second는 3600분의 1도) 더 빠르게 움직이고 있었다. 수학자 사이먼 뉴컴Simon Newcomb은 르베리에의 계산을 개선하여 수성의 추가적인 세차운동이 100년에 43각초라고 결론지었다(이때 '추가적인' 세차운동이란 뉴턴의 법칙이 설명할 수 있는 양의 초과분이라는 뜻이다).[13]

이 불일치의 원인을 설명하기 위해 천문학자들은 태양에 더 가까이 있는 미지의 행성을 도입함으로써 수성의 불가사의한 궤도 운동을 해명하려 했다. 실제로 르베리에도 그런 가설을 세우고 가상의 행성에 벌컨Vulcan이라는 이름을 붙였다. 그리고 만일 벌컨이 세차운동의 원인이 아니라면, 정체가 밝혀지지 않은 내측행성Inner planet(화성과 목성 사이의 소행성대를 기준으로 태양 가까이 있는 행성)들의 소규모 무리 때문에 변칙적인 세차운동이 일어날 수 있다고 말하기도 했다. 하지만 후속 관측 결과에 따르면 그러한 행성이나 행성 무리는 존재하지 않았다.

또 다른 가능성은 어떤 의미에서 한층 더 급진적이었다. 오랫동안 세상을 능숙하게 설명해온 뉴턴의 중력이 사실 완전히 또는 적어도 일부분이 틀렸을지도 모른다는 것이었다. 대부분의 태양계 현상을 설명할 때에는 뉴턴의 중력 이론만 있어도 충분했다. 하지만 물체들이 매우 빠르게 움직이거나 중력이 극도로 강한 상황에서는 설명하지 못하는 현상이 있었다.

어쩌면 새로운 중력 이론이 필요할지도 모를 일이었다. 원래부터 문제가 없다고 밝혀진 상황에서는 뉴턴의 이론을 재현하면서도, 뉴턴의 법칙이 비틀거리는 더 극단적인 예외 상황에까지 적용 가능한 이론 말이다.

・・・

이 문제는 1905년, 즉 알베르트 아인슈타인이 세계 무대에 본격적으로 진출한 해까지 계속되었다. 그때까지만 해도 아인슈타인은 그다지 알려지지 않은 인물이었다. 그는 스위스 베른에서 특허국 직원으로 일하며 무명 생활을 하고 있었다. 1904년, 아인슈타인은 특허국 3급 심사관에서 2급 심사관으로 승진을 요청했다. 하지만 그의 상사 프리드리히 할러Friedrich Haller는 요청을 거절했다. 아인슈타인이 "훌륭한 성과를 보여주긴" 했지만, 진급을 하려면 "기계공학에 완전히 능숙해질 때까지" 기다려야 한다고 말했던 것이다.[14]

1905년은 아인슈타인의 창조력이 폭발한 기적의 해였다. 1666년에 창조력을 쏟아낸 뉴턴을 제외하면 과학계에서 그 누구와도 견줄 수 없는 성취였다. 아인슈타인은 그 한 해에만 학술지《물리학 연보Annalen der Physik》에 네 편의 논문을 발표했다. 모든 논문이 우주에 대한 이해를 근본적으로 탈바꿈했다. 1905년 6월에 출간된 첫 번째 논문은 양자물리학에서 한 획을 그었다. 이 논문에서 아인슈타인은 광전효과Photoelectric effect* 현상을 설명하면서 빛이 그저 부드럽게 진동하는 파동의 형태를 취할 뿐만 아니라 '광자Photon'라는 불연속적인 입자 또는 에너지 덩어리(양자Quantum)처럼 행동한다고 주장했다.[15] (아인슈타인은 이 논문으로 1921년에 노벨 물리학상을 받았다.)

1905년 7월에 출판된 논문은 브라운 운동Brownian motion을 설명했다. 액체 속에 떠 있는 입자들이 끊임없이 움직이는 현상을 브라운 운동이라고 한다. 아인슈타인은 보이지 않는 원자에 입자들이 계속 충돌해서 그런 일이 벌어지는 것이라고 주장했다. 이와 같은 관점에서 브라운 운동은 당시에 직접 볼 수 없었던 원자들의 존재와 그 실체에 대한 명확한 증거를 제공했다(최근에야 첨단 현미경 기술을 통해 원자를 볼 수 있게 되었다).[16]

아인슈타인이 특수상대성이론을 제시한 논문은 1905년 9월에 출판되었다.[17] 그리고 두 달 후 아인슈타인이 발표한 또 다른 논문에서는 특수상대성이론의 기상천외한 결과가 공개되었다.[18] 에너지와 질량이 동등하다고 선언했던 것이다. 둘 사이의 관계는 명실상부 가장 유명한 방정식인 $E=mc^2$으로 서술된다.

첫 번째 특수상대성이론 논문이 발표되었을 당시 아인슈타인은 스물여섯 살이었다. 하지만 그는 그때까지 10여 년 동안

---

* 금속 물질에 빛(가령 자외선)을 쬐이면 전자가 방출되는 현상. 빛이 에너지가 연속적으로 변하는 파동이라고 생각하면 설명하기가 곤란하다.

이나 핵심적인 문제들을 고민해왔다. 그가 《자서전적 노트Autobiographical Notes》에서 회고했듯이 특수상대성이론의 길로 들어선 계기는 열여섯 살 때부터 고민한 어느 역설이었다. 빛의 속력으로 달리는 열차에 올라탔다고 하자. 빛의 속력으로 이동할 때 어떤 광선과 나란히 움직인다면 그 사람은 광선이 멈춰버린 모습을 보게 될 것이다. 아인슈타인은 이 상황을 물리적으로 그럴듯하게 정당화할 만한 방법을 떠올릴 수가 없었다. "그렇다면 내가 관측하게 될 광선은 공간에서 진동하며 정지해 있는 전자기장**일 것이다. 하지만 그런 것은 존재하지 않는 듯하다. 경험적 증거에 비추어봐도 그렇고, 맥스웰 방정식***을 생각해봐도 그렇다. …… 이 역설 속에 이미 특수상대성이론의 싹이 들어 있었다고 볼 수 있다."[19]

특수상대성이론의 중심에는 두 가지 핵심 원리가 놓여 있다. 아인슈타인의 설명을 그대로 옮겨보면 첫 번째 원리(상대성 원리)

** 간단히 말해서 전기전하를 띤 물체가 주변 공간에 펼쳐놓는 전기적 영향을 전기장, 자기적 영향을 자기장이라고 한다. 예를 들어 어떤 장소에 놓은 물체가 전기력을 받는다면 전하를 띤 다른 물체가 그곳에 전기장을 펼쳐놓았다고 말할 수 있다. 이 전기장과 자기장을 통틀어 '전자기장'이라고 부른다. 그럼 아인슈타인이 말한 광선, 즉 빛과 전자기장은 서로 무슨 관계인 걸까? 물의 진동이 물결파를 만들 듯 전기장과 자기장의 진동은 서로 상호작용하며 전자기 파동, 즉 전자기파를 만든다(물론 물과 달리 전자기파는 매질이 없어도 존재할 수 있지만 자세한 내용은 넘어가도 무방하다). 이 전자기파가 바로 빛이며, 파장에 따라 다양한 종류의 빛(가시광선, 적외선, 자외선 등)으로 나뉜다.

*** 앞서 설명한 전자기장과 전자기파를 서술하는 방정식을 말한다. 스코틀랜드의 물리학자 제임스 클러크 맥스웰이 기존의 연구를 종합해 (고전적인) 전자기 이론을 완성했기 때문에 방정식에 그의 이름이 붙었다.

는 다음과 같다. "임의의 좌표계 C에서 유효한 모든 보편적인 자연법칙은 …… C를 기준으로 일정한 속도로 평행이동하는 좌표계 C'에서도 반드시 유효해야 한다."[20] 이 원리는 다음의 결론으로 귀결된다. 어떤 사람이 진동과 소음이 전혀 없고 창문과 커튼이 모두 완벽하게 닫혀 있는 열차에 타고 있다고 해보자. 이때 열차가 인근의 한 정거장을 기준으로 일정한 속도로 움직이고 있는지 아니면 정지해 있는지는 열차 내부에서 그 어떤 실험을 한들 결코 알아낼 수 없다.

아인슈타인에 따르면, 두 번째 핵심 원리는 "진공 안에서 빛의 전파 속력은 (관찰자 또는 광원의 운동 상태와 무관하게) 결코 변하지 않는다"는 것이다(광속 불변의 원리).[21] 결과적으로 아인슈타인은 두 원리를 통해 이렇게 선언한 셈이다. 일정한 속도로 움직이는 모든 관찰자가 보기에(즉, 서로 일정한 속도로 움직이는 모든 좌표계에서) 물리 법칙과 빛의 속력은 모두 반드시 동일해야 한다고 말이다.

더 나아가 아인슈타인은 다음과 같은 사항도 언급했다. "좌표계와 관련짓지 않고 두 사건의 동시성 Simultaneity에 대해 말하는 것은 무의미하다. 또 측정 장치[눈금자]의 모양 그리고 시계에서 시간이 흐르는 속력은 특정한 좌표계에서 봤을 때 그 장치와 시계가 어떻게 운동하느냐에 따라 달라진다."[22] 여기서 아인슈타인은 후자의 명제(눈금자와 시계에 대한 명제)를 통해 두 가지 새로운 현상을 언급하고 있다. 특수상대성이론이 발표되기 얼마 전 물리학에 도입된 현상으로서 순서대로 길이수축 Length contracton과 시간

팽창Time dilation이라고 불린다. 길이수축이란 특정한 기준틀Frame of reference*에서 움직이는 눈금자의 길이를 자의 운동 방향을 따라 측정했을 때 정지한 자보다 길이가 짧아지는 현상이다. 한편 시간팽창은 특정한 기준틀에서 볼 때 움직이고 있는 시계는 정지한 시계보다 시간이 더 느리게 흐르는 현상이다. 두 개념은 모두 특수상대성이론으로 설명된다.

그렇다면 아인슈타인과 그의 동료들은 두 세기 전에 뉴턴이 제시한 기본 원칙에 도전하고 있었던 셈이다. 《프린키피아》에서 뉴턴이 주장한 바에 따르면, 공간은 물리 법칙이 언제나 똑같이 적용되는 고정불변한 배경이다(절대공간). 또한 뉴턴은 **절대시간의** 개념을 제안하기도 했다. 절대시간이란 (시계들이 모두 제대로 작동한다고 했을 때) 시계의 속력이나 운동 방향과 상관없이 모든 시계가 동일한 측정값을 산출하는 시간을 말한다. 뉴턴에게 공간과 시간의 불변성은 단순히 흥미로운 사실에 그치지 않았다. 그의 물리학 체계 전체의 토대가 되었기 때문이다.

특수상대성이론은 이 모든 것을 뒤바꿔놓았다. 공간상의 측정값(거리 또는 길이의 측정값)이 좌표계의 운동에 따라 달라졌기 때문에 공간은 더 이상 불변하는 배경으로 간주될 수 없었다. 시계로 측정되는 시간 역시 좌표계의 운동에 따라 달라지는 양이 되

---

* 물체의 운동을 서술하기 위해 기준으로 삼는 틀 또는 관점을 말한다. 기준틀을 정한다는 것은 관측의 기준을 세운다는 뜻이고 수학적으로는 원점의 위치와 좌표축을 정한다는 뜻이므로 기준틀을 관찰자, 좌표계와 같은 의미로 보아도 무방하다.

었다. 다시 말해, 이제 공간과 시간은 측정하는 관찰자의 움직임에 따라 값이 달라지는 **상대적인** 개념이 된 것이다.

여기서 끝이 아니다. 상대성이론의 통찰은 뉴턴 중력의 핵심 특징, 즉 중력 효과의 변화가 즉시 전달된다는 점에도 의문을 제기했다. 특수상대성이론에 따르면, 중력의 변화는 즉각적으로 전달되거나 빛보다 빠른 속력으로 전해질 수 없다. 실제로 특수상대성이론은 절대적인 동시성의 개념을 완전히 버렸다. 그렇다는 것은 뉴턴의 중력 이론이 최소한 수정이라도 되어야 하며 어쩌면 궁극적으로는 대체될지도 모른다는 뜻이었다. 새롭게 밝혀진 자연법칙에 부합하려면 그럴 수밖에 없었다.

특수상대성이론과 관련된 아이디어들이 전부 아인슈타인의 상상력에서 비롯된 것은 아니며 오래전에 앞선 사례가 있었다. 1632년에 출판된 책에서 갈릴레오는 자신만의 상대성 원리를 도입했다. 그는 수조에 들어 있는 물고기와 파리와 나비를 가만히 서 있는 배에 싣고 그것들의 움직임을 관찰하는 상황을 설명했다. 그러고 나서 다음과 같이 말했다. "이제 배를 출항시킵니다. 배가 이리저리 요동치지 않고 일정하게 운동하기만 한다면 어떤 속력이든 상관없습니다. 배가 움직이는 동안 앞서 관찰한 현상들은 눈곱만큼도 변하지 않을 겁니다. 배가 움직이는지 정지해 있는지도 말할 수 없지요."[23] 이런 방식으로 갈릴레오는 배가 일정하게 운동한다고 해도 실험 결과가 바뀌지 않는다고 주장했다.

물론 동시대인의 영향도 있었다. 앨버트 마이컬슨Albert Michelson

과 에드워드 몰리Edward Morley가 1880년대에 수행한 실험에 따르면 빛의 속력은 관찰자의 운동과 무관하게 항상 똑같았으며 또한 광원의 속력에도 영향을 받지 않았다. 물리학자 헨드릭 로런츠Hendrick Lorentz는 길이수축 현상을 발견했다. 수학자 앙리 푸앵카레Henri Poincaré도 특수상대성이론의 핵심 개념이 발전하는 데 크게 기여했다. 하지만 아인슈타인은 이들 모두와는 다소 다른 포괄적인 해석을 제시했다. 상대성이론이 전자기학 또는 역학에서 그치지 않고 모든 물리학에 적용된다는 사실을 간파했던 것이다.

그럼에도 아인슈타인은 특수상대성이론이 이야기의 끝이 아니라는 점을 알고 있었다. 왜냐하면 그 이론에는 핵심적인 (그리고 본질적인) 한계가 있었기 때문이다. 특수상대성이론이 다루는 대상은 일정한 속도로 움직이는 '특수한' 경우에 한정되어 있었다. 임의적인 운동, 즉 가속운동을 포괄할 만큼 적용 범위가 충분히 넓지 않았다. 이처럼 특수상대성이론의 범위는 자연과 물리 세계의 특정 현상에만 인위적으로 한정되었고 다른 유형의 동역학적 현상에 대해서는 아무것도 말할 수 없었다.

1907년, 《방사성 및 전자학 연보Jahrbuch der Radioaktivität und Elektronik》에 실을 논문을 쓰던 아인슈타인은 다음과 같은 사실을 깨달았다. "모든 자연법칙은 특수상대성이론의 틀 안에서 논의될 수 있지만 중력 법칙만은 예외였다. 나는 그 이유를 알고 싶었다."[24] 더 나아가 그는 이상화된 경우(가속운동이 전체 그림에 포함되지 않은 경우)에 확립된 상대성 원리를 서로에 대해 일정하게 운동하지 않는 좌표계로 일반화할 방법을 찾기로 결심했다. 만만찮은 일이었다.

아인슈타인의 회고에 따르면 깨달음은 그해 말에 찾아왔다. 베른 특허국 의자에 앉아 있던 아인슈타인은 흔히 '유레카'라고 불리는 순간을 경험했다. 너무나 갑작스럽게 압도해온 그 아이디어를 그는 훗날 "생애 가장 행복한 생각"이라고 돌이켰다. 아인슈타인의 생각은 다음과 같았다. "자유낙하 운동을 하는 사람은 자신의 무게를 느끼지 못할 것이다." 추론은 계속 이어졌다. "떨어지는 사람은 가속된다. 그렇다면 그는 가속 기준틀 속에서 느끼고 판단할 것이다. 나는 상대성이론을 가속 기준틀까지 확장하리라 마음먹었다. 그렇게 하면 중력의 문제까지 한꺼번에 해결될 것이라는 예감이 들었다."[25]

아인슈타인의 이 돌파구는 등가원리Equivalence principle라고 불린다. 가속운동과 중력이 사실 동등하다는(등가라는) 점을 확립했기 때문이다. 예를 들어 주택의 지붕에서 떨어지고 있는 사람은 아인슈타인의 말처럼 "자신의 무게를 느끼지" 못한다. 게다가 그 사람의 입장에서 보면 적어도 주변에는 중력장*이 존재하지도 않는다. 왜냐하면 떨어지는 사람은 점점 가속하고, 가속운동을 하지 않았더라면 중력으로 인해 느꼈을 무게감을 가속운동이 정확히 상쇄하기 때문이다.

---

* 질량을 가진 물체가 주변 공간에 펼쳐놓는 중력의 영향을 중력장이라고 한다. 앞서 설명한 전기장, 자기장과 비슷하다. 어떤 장소에 물체를 놓았는데 그 물체가 중력을 받는다면 다른 물체가 그곳에 중력장을 펼쳐놓았다고 말할 수 있다.

동일한 상황을 다른 방식으로도 생각해볼 수 있다. 지붕에서 떨어지던 사람이 이번에는 닫힌 엘리베이터 안에 서 있다고 상상해보자. 그 사람은 자신이 바닥 쪽으로 당겨지고 있다고 느낀다. 그런데 엘리베이터가 멈춰 있어서 그냥 중력의 끌림을 느끼는 것인지 아니면 중력이 없는 환경(가령 우주 공간)에서 엘리베이터가 위쪽으로 빠르게 가속하고 있는 것인지는 알 방도가 없다. 돌을 집었다가 놓으니 바닥에 떨어진다. 이번에도 마찬가지로 돌이 중력의 영향으로 떨어진 것인지 아니면 돌은 가만히 있고 엘리베이터 바닥이 위쪽으로 가속해서 돌과 부딪힌 것인지 알 수가 없다. 어떤 실험을 하든 두 가지 가능한 해석 중에서 무엇이 맞는지 판단할 수 없다.

논의를 조금 더 깊게 들어가보자. 정지한 엘리베이터에 있는 사람이 아래쪽으로 힘을 느끼는 것은 엄밀히 말해 **중력**질량Gravitational mass 때문이다. 중력질량은 물체에 작용되는 중력의 세기를 나타낸다. 반면 위로 가속하는 엘리베이터에서 아래쪽으로 힘을 느끼는 것은 **관성**질량Intertial mass 때문이다. 관성질량은 움직임에 대한 물체의 저항 또는 힘이 작용될 때 물체가 가속되는 정도를 나타낸다. 아인슈타인은 등가원리를 다른 방식으로 서술하여 중력질량이 항상 관성질량과 동일하다는 사실을 보여주었다.

다시 말하지만, 아인슈타인은 이런 생각을 했던 유일한 인물도 최초의 인물도 아니다. 예를 들어 1500년대 후반에 갈릴레오는 피사의 사탑 위에서 여러 공을 떨어뜨리거나 경사면을 따라 다양한 공을 굴리는 실험을 수행했다. 실험의 방식과 관계없이 결론은 똑같았다. 공은 무게나 재질과 무관하게 동시에 땅에 닿았다.*

하지만 아인슈타인은 자신의 목적에 부합하는 방식으로 문제를 재구성해야 했다. 가속운동과 중력의 등가성을 인식한 그는 한 가지 사실을 깨달았다. 특수 이론을 확장하여 가속운동을 포함하는 데 성공한다면 그때 만들어질 일반 이론은 사실상 중력 이론이 되리라는 점이었다.

1907년에 "행복한 생각"을 떠올린 후 아인슈타인이 착수한 작업이 바로 그것이었다. 하지만 그가 훗날 인정하기를, 해답은 쉽사리 모습을 드러내지 않았다. "마침내 완전한 해답을 얻기까지 8년의 세월이 더 걸렸다."[26] 그 기간 동안 큰 방해물이 아인슈타인의 앞을 가로막고 있었다. 자신에게 유용하리라고는 꿈에도 알지 못했던 수많은 새로운 수학 기법을 익혀야 했던 것이다. 물리학자 이반 T. 토도로프Ivan T. Todorov는 당시의 상황을 다음처럼 요약했다. "1907년 크리스마스 무렵, 아인슈타인은 훗날 중력 이론이 도출해낼 모든 물리적 결과를 손에 쥐고 있었다. 하지만 일반상대성이론을 수학적으로 제대로 정식화하기까지는 수학자들에게 도움을 호소해야 하는 8년의 세월이 더 남아 있었다."[27]

---

* 등가원리와 갈릴레오의 실험이 무슨 관계인지 약간 의아하게 느껴질 수 있다. 간단히 풀이하면 다음과 같다. 모든 물체가 질량과 상관없이 똑같은 가속도를 받으면서 떨어지려면(그래서 같은 높이에서 떨어뜨린 물체들이 질량과 무관하게 동시에 땅에 닿으려면) 앞 문단에서 언급된 중력질량과 관성질량이 반드시 같아야 한다. 뉴턴은 운동 방정식과 중력 이론을 고안하면서 단순히 그렇게 가정했던 반면(뉴턴의 이론에서는 중력질량과 관성질량이 같아야 할 이유가 없다), 마침내 아인슈타인이 등가원리를 통해 그 이유를 설명했다고 볼 수 있다.

1908년, 원조를 청한 적은 없지만 아인슈타인은 뜻밖의 인물로부터 도움을 받게 되었다. 취리히의 공립 연구형 대학인 연방공과대학교 수학 교수로서 한때 아인슈타인을 가르쳤던 헤르만 민코프스키였다. 아인슈타인은 대학생 시절 수업을 자주 빼먹었는데, 그중에는 민코프스키의 강의도 포함되어 있었다. 민코프스키 교수가 "수학에 전혀 관심이 없는 타고난 게으름뱅이"라고 표현할 정도였다.[28] 하지만 역사가 충분히 증명하듯, 아인슈타인은 결코 게으르지 않았다. 단지 자신만의 우선순위가 있었던 것뿐이다. 젊은 아인슈타인이 우선순위를 다시 정하고 수업 출석과 꼼꼼한 노트 필기 그리고 마감 기한 내 과제 완수를 일생일대의 목표로 삼았더라면 어땠을까 하며 아쉬워하는 사람들은 거의 없을 것이다.

제자에 대한 평가가 어떻든 간에 민코프스키의 생각은 아인슈타인의 1905년 특수상대성이론 논문에서 자극을 받은 것이 분명하다. 1908년 9월에 독일 쾰른에서 열린 제80회 자연과학자협회 연례 학술대회에서 민코프스키는 "공간과 시간Space and Time" 강연 도중 대담하게 선언했다. "이제부터 독립적인 공간과 독립적인 시간은 완전히 사라져 그림자에 불과하게 될 겁니다. 오직 이 둘이 결합된 형태만이 독자적으로 서게 될 겁니다." 괴팅겐수학회 강연에서 밝힌 논점은 더 명료했다. "제가 여기서 다루고 있는 것은 …… 공간과 시간 속에 있는 세계는 어떤 의미에서 4차원 비非유클리드 다양체라는 사실입니다."[29] (비유클리드는 이제 곧, 다양체는 2장에서 자세히 설명할 예정이다.)

민코프스키는 4차원 시공간 개념을 도입하여 특수상대성이론을 기하학적으로 완전하게 서술했다. 그러면서 더 포괄적인 이론, 즉 일반상대성이론으로 나아가기 위한 토대를 마련했다. 민코프스키의 새로운 틀에서 공간과 시간은 동등한 것으로 취급된다. 시공간상의 한 점은 4개의 좌표(x, y, z, t)로 고유하게 특정할 수 있고, 이 좌표들은 언제 어디서 어떤 일이 일어나고 있는지 알려준다. 이는 마치 오후 4시에 2번대로 1번가 모퉁이에 있는 건물 3층에서 친구와 만나기로 한 약속과 같다. 이 좌표의 정보만 전달한다면, 당신은 친구에게 만남에 필요한 정보를 확실히 전달한 셈이다(이 가상의 만남이 실제로 어떻게 이루어질지는 또 다른 문제이다).

이전에는 수수께끼처럼 보였던 상대론적 효과들(가령 길이수축이나 시간팽창)은 민코프스키의 렌즈를 통해 설명되면서 이해하기가 한결 수월해졌다. 그 현상들을 공간과 시간이 통합되면서 나타난 기하학적 결과로 보게 된 것이다. 민코프스키의 용어에 따르면 시공간상의 한 점은 '사건Event'이라고 하며 두 점 사이의 거리는 '시공간 간격Spacetime interval'이라고 부른다. 어떤 사람이 다른 사람을 기준으로 움직이고 있다고 해보자. 그렇다면 두 사람이 제각기 측정한 공간과 시간의 값은 서로 다를 텐데, 앞서 언급했듯이 길이수축과 시간팽창 현상이 일어나기 때문이다. 하지만 두 관찰자에게 모두 똑같이 측정되는 값이 있다. 바로 4차원 시공간상의 거리, 즉 시공간 간격이다.

시공간 간격은 측정이 이루어지는 기준틀에 따라 값이 변하지 않는 기본적인 양이다. 시간 성분(t)과 공간 성분(x, y, z)은 기준틀에 따라 변할 수 있지만 시공간상의 거리는 변하지 않는다. (시공간 간격은 벡터에 비유할 수 있다. 벡터는 크기와 방향으로 완전히 서술되는 양으로서 2차원 x-y 평면에서 원점을 중심으로 회전하는 화살표로 표시된다.* 벡터를 회전시킬 때마다 x와 y 좌표는 계속 변하지만 벡터의 길이는 변하지 않는다.)

민코프스키는 4차원 시공간에서 두 점 사이의 거리를 결정하는 간단한 공식을 제공했다. 피타고라스 정리를 약간 뒤집어서 만든 것인데 시간 방향으로의 변화가 **음수**로 반영되었다(즉 시간 성분 앞에 마이너스 부호가 붙었다). 여기서 잠깐 물리학자 앤서니 지Anthony Zee의 말을 들어보자. "피타고라스에게 다음과 같이 말한다고 상상해보라. 그의 마법 같은 공식에서 시간의 부호가 뒤집혀 있다고 말이다. 그렇다면 당신은 완전히 미치광이 취급을 받았을 것이다."[30]

여하튼 민코프스키의 4차원 시공간에서 두 점 사이의 거리 s(엄밀히 말해 거리 s의 제곱)를 결정하는 공식은 다음과 같다.

$$s^2 = (\Delta x)^2 + (\Delta y)^2 + (\Delta z)^2 - (c\Delta t)^2$$

---

* 엄밀히 말해서, x-y 평면에 존재하는 벡터는 두 개의 좌표(x, y)로 표시되는 '2차원' 벡터이다. 하지만 세 개 또는 네 개의 좌표로 표시할 수 있는 3차원, 4차원 벡터도 있으며, 그 이상의 차원을 가진 벡터도 존재한다. 이를 일반화하면 n차원 벡터는 n개의 좌표로 나타낼 수 있는 벡터를 말한다.

여기서 Δ(델타)는 좌표 x, y, z, t가 한 점에서 다른 점으로 바뀔 때 각 성분의 값이 얼마나 변했는지를 나타낸다. 빛의 속력에 시간을 곱한 ct라는 항은 길이를 나타내는데(속력에 시간을 곱하면 거리가 나오기 때문이다), 광속 c를 1로 정해서 단위를 '규격화normalize'하면 공식이 다음처럼 간단해진다.

$$s^2 = (\Delta x)^2 + (\Delta y)^2 + (\Delta z)^2 - (\Delta t)^2$$

시간 항 Δt 앞의 부호가 마이너스라는 사실에 주목하라. 민코프스키 시공간의 기하학이 비유클리드 기하학인 이유 중 하나가 바로 이것이다. 유클리드 공간에서와 달리 민코프스키 시공간에서는 정삼각형의 빗변이 다른 한 변보다 짧을 수도 있다.

세 공간 방향(x, y, z의 방향)을 모두 포함하는 새로운 변수 X를 도입하여 그래프를 단순하게 만들어보자(그림 3). 그래프의 가로축은 새로운 변수 X를 의미하고 세로축은 시간을 의미한다. 공간 방향으로의 거리는 X의 값과 동일하고, 시공간상의 거리는 (민코프스키의 시공간 간격 공식에 따르면) $s = \sqrt{|X^2 - t^2|}$이다. 여기서 직선 괄호는 절댓값이라는 뜻이며, 따라서 X^2과 t^2 둘 중 어느 것이 더 크든 $|X^2 - t^2|$는 양수가 된다.

공간상의 이동 거리 X가 속도에 시간을 곱한 값이라는 사실은 알고 있을 것이다. 따라서 움직이는 대상이 광선이라면 이동 거리 X는 ct일 텐데, 앞서 c를 1로 설정했기 때문에 $X=t$가 된다.

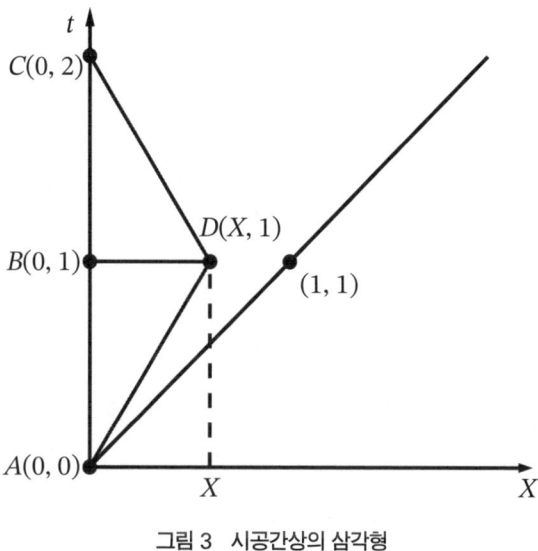

그림 3 시공간상의 삼각형

그렇다면 원점에서 출발한 광선은 그래프에서 45도 각도로 나아가 점 (1, 1)을 통과하는 선으로 표현될 것이다. 그런데 위에서 살펴본 단순화된 공식 $s = \sqrt{|X^2 - t^2|}$에 따르면, 시공간상에서 빛이 이동하는 거리(빛의 시공간 간격) s는 $X=t$이므로 항상 0이 된다. 이 사실만으로도 민코프스키 시공간에서의 거리는 유클리드 공간에서의 거리와 다르다는 점을 알 수 있다.

이제 시공간상의 한 점 D를 생각해보자. D의 좌표는 (X, 1)인데, 여기서 X는 0보다 크지만 1보다는 작다고 하자. 단순화된 거리 공식을 사용하면 선분 AD의 길이는 $s = \sqrt{|X^2 - 1^2|}$임을 알 수 있다. X의 값은 1보다 작은 양수이기 때문에, 선분 AD는 길이가 1인 선분 AB보다 항상 짧을 수밖에 없다. 그렇다면 표준적인 유

클리드 기하학의 기초 지식과 달리, 직각삼각형의 빗변 AD는 같은 삼각형의 한쪽 변 AB보다 짧다는 결론이 나온다.

마찬가지로 CD의 길이 또한 $\sqrt{|X^2-1^2|}$이다. 역시 길이가 1인 BC보다 짧다. 그렇다면 논리적으로 AD와 CD의 총 길이 $2\sqrt{|X^2-1^2|}$은 AC의 직선 거리 2보다 짧다. 결론적으로 민코프스키 시공간에서 두 점 사이의 최단거리는 반드시 직선일 필요가 없다.

일단 이 사실을 파악한다면 특수상대성이론의 많은 부분이 딱 맞아떨어지게 된다. 예를 들어 특수상대성이론에서 흔히 논의되는 '쌍둥이 역설Twin Paradox'을 이해하는 데 위의 결론을 사용할 수 있다. 이야기는 주로 다음처럼 시작한다. 쌍둥이 형제가 지구에 살고 있다. 동생은 지구에 남고 형은 우주선을 타고 빠른 속력으로 여행을 떠난다(물론 빛의 속력보다는 느릴 수밖에 없다). 그 후 지구에 돌아온 형은 놀라운 사실을 발견한다. 그동안 동생은 상당히 늙었지만 자신은 거의 나이를 먹지 않았기 때문이다. 예측의 결과가 다소 당혹스럽기에 역설이라고 불릴 때가 많지만 실제로는 결코 역설이 아니다. 앞서 살펴본 그래프가 그 이유를 알려준다. (좌표계의 원점이 지구라면) 지구에 있는 동생은 공간 방향으로는 움직이지 않고 시간 방향을 따라서만 A부터 C까지 이동한다. 우주비행사 쌍둥이 형은 고속 우주선을 타고 A부터 D까지 이동한 후, 곧바로 또 다른 고속 우주선에 올라타 D부터 C까지 이동해서 지구로 돌아온다. 형이 나이를 느리게 먹는 이유는 단순하다.

시공간상의 이동 거리가 동생보다 훨씬 짧기 때문이다. 우주선이 빨라질수록 동생과의 불일치는 더욱 커진다. (하지만 자세히 살펴보면 다음과 같은 점이 분명해진다. 모험심이 강한 형이 지구로 돌아오려면 일정한 속도로 계속 이동하지 않고 가속해서, 더 엄밀히 말하면 감속해서 방향을 바꿔야 한다. 그럼 특수상대성이론의 범위를 벗어난다. 따라서 이 공상적인 상황을 완전히 이해하려면 가속운동까지 아우르는 일반상대성이론이 필요하다.)

쌍둥이 형제는 같은 장소에서 출발해서 같은 장소에 도달하지만 전혀 다른 시공간 경로를 따라 움직인다. 이 불일치는 두 형제가 갖고 있는 시계에 반영된다. 두 시계가 각기 다른 시간을 측정하고 그 시간이 각기 다른 나이로 이어진다는 사실이 역설이라면, 다음과 같은 상황도 역설이어야 한다. 두 형제가 로스앤젤레스에서 샌프란시스코로 차를 타고 가는데 한 명은 구불구불한 태평양 해안고속도로를 따라 이동하고 다른 한 명은 훨씬 곧은 5번 주간고속도로를 따라 움직인다고 하자. 그렇다면 출발점과 도착점이 같더라도 두 차의 주행거리계는 각기 다른 거리를 측정할 것이다.[31] 쌍둥이 역설의 상황도 이와 다를 바 없다.

그러니 딱히 역설이라 할 건 없는 쌍둥이 역설에 대한 논의로 다시 돌아가자. 민코프스키의 통찰에 비추어보면 쌍둥이가 서로 다르게 나이를 먹는다는 사실은 그다지 불가사의한 사건이 아니다. 단지 기하학의 결과일 따름이다. 그리고 이 사례에서 알 수 있듯이 기하학은 시간팽창 현상도 설명할 수 있다. 움직이면 시간이 느리게 흐른다. 빠르게 움직일수록 시간은 더욱 느리게 흐른다.

더 나아가 민코프스키는 그림 3(57쪽)과 같은 '시공간 도표Space-time diagram'를 도입하여 시공간의 구조를 기하학적으로 시각화했다. 단순화된 형태의 거리 공식 $s^2 = X^2 - t^2$을 떠올려보자. 이 공식에서 X는 3개의 공간 좌표 (x, y, z)를 나타내고, t는 시간 좌표를 나타낸다(광속 c는 1로 규격화되어 있다). $X=t$이면 45도 기울어진 채로 점 (1, 1)을 통과하는 선이 그려진다. 거리 공식으로 알 수 있듯이, 좌표계 원점에서 선 위에 있는 임의의 점까지의 거리는 전부 0이다. 바로 이 선이 민코프스키 시공간에서 빛이 이동하는 경로이다.

마찬가지로 45도 기울어진 채로 이번에는 점 (−1, 1)을 통과하는 선을 그려볼 수 있다. 이 선은 (1, 1)을 통과하는 빛과 반대 방향으로 이동하는 빛을 나타낸다. 원점에서 출발하여 움직이는 빛은 45도 기울어진 두 선이 만드는 V 모양을 따라 (둘 중 한 방향으로) 이동하게 된다. 이제 두 번째 공간 차원을 추가하자(그러면 공간 차원은 x축과 y축으로 이루어진다. t축은 두 공간 축과 수직 방향으로 직교한다). 그리고 시간 축을 중심으로 V를 회전시키면 빛원뿔Light cone이라는 면이 만들어진다(그림 4).

민코프스키 시공간에서 모든 광선은 빛원뿔 면을 따라 움직인다. 물론 빛의 속력으로 말이다. 이러한 움직임의 궤적을 세계선Worldline이라고 하는데, 이는 4차원 시공간에서 (빛을 비롯한) 모

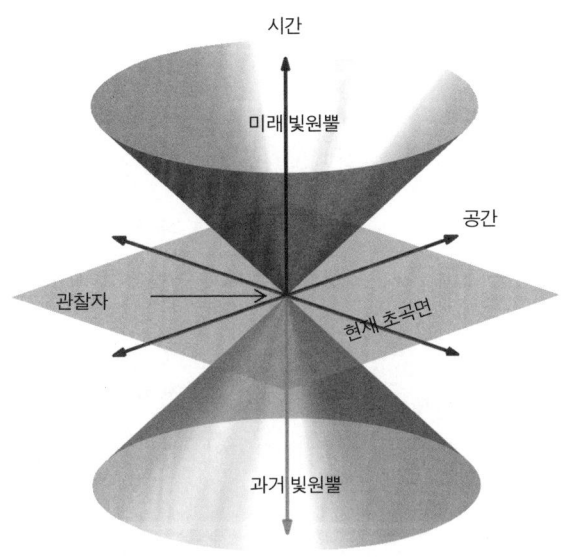

그림 4 빛원뿔

든 물체가 움직이는 경로를 지칭하기 위해 민코프스키가 만든 용어이다. 입자와 같은 물체들은 설령 공간 방향으로 움직이지 않더라도 시간 방향으로 나아가면서 시공간에 궤적을 남긴다. 빛원뿔 바깥의 경로, 즉 바깥쪽 세계선을 따라가려면 반드시 빛의 속력보다 빠르게 이동해야 한다. 이는 특수상대성이론(그리고 일반상대성이론)에서는 금지된 현상이지만, 속력 제한이 없는 뉴턴 역학에서는 허용된다.

만약 민코프스키가 거리를 공식화한 것과 반대로 거리 공식에서 시간 성분 앞쪽 음의 부호를 양의 부호로 바꾸면 빛원뿔은 더 이상 존재하지 않게 된다. 그러면 입자는 상상 가능한 어느 속력으로든 움직일 수 있지만 우리 우주에서는 불가능한 일이다. 그 어떤 입자도 빛의 속력보다 빠르게 움직일 수는 없다. 오직 질량이 없는 입자만이 빛의 속력으로 움직일 수 있다.

수학자 왕무타오Mu-Tao Wang는 우리에게 다음과 같이 설명했다. 민코프스키가 거리 공식에 삽입한 의미심장한 마이너스 부호는 "상대성이론에서 광속의 절대성과 관련이 있다"고 말이다. 그리고 "뉴턴 중력에서는 공간과 시간이 절대적이고 서로 독립적"인 반면, 상대성이론에서는 공간과 시간이 서로 얽혀 있으며 "오직 광속만이 절대적"이다.[32]

특수상대성이론을 4차원 이론으로 재구성함으로써 기존에는 쉽게 이해되지 않는 현상들을 설명했음에도 여느 거대한 개념적 도약이 그렇듯 민코프스키의 아이디어는 즉각적인 호응을 얻지 못했다. 위대한 수학자 푸앵카레 또한 민코프스키가 새롭게 정식화한 이론의 가치를 알아보지 못했다. 1908년, 푸앵카레는 "물리학을 4차원 기하학의 언어로 번역하는 것은 가능한 일"이라고 하면서도 "이러한 번역을 시도하는 것은 적은 이익을 위해 큰 고통을 감수하는 것"이라고 단언했다. 하지만 민코프스키의 견해는 달랐다. 물리 법칙을 완전히 이해하려면 4차원 시공간이 반드시 필요하다고 주장했던 것이다.[33]

흔히 4차원 시공간 개념의 발명자라는 오해를 받는 아인슈타인도 처음에는 민코프스키의 공헌에 깊은 인상을 받지 못했다.

아인슈타인은 그 개념이 "불필요한 현학"이라고 일축했고,[34] 한 친구에게는 "수학자들이 상대성이론에 끼어든 뒤로는 더 이상 혼자서 이해할 수가 없다"고 불평했다.[35]

물론 지금은 많은 과학자들이 상황을 다르게 본다. 수학자이자 수리물리학자인 로저 펜로즈Roger Penrose에 따르면, 특수상대성이론이 4차원 시공간 맥락에서 가장 잘 이해된다는 사실을 민코프스키가 증명하기 전까지 특수상대성이론은 완전한 이론이 아니었다.[36]

하지만 당시 아인슈타인을 비롯한 다른 물리학자들은 민코프스키가 1908년에 제안한 견해를 의심의 눈초리로 바라보았다. 수학자이자 물리학자인 코르넬리우스 란초스Cornelius Lanczos는 이렇게 설명했다. "아인슈타인은 경력 초기에 수학을 믿지 않았다. 물리적 사건을 수학적으로 정식화하는 것은 단순히 현상을 서술하는 것일 뿐 그 실체와는 무관하다고 생각했다. 그는 물리적 발상의 핵심을 표현하는 데 필요한 만큼만 수학을 사용했다."[37]

아니나 다를까 아인슈타인은 시간과 공간(3차원 형태의 공간)을 별개의 것으로 취급하면서 특수상대성이론을 만들었다. 민코프스키가 3년 후에 제시한 아이디어의 도움은 필요하지 않았다. 그 후로 몇 년 동안 아인슈타인은 란초스가 말한 정신에 따라 계속해서 3차원 버전의 중력 이론을 추구했다. 하지만 그의 노력은 막다른 골목에 다다르고 말았다. 깨달음은 1912년 무렵에 찾아왔다. 중력 이론을 발전시키기 위해서는 시간까지 통합된 4차원 바탕틀Framework(그리고 민코프스키가 활용한 몇 가지 수학적 방법)을 받아들여야 했다.

지금은 그의 깨달음이 당연한 것처럼 느껴질 수 있다. 물질이 움직이고 물질 분포가 시간에 따라 끊임없이 바뀌는 역동적인 우주에서 중력장을 적절하게 서술하려면 반드시 3차원 공간과 1차원 시간이 필요하기 때문이다. 당시까지만 해도 아인슈타인과 많은 동료(동료가 있긴 했다면)에게는 분명해 보이지 않았다. 하지만 4차원 시공간이 일반상대성이론의 적절한 토대, 더 나아가 필수적인 바탕임을 뒤늦게라도 인식한 것은 5년 전에 떠올린 등가원리("가장 행복한 생각")를 받아들인 것만큼이나 이론 확립에 중요했다. 공간과 시간이 완전히 연결되어 있다는 생각(그리고 곧 살펴보겠지만 공간과 시간이 중력과도 연결되어 있다는 생각)을 받아들인 아인슈타인은 1907년보다 더 행복했을지도 모른다.

아인슈타인은 1916년 3월에 투고한 논문《일반상대성이론의 기초The Foundation of General Relativity》서문에서 그의 전 스승에게 뒤늦게 감사의 표시를 했다. "상대성이론을 일반화하는 작업의 상당 부분은 민코프스키 선생 덕분에 가능했다. 그는 공간 좌표들과 시간 좌표의 형식적 등가성을 최초로 인식하고 이론 구축에 활용한 최초의 수학자였다."[38]

아인슈타인은 1916년에 집필한 유명한 책에서 민코프스키의 연구에 대한 자신의 생각이 얼마나 많이 변했는지 보여주었다. "수학자가 아닌 사람은 '4차원' 같은 말을 들으면 신비로운 전율에 사로잡힌다. 마치 신비 사상이 불러일으키는 듯한 느낌과 비슷하다. 그렇지만 우리가 사는 세계가 4차원 시공간 연속체라는 것보다 상식적인 말은 없다." 이어서 그는 민코프스키가 제공한 바탕틀이 없었더라면 "일반상대성이론은 …… 아마도 배내옷 신세를 면치 못했을 것"이라고 말했다. 여기서 "배내옷"이란 유아용 의류를 일컫는 말로, 다른 영역본에서는 기저귀라고 번역하기도 한다.[39]

안타깝게도 민코프스키는 자신의 연구가 완전히 받아들여지는 것을 볼 수 있을 만큼 오래 살지 못했다. 더군다나 본인이 1908년에 제기한 가능성을 탐색해볼 기회, 즉 상대성이론을 확장하여 중력을 아우를 기회도 누리지 못하고[40] 1909년 1월 충수파열로 사망하고 말았다. 쾰른에서 그 유명한 "공간과 시간" 강연을 한 지 세 달도 채 되지 않았던 때였다. 그는 사망하기 직전까지도 중력 이론을 구축할 방법을 개략적으로나마 제안했다. 비록 아이디어를 더 발전시키진 못했지만 중력 이론으로 향하는 길을 열어젖힌 것이다. 수학사학자 레오 코리Leo Corry는 민코프스키에게 시간이 더 있었더라면 얼마나 멀리 나아갔을지는 알기 어렵다고 우리에게 말한다. "확실한 것은 4차원으로 이론을 정식화한다는 선택이 …… 상대론적인 중력 이론의 정식화를 위한 절대적인 토대가 되었다는 사실입니다."[41]

1912년이 되어서야 아인슈타인은 4차원 시공간이 중력 이론의 필수적인 바탕임을 알게 되었다(몇몇 역사학자에 따르면 그보다 조금 더 전일 수도 있다). 하지만 그것만으로는 결승선을 통과할 수 없었다. 같은 해에 아인슈타인은 또 다른 중요한 결론에 도달했다. 이 또한 민코프스키가 예상한 바였다. 목표를 이루려면 유클리드 기하학을 뛰어넘어야 한다는 것이었다.

아인슈타인의 깨달음은 또 다른 사고실험에서 비롯되었다. 독일 프라하대학교에서 교수로 재직하고 있을 때였다. 특수상대성이론은 일정한 속도로 움직이는 물체를 다룬다. 아인슈타인은 그 한계를 뛰어넘기 위해 가속운동하는 물체를 고려했다. 다만 이번에는 떨어지는 물체 대신에 일정한 속력으로 빠르게 회전하는 물체를 떠올렸다. 회전하는 계(이를테면 바퀴 또는 회전하는 강체* 원판)는 일정하게 가속되고 있다고 볼 수 있다. 왜냐하면 바퀴 위에 있는 모든 점의 운동 방향이 (중심점을 제외하면) 계속해서 바뀌기 때문이다. 움직이는 눈금자의 길이가 운동 방향으로만 줄어든다는 사실에 근거하여 아인슈타인은 바큇살(즉 원의 반지름 r)이 길이수축의 영향을 받지 않는다고 추론했다. 왜냐하면 바큇살이 놓인 방향은 바퀴가 회전하는 방향에 수직이기 때문이다. 반면 바퀴의 운동 방향으로 놓인 둘레의 길이는 줄어들 것이다. 그러므로 원 둘레의 길이가 $2\pi r$이라는 유클리드 기하학의 표준 원리는 더 이상 타당하지 않다. 달리 말하자면, 가속하는 바퀴 계의 기하학은 비유클리드 기하학이다. 유클리드 기하학은 평면 기하학이라고

---

* 외력이 가해져도 변형되지 않는 이상적인 물체.

도 하는데, 그 어떤 평행선도 절대 교차하지 않는 평탄한 공간을 서술한다. 반대로 비유클리드 기하학은 휘어진 공간 또는 휘어진 시공간과 관련된 기하학이다. 구부러진 공간에서는 평행선들이 만날 수 있고 실제로 만나기도 한다. 마치 지구상에서 자오선(경선)들이 북극과 남극에서 만나는 것과 마찬가지다. 아인슈타인은 등가원리를 바탕으로 다음 사실을 알고 있었다. (회전하는 바퀴와 같은) 가속운동이 곡면 기하학으로 이어진다면 중력도 반드시 곡면 기하학으로 이어질 수밖에 없다. 이 모든 것을 종합함으로써 그는 아직 논리적 추론에 불과하지만 놀라운 결론에 다다랐다. 중력장이 존재하는 시공간의 기하학은 유클리드 기하학이 아니라는 것이다. 아인슈타인은 여기서 한 걸음 더 나아가 중력은 뉴턴이 생각했던 '힘'이 아니라 시공간의 '곡률Curvature', 즉 기하의 결과 그 이상도 이하도 아니라는 사실을 깨달았다.

이는 태양계 행성들이 타원 궤도를 그리며 태양 주위를 도는 이유가 태양이 중력으로 끌어당기기 때문이 아니라 질량이 매우 큰 태양에 의해 변형된 시공간 곡면을 따라 행성들이 움직이기 때문이라는 뜻이다. 이때 행성들이 따르는 이동 경로(그리고 오직 중력의 영향만 받으면서 움직이는 모든 물체나 입자가 따르는 이동 경로)를 측지선Geodesic이라고 한다. 평탄한 민코프스키 시공간에서 측지선은 직선이다. 반면 아인슈타인이 정식화한 중력 법칙에 따르면, 휘어진 시공간에서는 궤적이 완전히 다른 모습으로 나타난다. 예를 들어 공간 방향으로는 최단거리인데 시간 방향으로는 아닐 수 있다. 물리학자 앤서니 지는 다음과 같이 말했다. "휘어진 환경에서 최적의 경로를 따라가는 것은 우주에 존재하는 모든 입자들의 몫이다. 이것은 중력이 모든 입자에 정확하게 똑같은 방식으로 무차별적으로 작용하는 이유를 설명해준다."[42]

이 깨달음을 바탕으로 아인슈타인은 중력을 기하학화할 수 있는 개념적 도식을 생각해냈다. 민코프스키가 특수상대성이론을 기하학화한 것처럼 말이다. 하지만 아인슈타인의 위대한 깨달음은 이야기의 끝이 아닌 변곡점에 지나지 않았다. 이제 다음 단계로 나아가야 했다. 수학적인 정식화를 거쳐 시공간 곡률과 그와 관련된 중력 효과 사이의 정확한 연관성을 모조리 밝혀낼 방법을 찾아야 했던 것이다. 바로 그게 문제였다. 아인슈타인은 앞으로 남은 길이 "생각보다 더 험난했다"고 말했는데, "유클리드 기하학을 포기해야 했기 때문"이었다.[43] 그것은 자신이 알고 있던 수학을 포기하고 곡면 시공간이라는 낯설고 이상한 영역으로 뛰어들어야 한다는 뜻이었다.

비유클리드 기하학에 대한 배경지식이 부족했던 아인슈타인은 의제를 밀고 나가는 데 어려움을 겪었다. 그럼에도 그는 이론을 고안하려면 새로운 이론적 도구(그리고 수학적 도구)가 필요하다는 사실을 알고 있었다. 1912년 7월에 보낸 편지에 적혀 있듯이, 아인슈타인이 고안해야 했던 이론은 "관성질량과 중력질량의 등가성이 표현되어 있는 이론"이었다.[44] 이것은 특수상대성이론에서 일반상대성이론으로 나아가기 위해 충족해야 할 결정적인 조건이었다.

다행히도 그에게는 의지할 친구가 있었다. 취리히 연방공과대학교의 동창이자 이미 뛰어난 기하학자인 마르셀 그로스만이었다. 대학 시절 아인슈타인이 다른 주제에 정신이 팔려 있을 때 그로스만은 그의 수학 과제를 도와주곤 했다. 이번에도 아인슈타인은 친구의 도움이 간절했다. 다만 그에게는 숙제가 아니라 더 크고 야심 찬 목표가 있었다.

아인슈타인은 간청했다. "자네가 나를 도와줘야 해. 그러지 않으면 미치고 말 거야."[45]

2장

일반적인 길로 향하는 여정

| 리만 기하학과
일반상대성이론의 발전

"이 이야기는 소설의 줄거리에 버금간다." 라이프치히 소재의 막스플랑크 수학연구소 소장 위르겐 요스트Jürgen Jost의 말이다. "수줍고 병약한 젊은 수학자인 주인공은 19세기 중반 독일의 한 대학에서 열악하게 살아간다."[1] 대학에 입학하기 전, 청년은 루터교 목사인 아버지의 권유로 괴팅겐대학교에서 신학을 공부할 예정이었다. 하지만 괴팅겐에서 몇 차례 수학 강의를 들은 후 아버지의 허락을 받아 철학 과정으로 옮겨서 수학을 계속 공부할 수 있었다. 물론 성경 공부를 놓지는 않았다. 심지어 한때는 성경의 첫 번째 책인 창세기의 수학적 정확성을 증명하려 하기도 했다.[2]

괴팅겐에서 박사학위를 받은 우리의 영웅은 독일 대학교의 교수직 임용에 필요한 교수자격 학위를 취득하기 위해 노력했다. 전통에 따라 학위 후보자는 교수자격 발표회 준비를 위해 세 가지 주제를 제출해야 했다. 처음 두 주제는 별다른 어려움 없이 선택했다. 이미 전문적으로 어느 정도 공헌한 분야에 대한 것이었기 때문이다. 세 번째 주제는 다소 모호한 철학적 성격을 띠고 있었지만, 발표회 교수진이 보통 처음 두 주제 중에서 하나를 골랐으므로 딱히 걱정하지 않았다. 그러나 교수진은 마지막 선택지를 발표해달라고 요청했다. 준비가 가장 덜 된 주제임이 틀림없었다. 그럼에도 그의 발표는 단지 성공적인 것을 넘어 역사를 송두리째 뒤바꾸는 결과를 낳았다.

문제의 젊은 수학자 베른하르트 리만은 자신에게 닥친 도전에 충분히 대응할 수 있음을 몸소 증명했다. 1854년 6월 10일에 리만이 발표한 강연의 제목은 "기하학의 토대를 이루는 가설들에 관하여 On the Hypotheses Which Lie at the Bases of Geometry"로 다소 거창했다. 이 발표에서 리만은 고차원 공간의 곡률에 대한 완전히 새로운 사고방식을 공개함으로써 현대 기하학의 토대를 마련했다. 현대 기하학의 핵심인 '리만 기하학 Riemannian geometry'은 수학에서 오랫동안 중요하게 다뤄진 것은 물론이고 이론물리학에서도 필수적인 역할을 담당했다. 이와 관련하여 위르겐 요스트는 이렇게 말했다. 리만이 괴팅겐의 청중에게 발표한 이후 수년에 걸쳐 "후대의 수학자들은 그 짧은 강연에서 제시된 아이디어들을 연구 대상으로 삼았다. 그리하여 그 아이디어들이 충분히 타당하고 견고하며 적용 범위가 놀랍도록 넓고 잠재력이 무궁무진함을 확인했다."[3]

리만의 아이디어는 시대를 훨씬 앞서 있었다. 괴팅겐의 청중 가운데 리만의 지도교수였던 위대한 수학자 카를 프리드리히 가우스Carl Friedrich Gauss만이 그 내용을 완전히 이해하고 가치를 인정했을지도 모른다. 가우스는 비유클리드 곡면 연구의 선구자였다. 그는 오늘날에도 계속 연구되는 수많은 수학 분야에 대한 지대한 공헌으로 역사상 가장 위대한 수학자로 손꼽힌다. 1800년대 초의 동시대 수학자들과 마찬가지로 가우스는 유클리드의 다섯 번째 공준, 즉 '평행선 공준Parallel postulate' 문제를 해결하려 했다. 동일한 평면에 있는 두 선이 서로 항상 같은 거리를 유지하고 절대 엇갈리지 않는다면 두 선은 평행한 것으로 간주된다. 다섯 번째 공준의 주장은 기본적으로 다음과 같다(그림 5). 임의의 선분이 두 선과 교차한다고 하자. 이때 선분의 한쪽에서 두 내각의 합이 두 직각보다 작으면(즉 180도보다 작으면) 선분과 교차하는 두 선은 결국 두 직각보다 작은 쪽에서 만나게 된다. 좀 더 간단하게 말할 수도 있다. 평면상에서 평행하지 않은 선들은 결국 만나게 되지만 서로 평행한 선들은 절대로 만나지 않는다.

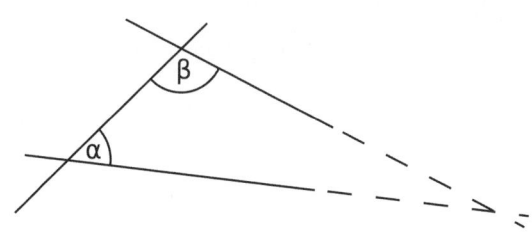

그림 5 유클리드의 평행선 공준
두 내각 α와 β의 합이 180도보다 작은 쪽에서 두 선이 교차하게 된다.

2장 일반적인 길로 향하는 여정

오랫동안 많은 수학자들은 유클리드의 나머지 네 공준*을 사용하여 다섯 번째 공준을 증명할 수 있어야 한다고 생각했다. 하지만 고대 그리스 시대 이후로 성공한 사람이 아무도 없었기에 결국 증명할 수 없는 건 아닐지 가우스는 궁금했다. 그는 생각에 잠겼다. 어쩌면 다섯 번째 공준이 **성립하지 않는** 2차원 공간 또는 면이 존재할 가능성을 탐구하는 것도 가치 있지 않을까? 가우스의 아이디어는 이랬다. 특정한 공간 내부에 놓여 있는 물체만 휘어질 수 있는 게 아니라 공간 자체도 휘어질 수 있다는 것. 그러한 공간을 이해하려면 더욱 일반적인 형태의 기하학이 필요했다. 평탄한 면과 그 면에서 일어나는 일들을 서술하는 데 국한되지 않는 기하학 말이다. 가우스는 독일의 수학자 프란츠 타우리누스Franz Taurinus에게 1824년에 보낸 편지에서 자신의 "이단적인" 견해를 내비친 뒤 비유클리드 기하학 연구에 착수했다. 한편 거의 동일한 시기에 이 새로운 수학 분야의 또 다른 선구자 보여이 야노시Bolyai János와 니콜라이 로바쳅스키Nikolai Lobachevsky도 같은 아이디어를 독자적으로 탐구하고 있었다.⁴

이 모든 이야기가 다소 난해하게 들릴지 모르겠다. 하지만 당신은 아마도 모르는 사이에 비유클리드 공간의 몇 가지 특징에

---

* 평행선 공준을 제외한 나머지 네 공준은 다음과 같다. 1) 어떤 한 점에서 다른 한 점으로 직선을 그릴 수 있다. 2) 한 직선을 연장해서 유한한 길이의 또 다른 직선을 만들 수 있다. 3) 어떤 점에서든 임의의 반지름을 가진 원을 그릴 수 있다. 4) 모든 직각은 서로 같다.

꽤 익숙해져 있을 것이다. 구면 위에서 평행해 보이는 경선들은 실제로는 북극과 남극에서 만나고, 구면에 그려진 삼각형 내각의 총합은 180도보다 크다(그림 6). 반면 말안장 모양의 2차원 표면 (가령 쌍곡면Hyperboloid)의 경우 평행해 보이는 선들은 사실 서로 멀어지면서 발산하고 삼각형 내각의 총합은 180도보다 작다. 물론 평탄한 유클리드 평면은 전혀 다른 성질을 갖는다. 평행한 선들은 평면에서 계속 평행한 채로 나아가고 삼각형 내각의 총합도 정확히 180도이다.

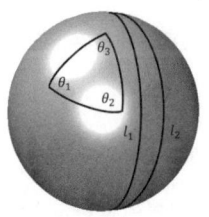
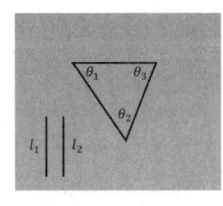
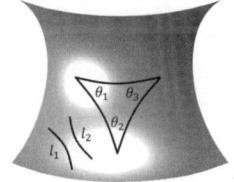

$\theta_1 + \theta_2 + \theta_3 > 180°$
구면 공간(양의 곡률)

$\theta_1 + \theta_2 + \theta_3 = 180°$
유클리드 공간(0의 곡률)

$\theta_1 + \theta_2 + \theta_3 < 180°$
쌍곡 공간(음의 곡률)

그림 6 곡면 위의 선과 삼각형
순서대로 양의 곡률, 0의 곡률, 음의 곡률을 갖는다.

리만이 특히 관심을 기울인 것은 가우스가 1827년에 발표한 논문《곡면에 관한 일반적 탐구 General Investigations of Curved Surfaces》에서 발전시킨 곡면 이론이었다. 이전 세기에 레온하르트 오일러Leonhard Euler가 먼저 곡면의 곡률에 대한 선구적인 연구를 수행했지만, 오일러가 확립한 곡률의 성질은 곡면이 3차원 공간 내부에 놓이는 방식, 즉 '묻히는' 방식에 따라 달라졌다. 여기서 '묻는다Embedding'는 것은 어떠한 수학적 구조를 더 큰 구조에 포함시키는 방식을 의미한다. 예를 들어 1차원 원이 2차원 면 위에 놓인 (묻힌) 모습을 떠올려보면 된다. 이 새로운 분야를 탐구하면서 가우스는 물체나 곡면이 공간 어느 곳에 어떻게 놓여 있는지와 상관없이 자체적인 곡률을 가지고 있다는 '내재 기하학Intrinsic geometry' 개념을 창안했다. 그 자체적인 곡률을 '가우스 곡률Gaussian curvature'이라고 부른다. 구면은 양의 곡률을 가지고, 쌍곡면은 음의 곡률을 가진다. 또 곡면의 내재 곡률(가우스 곡률)은 곡면 내부에서 측정되는 값만으로 결정될 수 있다. 다시 말해, 외부의 관점('외재적Extrinsic' 관점)은 불필요하다.

가우스의 아이디어는 라틴어로 "테오레마 에그레기움Theorema Egregium(탁월한 정리)"이라고 불리는 정리에서 살펴볼 수 있다. 그는 2차원 곡면의 곡률은 곡면 위의 점들 사이의 거리와 각도를 측정함으로써 완전히 알아낼 수 있다고 생각했다. 심지어 곡면을 구부린다고 해도, 그 곡면이 늘어나거나 압축되거나 찢어지지 않는 한 곡률은 변하지 않는다. 게다가 곡면이 2차원 혹은 3차원 공간 내부에 놓이는 방식이 달라져도 곡률은 영향을 받지 않는다.

먼저 원기둥의 예시부터 시작해보자. 간단하게 설명하기 위해 원기둥의 반지름은 1로 정하자. 위쪽과 아래쪽 면이 둘 다 제거된 깡통이 탁자 위에 똑바로 놓여 있는 모습을 떠올려보라. 깡통 윗면과 밑면 사이 중간쯤에 벌레 한 마리가 가만히 있다. 우선 벌레가 위쪽 또는 아래쪽으로 똑바로 이동한다면, 벌레는 깡통에서 곡률이 가장 작은 직선 경로(곡률이 0인 경로)를 따르는 것이다. 반면 벌레가 그 직선과 수직인 방향으로 이동한다면(그러니까 깡통의 원둘레를 따라 움직인다면), 벌레는 깡통에서 곡률이 가장 큰 경로를 따르는 것이다. (원의 곡률은 $1/r$인데, 이때 r은 '곡률 반지름Radius of curvature'을 의미한다. 우리의 예시에서 곡률 반지름은 1이므로 원의 곡률 값은 $1/1=1$이다.) 곡면 위 임의의 점에서 가우스 곡률은 최소 곡률과 최대 곡률, 즉 주곡률Principal curvature을 곱한 값으로 정해진다. 따라서 위아래가 열린 깡통 또는 원기둥의 경우 곡면 위 임의의 점에서 두 주곡률의 곱은 $1 \times 0 = 0$이다. 결론적으로 원기둥의 가우스 곡률은 0이다.

이것은 다시 말해 원기둥이 평탄하다는 뜻이다. 원기둥은 둥글지 않냐고 반문할지 모르겠다. 하지만 평탄한 직사각형 종이 한 장을 말아서 원기둥을 만들 수 있으므로 원기둥이 평탄하다는 생각도 어떤 의미로는 말이 된다(그림 7). 가우스가 보기에 원기둥은 종이를 말아 만든 것일지라도 그 곡률은 (말지 않은) 평탄한 종이의 곡률과 동일하다. 즉, 원기둥의 곡률은 다름 아닌 0이다. 다시 말하지만, 이것은 납득할 만하다. 종이가 탁자 위에 평탄하게 놓여 있든 관 모양으로 말려 있든, 원기둥에 있는 임의의 두 점 사이의 거리(곡면을 따라 측정한 거리)는 변하지 않기 때문이다.

마찬가지로 원기둥이 마치 정원용 호스처럼 유연한 재질이라면 양 끝이 만날 때까지 구부려서 원환면torus(도넛 모양)이라는 형

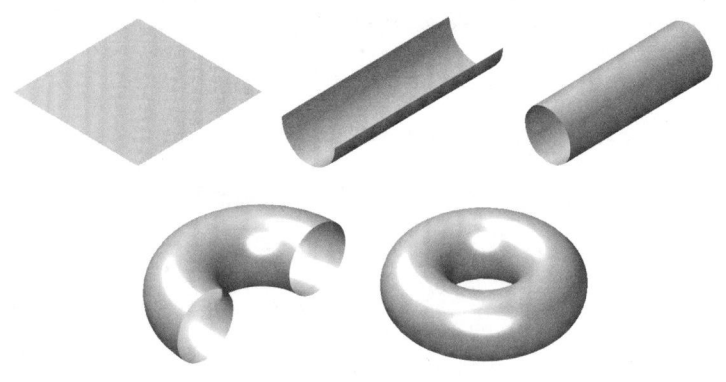

그림 7 평탄한 종이 한 장은 원기둥으로 바뀔 수 있고,
더 나아가 원환면(도넛 모양)으로 변형될 수도 있다.

태로 만들 수도 있다. 원환면의 내재 곡률 역시 원기둥과 평탄한 종이와 똑같다. 모두 0이다.

이번에는 2차원 구면을 예로 들어보자. 구면은 원기둥과 다른 내재 곡률을 갖고 있다. 반지름이 1인 지구 모양의 구면을 떠올려보자. 적도의 한 점에서 출발해서 적도를 따라 한 바퀴 빙 돈다면, 곡률이 최대(1)인 경로를 따라 움직인 것이다. 적도와 수직인 방향으로 이동해서 북극과 남극을 통과하는 원을 따라 돈다면, 그 역시 곡률이 1인 경로를 따라 움직인 것이다. 이러한 논리적 추론은 구면상의 어떤 점에서든 똑같이 적용된다. 그러므로 2차원 구면의 가우스 곡률은 모든 곳에서 $1 \times 1 = 1$이다.

가우스 곡률의 등장은 (유일한 출발점은 아닐지라도) 현대 기하학의 출발점이라 할 만하다. 휘어진 비유클리드 공간의 내적 성질에 대한 가우스의 통찰은 무척 놀랍고 심오하지만 오직 2차원 공간에 한정되어 있었다. 가우스의 연구를 확장하여 3차원과 4차원, 그 이상의 차원까지 공간의 내재 곡률을 서술하는 것은 어려운 문제였다. 1854년 리만이 그 문제를 해결하며 새로운 기하학의 등장을 예고했다. 새로운 기하학에는 마침내 리만의 이름이 붙었다.

기하학을 재구성한 리만의 연구에서 핵심은 '다양체Manifold' 개념이다. 리만은 임의의 n차원 공간을 서술하기 위해 이 개념을 도입했다. 오늘날 우리가 바라보는 방식과 비슷한, 다양체에 대한 보다 엄밀한 정의는 60여 년 후인 1913년 수학자 헤르만 바일Hermann Weyl이 자신의 저서 《리만 곡면에 대한 생각The Idea of a Riemann Surface》에서 제시했다. 현재의 관점에서 정의된 바에 따르면, 다양체는 매우 작은(무한히 작은Infinitesimal) 규모에서 보면 평탄한 유클리드 공간이지만 더 큰 규모에서 보면 휘어 있을 수도 있는 매끄러운 공간 또는 곡면이다.

지구를 예로 들어보자. 지구는 매우 작은 규모에서 보면 평탄하지만 우주에서 보면 구면이다. 구면은 특별한 종류의 다양체이다. 곡면의 모든 부분에서 값이 일정한 '양의 곡률'을 갖기 때문이다. 다양체는 찢어지거나 날카롭거나 톱니처럼 들쭉날쭉한 곳 없이 매끄러워야 한다. 사실 다양체의 매끄러움은 이미 보장되어 있는 성질이다. 왜냐하면 매우 작은 부분들을 일일이 살펴보면 전부 평탄해 보인다는 것이 다양체의 정의이기 때문이다. 그렇다고 해서 다양체의 곡률이 모든 곳에서 균일하다는 뜻은 아니다. 다양체의 곡률은 점마다 매끄럽게 점진적으로 달라질 수 있다. 또 특정 지점의 벌레 한 마리가 어느 방향으로 움직이느냐에 따라서도 달라질 수 있다.

예를 들어보자. 4차원 다양체의 각 점은 좌표 4개로 특정할 수 있다. 마찬가지로 n차원 다양체의 각 점을 특정하려면 좌표 n개가 필요하다. 리만은 다양체에 있는 임의의 점과 근처의 또 다른 점 사이의 거리를 결정하기 위해 계량텐서Metric tensor라는 수학적 구조를 고안했다. 평탄한 유클리드 평면이라면 거리는 눈금자를 사용하여 간단하게 측정하거나 피타고라스 정리를 활용하여 쉽게 계산할 수 있다. 하지만 다양체의 곡률이 점마다 달라질 수 있는 고차원 리만 공간에서는 일반적인 피타고라스 정리가 적용되지 않는다. 그 결과, 휘어진 공간에서 거리를 계산하는 작업은 훨씬 어려워진다. 그러므로 거리함수(거리를 출력하는 함수)를 정의하고 이를 통해 거리를 용이하게 결정하려면 계량텐서가 필요하다.

다양체에 있는 모든 점의 곡률은 계량텐서가 제공하는 거리 측정값을 통해 결정된다. 4차원 다양체를 예로 들어보자. 4차원 계량텐서는 4×4 배열로 이루어져 있는데 총 16개의 항 중에서 10개만 독립적*이다(시공간을 서술하려면 4차원이 필요한 특수상대성이론과 일반상대성이론에는 4차원 계량텐서가 적합하다). 그러므로 각 점

---

* 항 또는 성분이 서로 독립적이라는 것은 서로 아무런 관련 없이 값이 결정된다는 뜻이다.

에서 다양체의 성질을 서술하고 다양체 곡률의 전체적인 특징을 알아보려면 총 10개의 수가 필요하다. 그 모든 정보가 바로 계량텐서에 포함되어 있다. 계량텐서는 공간의 기하학적 구조를 **국소적으로**locally 알려주는데, 다시 말해 한 점 주변에 있는 좁은 영역의 기하학적 구조를 알려준다는 뜻이다. 하지만 계량텐서를 활용하여 거리를 계산하면 해당 공간의 기하학적 구조를 **대역적으로도**globally(전체적으로도) 알아낼 수 있다. 요컨대 수학적인 관점에서 계량텐서는 사실상 공간에 대해 알아야 할 모든 것을 알려준다.

한 점에 대한 10개의 개별적인 텐서 항의 값은 어느 좌표계를 선택하느냐에 따라 달라질 수 있다. 하지만 임의의 두 점 사이에서 계산되는 거리는 좌표계 선택과 무관하게 일정한 값을 갖는다(거리를 계산하는 기법은 피타고라스 정리에 크게 의존하고 있다). 이 사실은 리만의 견해와도 부합했다. 리만에 따르면 공간의 의미 있는 성질과 물리 법칙은 우리가 어느 좌표계를 선택하든 또는 관찰자가 어느 기준틀에 있든 절대로 달라지지 않아야 한다. 리만 다양체의 이 고유한 특징을 '일반공변성General covariance'이라고 하는데, 이전 장에서 논의한 등가원리가 바로 이 성질에 통합되어 있다고 볼 수 있다. 일반공변성은 앞으로 살펴볼 중력에 대한 논의에서 중요하게 다루어질 것이다.

계량텐서에서 도출되는 '리만 곡률텐서Riemann curvature tensor'는 1854년 리만의 강연에서 처음 도입되었다. 리만 곡률텐서는 리만이 1861년에 프랑스 파리과학아카데미에서 수상을 노리고 제출한 논문에서 더욱 발전되었다(아쉽게도 상을 받지는 못했다).[5] 리만은 2차원보다 높은 차원의 다양체에서는 곡률이 너무 복잡해서 하나의 수로 포착할 수 없다는 사실을 깨달았다. 그와 달리 리만 곡률텐서는 다양한 수와 (변수가 4개인) 함수로 이루어진 정교한 배열이었고, 그렇게 수와 함수가 조밀하게 배열된 형식으로 다차원 다양체의 곡률을 완전히 서술할 수 있었다.

리만 곡률텐서는 4차 텐서로 분류된다. 지수Index라는 기호 4개로 표현되는 텐서라는 뜻이다(지수는 주로 아래첨자로 표시된다). 이때 지수의 개수는 배열 자체의 방향*, 즉 차원의 수에 해당한다. 텐서의 차수Rank, 즉 차원 수는 그 바탕이 되는 공간의 차원 수와 다를 수 있다. n차원 공간의 r차 텐서는 총 n^r개의 성분을 갖는다. 따라서 4차원 공간의 리만 곡률텐서는 $256(4^4)$개의 성분을 가지며, 그중 20개가 서로 독립적이다. 요컨대 리만 곡률텐서에는 서로 다른 정보가 총 20개 포함되어 있다. 3차 텐서는 수 또는 함수의 3차원 배열, 즉 정육면체 모양의 배열로 생각할 수 있다. 행렬Matrix(두 방향에 해당하는 행과 열로 구성된 직사각형 배열)은 2차 텐서이며, 차수와 일치하는 2개의 지수로 표현된다. 정의상 하나의 방향만 할당되어 있는 벡터Vector는 1차 텐서이다. 하나의 수,

---

* 어떤 배열에서 특정한 성분의 위치를 표시할 때 몇 가지 수가 필요한지를 나타낸다. 예를 들어 행과 열로 이루어진 행렬의 경우 한 성분의 위치를 표시하려면 두 가지 수(방향)가 필요하다(가령 두 번째 행의 세 번째 열). 배열이 정육면체 모양으로 이루어진 경우 한 성분의 위치를 표시하려면 세 가지 수(방향)가 필요하다(가령 두 번째 '층'의 첫 번째 행의 세 번째 열).

다른 말로 스칼라scalar는 0차 텐서이다. 지수도 없고 방향도 없이 임의의 점에서 특정한 양量의 크기만을 서술한다.

그런데 리만 곡률텐서에서 무엇보다 중요한 (그리고 가장 독창적인) 특징은 따로 있다. 리만 곡률텐서의 성분들은 좌표계가 바뀌면 덩달아 변할 수 있는데, 그렇더라도 텐서 전체가 선형적으로 적절하게 변환된다. 무슨 말이냐면, 좌표계가 바뀌더라도 본질적인 정보는 여전히 추출될 수 있다는 뜻이다. 이것은 물리학이 좌표계의 선택과 무관해야 한다는 리만의 견해와 부합하는 성질이었다. 수십 년 후 알베르트 아인슈타인이 등가원리를 중심으로 중력 이론을 구축하는 과정에서 리만 곡률텐서에 매료된 것도 이 성질 때문이었다.

리만은 곡률텐서를 발명함으로써 이전에는 미지의 영역이었던 다차원 다양체와 관련된 많은 수수께끼를 풀어냈다. 또 오랜 세월이 흐른 뒤에 매우 특별한 4차원 다양체를 이해하는 데 적용된 수학적 틀을 제공하기도 했다. 그 특별한 다양체란 바로 우리가 살고 있는 시공간, 즉 우리 우주를 나타내는 4차원 다양체이다.

리만을 19세기의 위대한 천재이자 일류 수학자라고 평가하는 것은 어쩌면 너무 당연한 말일지 모른다. 리만은 기하학에서 중요한 업적을 남겼을 뿐만 아니라 다항방정식 연구를 일반화하는 작업에도 일조했다. 복소해석학과 실해석학, 함수론, 정수론까지 다방면으로 크게 기여하기도 했다. 1859년에 제기한 소수의 분포에 관한 문제인 '리만 가설Riemann hypothesis'은 모든 수학 분야를 통틀어 (유일하진 않더라도) 가장 심오한 미해결 문제로 손꼽힌다. 오늘날에도 수학자들은 이 독창적인 사상가가 남긴 다른 많은 개념들과 씨름하고 있다.

그러나 리만의 관심은 수학에만 한정되지 않았다. 그는 자신이 개발하고 있던 새로운 기하학 원리를 어떻게 하면 대규모 공간, 즉 우주 자체에 적용할 수 있을지 궁금해했다. 리만은 1854년의 강연에서 이 아이디어를 언급하면서 "공간의 기초가 되는 물리적 실체"를 고찰하고 "무한히 작은 공간에 적용되는 기하학 공리들의 타당성"에 의문을 제기했다. 우주에 대한 이해를 심화하기 위해서는 뉴턴이 닦아놓은 토대에서 시작해야 하며, 우리의 견해가 "전통적인 편견에 방해받지 않고" 또 "가능성을 바라보는 편협한 관점에 가로막히지" 않도록 명심해야 한다고 말했다. 하지만 리만이 교수자격 발표회에서 제기한 문제들은 때를 기다려야 했다. 리만은 강연에서 이렇게 언급했다. "이 문제는 또 다른 과학인 물리학의 영역으로 이어집니다. 오늘 행사의 성격상 여기서 더 탐구할 수는 없겠습니다."[6]

리만의 생각은 수십 년이나 시대를 앞섰다. 그는 공간의 구조가 물질의 영향을 받아 휘어질 가능성을 고려했고, 우리가 살고 있는 공간이 실제로 휘어진 다양체일지도 모른다고 생각했다. 더 나아가 전기와 자기, 빛, 중력의 법칙을 하나로 묶는 통일 이론을 고안하려는 야망도 품고 있었다.[7] 하지만 꿈을 이루지는 못했다. 평생 건강이 좋지 않았던 리만은 결국 1866년 서른아홉의 나이에 결핵으로 사망하고 말았다.

몇십 년이라도 더 살아서 광속의 불변성이 확인된 마이컬슨-몰리 실험의 결과를 목격했다면 어떻게 되었을까? 어쩌면 리만 기하학의 틀에 자연스럽게 들어맞는 특수상대성이론을 발견했을지도 모른다. 앨버트 마이컬슨과 에드워드 몰리가 빛의 속력은 관찰자가 보는 광원의 운동 그리고 좌표계와 무관하게 일정하다는 사실을 보여주었으니 말이다. 리만이 등가원리와 밀접하게 연관된 '공변성 원리Principle of covariance'에 학식이 깊었다는 점을 생각하면, 거기서 더 나아가 보다 일반적인 이론을 찾기 시작했을지도 모른다. 안타깝게도 그는 기회를 얻지 못했다. 일반 이론의 과업은 리만이 사망한 지 40여 년 후에 다른 과학자에게 넘어갔다. 이제 그 이야기를 살펴볼 차례이다.

・・・

1912년 8월, 취리히에 도착한 아인슈타인은 연방공과대학교 이론물리학과 교수로 부임했다. 그가 모교로 돌아온 이유는 교수 임용 말고도 또 있었다. 친구 마르셀 그로스만이 그곳에서 기하학 교수로 재직 중이었는데, 마침 아인슈타인에게 기하학의 도움이 절실히 필요했기 때문이다.

당시 아인슈타인은 중력 이론에서는 유클리드 기하학이 적용되지 않는다는 사실을 깨달은 참이었다. 그는 서로 가속운동을 하는 기준틀들이 모두 동등하게 다뤄지는 중력 이론을 고안하려 하고 있었다.[8] 다시 말해, 그가 추구하던 일반 이론은 특수상대성이론과 달리 일정한 속력으로 직선 경로를 움직이는 물체에만 한정되지 않았다. 곡선 경로를 따라 가속하는 물체를 비롯하여 모든 종류의 운동에 적용되는 이론을 만들려고 했다. 더 나아가 그러한 운동을 서술하는 방정식은 (서로 일정한 속도로 운동하는 관찰자만이 아니라) 모든 관찰자를 대상으로 동일하게 적용되어야 했다.

바로 이것이 그가 맞닥뜨린 문제의 대략적인 상황이었다. 하지만 아인슈타인은 중력 이론을 만드는 데 가장 적절한 비유클리드 바탕틀을 잘 알지 못했다. 그는 특히 좌표계의 선택이 물리학에 아무런 영향도 미치지 않는, 즉 일반공변성이 있는 기하학을 찾고 있었다. 아인슈타인의 목표는 더할 나위 없이 타당했다. 왜냐하면 좌표계는 단지 무언가를 표현하는 수단에 지나지 않기 때문이다. 예를 들어보자. 어떤 그래프의 원점을 중심으로 포물선이 그려져 있다고 하자. 좌표계가 바뀌어서 원점이 오른쪽이나 왼쪽으로 이동한다고 해도 포물선 자체는 조금도 변하지 않는다. 그저 포물선을 표현하는 방식만 바뀔 뿐이다. 마찬가지로 어떤 상황을 서술하는 물리학은 우리가 임의로 선택하는 표현 방식에 따라 달라지면 안 된다.

아인슈타인은 새로운 상대성이론이 **일반**이라는 이름을 얻으려면 그러한 성질이 반드시 필요하다고 생각했다. 다시 말해, 일반상대성이론이 서술하는 중력 이론은 모든 관찰자에게 동일해야 한다. 좌표계 선택과 무관하게, 또는 사건을 서술하는 기준틀이 가속운동을 하는지와 상관없이 말이다. 만만찮은 도전이었다. 지금까지 떠맡은 과제들 가운데 제일 어려운 일임이 분명했다. 좌표계 없이 물리 법칙을 표현하려는 시도는 "말하지 않고 생각을 설명하는 것과 같다"고 말할 정도였다.[9]

당시 아인슈타인은 그런 특징을 가진 기하학이 이미 수십 년 전에 개발되었다는 사실을 알지 못했다. 그는 그로스만의 조언을 구했다. 물리학자이자 과학사학자인 에이브러햄 파이스Abraham Pais에 따르면, "다음 날 돌아온 그로스만은 …… 그러한 기하학이 실제로 있다고 말했다. 바로 리만 기하학이었다." 하지만 그로스만은 리만 기하학의 미분방정식*이 비선형Nonlinear**이라서 "물리학자들은 관여해선 안 되는 끔찍한 난장판"으로 치달을 수 있다고

---

* 미분방정식이란 어떤 함수를 미분한 함수가 포함된 방정식을 말한다.
** 여기서 비선형의 의미를 미리 짚고 넘어가는 것이 책을 읽는 데 도움이 된다. 우선 수학적인 의미부터 살펴보자. 어떤 함수 $f(x)$가 있을 때 그 함수가 $f(x_1+x_2)=f(x_1)+f(x_2)$를 만족하면 그 함수를 선형적이라고 한다(다른 조건도 있지만 여기선 고려하지 않는다). 예를 들어 $f(x)=2x$는 $f(2+3)=2 \times 5=10$, $f(2)+f(3)=4+6=10$를 만족하므로 선형이다. 이번에는 $f(x)=x^2$라는 함수를 살펴보자. 이 함수는 $f(2+3)=5^2=25, f(2)+f(3)=4+9=13$이므로 선형 조건을 만족하지 않는다. 이러한 경우를 비선형적이라고 한다. 선형성과 비선형성의 물리적 의미도 이와 같다. 어떤 물체 M이 다른 물체 m_1과 m_2로부터 받는 중력을 계산한다고 해보자. 방법은 두 가지다. m_1과 m_2 이 둘 다 있는 상황에서 두 물체가 M에 미치는 중력을 한꺼번에 계산할 수도 있고, 먼저 m_1만 있다고 생각하고 m_1이 M에 미치는 중력을 계산한 다음 m_2가 미치는 중력을 따로 계산해 두 값을 더할 수도 있다. 두 방법으로 계산한 값은 서로 똑같을까? 그렇다, 똑같다. 하지만 이 결과는 뉴턴의 중력 이론이 선형적이기 때문이다. 나중에 본문에서 더 자세하게 설명하겠지만 일반상대성이론은 비선형적이라서 이런 방식으로 중력을 계산할 수가 없다. 일반상대성이론을 어렵게 만드는 주범이 바로 이 비선형성이다.

경고했다.¹⁰ 그러나 아인슈타인은 친구의 경고에도 흔들리지 않았다. 중력 이론을 서술할 중력장 방정식은 모종의 물리학적 이유로 비선형이어야 한다는 점을 이미 알고 있었기 때문이다. 방정식을 다루기가 아무리 어려울지라도 여기서 멈출 수는 없었다.

파이스에 따르면, 아인슈타인은 리만 기하학이 "알맞은 수학적 도구"라는 것을 금방 알아차렸다. 그의 "갑작스러운 깨달음은 남은 생애 동안 그가 갖게 될 물리학 및 물리 이론에 대한 관점을 바꿔놓았다."¹¹ 아인슈타인은 또한 중력 이론을 만들 때 휘어진 공간에 대한 리만의 아이디어와 민코프스키의 4차원 시공간 개념을 결합해야 한다는 사실도 알아차렸다.

이처럼 아인슈타인은 기존에 존재하던 수학적 아이디어를 활용할 수 있었다. 하지만 시공간 개념과 리만 기하학을 함께 적용하는 것만으로는 이론에 도달하기엔 역부족이었다. 아직 가공할 만한 작업이 남아 있었다. 그것은 3년 이상의 세월이 걸릴 만한 일이었다.

리만 기하학의 발전은 1854년 강연에서 시작된 것도 아니었고 거기서 끝난 것도 아니었다. 물론 그 강연으로 끝날 뻔하기는 했다. 리만은 숨을 거두기 전에 자신의 강연록을 출판한 적이 없고, 가우스도 1855년에 사망하고 말았다. 수학사학자 데이비드 E. 로David E. Rowe에 의하면, "리만은 요절하면서 대담한 발상을 무덤까지 가져갈 뻔했다."¹² 다행히도 수학자 리하르트 데데킨트Richard Dedekind가 나서서 리만의 강연록이 1868년에 출판되도록 조치

했다. 수학자 엘빈 브루노 크리스토펠Elwin Bruno Christoffel은 그로부터 1년 후에 발표한 논문에서 리만의 연구를 바탕으로 리만-크리스토펠 곡률텐서Riemann-Christoffel curvature tensor를 고안했다. 이 곡률텐서는 훗날 곡률 정보를 담아내는 표준 메커니즘이 되었다.[13] 이탈리아의 수학자 그레고리오 리치-쿠르바스트로 그리고 툴리오 레비-치비타는 리만의 아이디어를 더욱 발전시켜서 텐서해석학Tensor analysis(다른 말로는 텐서미적분학Tensor calculus)을 발명했다. 이것은 리만 다양체에서 텐서를 조작하는 방법론으로서 리치는 절대미분학Absolute differential calculus이라고 불렀다. 그로스만이 아인슈타인에게 알려준 것이 바로 이런 도구들이었다.

리치와 레비-치비타는 리만의 아이디어를 일반화하여 광범위한 맥락에서 적용할 수 있도록 텐서 형식으로 바꾸었다. 알고 보니 텐서 형식은 휘어진 공간에 대한 물리학 방정식을 작성하는 데 특히 유용했다. 민코프스키는 아인슈타인보다 앞서 이 사실을 깨달았다. 민코프스키는 4차원 시공간 개념의 발전에 기여하고 그 절대적인 중요성을 설명하는 데서 그치지 않았다. 아인슈타인이 동일한 관점을 받아들이기 수년도 전에 이미 시공간이 텐서 수학으로 가장 잘 서술된다는 점을 인식하고 이를 입증했던 것이다.

요컨대 리만 기하학은 아인슈타인이 일반상대성이론으로 시공간을 서술하는 데 필수적인 요소였다. 하지만 계량텐서와 관련하여 수정해야 할 중요한 점이 남아 있었다. 리만 기하학에서 계량텐서는 항상 '양의 정부호Positive-definite'이다. 다시 말해, 리만 다양체에서 임의의 두 점 사이의 거리는 언제나 양수라는 뜻이다(단, 두 점이 동일할 경우 두 점 사이의 거리는 0이다). 하지만 민코프스키 시공간에서의 거리는 양수가 아닐 수도 있다. 그러므로 민코프스키 시공간의 계량텐서는 양의 정부호가 아닌 '부정부호Indefinite'로 분류된다. 예를 들어, 빛원뿔 위에 있는 점은 원점으로부터 아무리 '멀리' 떨어져 있어도 원점과의 거리가 0이다. 게다가 시간 방향으로의 운동은 이동 거리 측면에서 양의 값이 아닌 음의 값으로 취급된다. 왜냐하면 거리 공식(시공간 간격 공식)에서 시간 항 앞에 마이너스 부호가 붙어 있기 때문이다.

민코프스키 시공간의 계량텐서를 보면 직접 눈으로도 확인할 수 있다(시간에 해당하는 첫 번째 대각선 성분은 음수이고, x, y, z 공간 방향에 해당하는 나머지 대각선 성분은 양수이다).

$$\begin{bmatrix} -1 & 0 & 0 & 0 \\ 0 & 1 & 0 & 0 \\ 0 & 0 & 1 & 0 \\ 0 & 0 & 0 & 1 \end{bmatrix}$$

한편 4차원 유클리드 공간의 계량텐서는 적절한 좌표계를 선택하면 다음처럼 1과 0의 배열로 축소Reduction할 수 있다. 시간 차원의 운동에 (음의 값이 아니라) 양의 길이가 부여된다는 점만 제외하면 민코프스키 시공간의 계량텐서와 동일하다.

$$\begin{bmatrix} 1 & 0 & 0 & 0 \\ 0 & 1 & 0 & 0 \\ 0 & 0 & 1 & 0 \\ 0 & 0 & 0 & 1 \end{bmatrix}$$

이 수들은 시간 축 t와 공간 축 x, y, z로 이루어진 좌표계의 한 점을 나타낸다. 위의 예시에서는 좌표 t, x, y, z에 (1, 1, 1, 1)이라는 값이 주어져 있는데, 계량텐서는 그 점이 원점(0, 0, 0, 0)으로부터 얼마나 멀리 떨어져 있는지 알려준다. 우리가 찾고 있는 계량텐서가 대각선을 기준으로 대칭이라면, 위의 예시처럼 대각선 성분을 제외한 모든 행렬 성분이 0이 되도록 바꿀 수 있다. 이것은 달리 말하자면 모든 좌표축의 방향을 회전시킨다고 볼 수도 있다. (선형대수학 용어로 설명하면 이 과정은 결과적으로 적절한 기저Basis를 찾는 작업이다.) 계량텐서가 이처럼 특별한 유형(대칭)에 속한다면, 대각선 성분을 더하는 것만으로도 거리가 쉽게 계산된다.

유클리드 공간에서 점 (1, 1, 1, 1)과 원점 사이의 거리 s는 대각선 성분을 모두 더한 수의 제곱근이다.

$$s^2 = t^2 + x^2 + y^2 + z^2 = 1 + 1 + 1 + 1 = 4$$
$$s = 2$$

마찬가지로 민코프스키 시공간에서 점 (−1, 1, 1, 1)과 원점 사이의 거리 역시 대각선 성분을 모두 더한 수의 제곱근이다.

$$s^2 = -t^2 + x^2 + y^2 + z^2 = -1 + 1 + 1 + 1 = 2$$
$$s = \sqrt{2}$$

앞서 설명했듯이 일반상대성이론은 평탄한 (민코프스키) 시공간에서 휘어진 시공간으로 특수상대성이론을 확장한 것이다. 그런데 일반상대성이론에 알맞은 휘어진 시공간은 알고 보니 4차원 '로런츠 다양체Lorentzian manifold'였다. 상대성이론의 선구자 헨드릭 로런츠의 이름이 붙은 로런츠 다양체는 민코프스키와 리만 다양체가 혼합된 것이라고 볼 수 있다. 리만 다양체는 국소적으로(즉, 아주 작은 규모에서) 유클리드 공간을 닮은 다양체이다. 반면 로런츠 다양체는 국소적으로 민코프스키 시공간을 닮았다. 리만 다양체와 다른 의미에서 국소적으로 평탄한 것이다. 더 엄밀하게 말해서 로런츠 다양체는 리만 다양체를 일반화한 것인데(따라서 '준-리만 다양체Pseudo-Riemannian manifold'라고도 불린다), 민코프스키 시공간과 마찬가지로 양의 정부호 조건이 완화되어 있기 때문이다. 다시 말해, 로런츠 다양체에서 임의의 두 점 사이의 거리는 양수가 아닐 수도 있다.

앞서 살펴본 것과 마찬가지로, 로런츠 다양체의 계량텐서 또한 제일 단순한 대칭 형태로 표현하면 오직 대각선 성분 4개만 남는다. 첫 번째 성분은 음의 부호가 달린 시간 방향에 해당하고 나머지 세 성분은 양수인 공간 방향에 해당한다. 그러나 앞서 살펴본 예시와 다른 점이 있다. 민코프스키 시공간의 계량텐서는 모든 성분이 1 아니면 −1이었지만, 로런츠 계량텐서의 네 대각선 성분은 수가 아니라 **함수**일 수도 있다. 음수를 산출하는 함수 1개와 양수를 산출하는 함수 3개 말이다.

그렇다면 같은 곡선 위에서 가까이에 위치한 두 점 A와 B 사이의 거리를 어떻게 로런츠 계량텐서를 통해 알아낼 수 있을까? 계량텐서는 곡선 위에 있는 모든 점마다 수를 하나씩 제공한다. 달리 말하자면, 그 수들이 모여서 앞서 말한 함수를 규정한다. 미적분학을 통해 점 A부터 B까지 곡선을 따라 함수를 적분하면 그 곡선의 길이를 알아낼 수 있는데, 바로 이것이 계량텐서가 하는 일이다.

민코프스키 시공간(특수상대성이론의 자연스러운 배경)이 4차원 로런츠 다양체(일반상대성이론의 자연스러운 배경)의 특수한 경우임은 우연이 아니다. 왜냐하면 시공간이 평탄하고 중력과 가속운동을 고려하지 않아도 되는 특수한 상황에서는 일반상대성이론이 특수상대성이론으로 환원되기 때문이다. 이것을 다른 말로도 표현할 수 있다. 지난 장에서 살펴본 등가원리를 더 효과적인 방식으로 표현했다고 보면 된다. 즉, 시공간상의 또는 측지선상의 한 점을 둘러싼 작은 영역에서는 물리 법칙이 특수상대성이론의 물리 법칙으로 환원된다. 이는 앞서 설명한 다양체 정의를 떠올리게 한다. 국소적 규모(무한히 작은 규모)에서 보면 각 점에서의 곡률이 평탄한 공간이라는 정의 말이다. 지금 우리가 논의하는 맥락에서 **평탄**하다는 것은 시공간상의 각 점을 둘러싼 작은 영역이 민코프스키 시공간과 닮았다는 뜻이다.

지금까지의 이야기를 종합하면 이렇다. 특수상대성이론의 한계를 벗어나 더 복잡한 일반상대성이론으로 이론을 확장하려는 아인슈타인의 분투는 기하학 분야의 발전 과정에서도 병렬적으로 확인된다. 평탄한 민코프스키 공간에서 출발해서 휘어진 로런츠 다양체(리만 다양체가 수정된 형태)로 일반화되는 과정 말이다.

휘어진 시공간에 알맞은 기하학을 선택한 아인슈타인은 리치와 레비-치비타의 수학적 방법에 의지했다. 그들의 기법은 평탄하지 않은 공간을 미분하는 방법을 제공하는 동시에, 미분의 결과가 좌표계 선택에 따라 달라지지 않도록 보장했다. 알고 보니 일반상대성이론의 중력장 방정식(아인슈타인의 목표)을 정식화하는 데 딱 맞는 방식이었다. 그 접근법의 중심에는 텐서가 있었다. 텐서에는 일반공변성이 있기 때문에 좌표계를 임의로 변환해도 아인슈타인 이론의 수학적 표현은 달라지지 않았다(즉 불변이었다Invariant). 기준틀은 공간상에서 이동하거나(즉 평행이동Translation 하거나) 회전할 수 있지만, 텐서에 부호화되어 있는 정보(그리고 텐서 성분들 사이의 관계)는 기준틀이 변화해도 결코 영향을 받지 않는다. **공변**이라는 단어의 뜻을 생각하면 이해하는 데 도움이 된다. 공변이란 개별적인 요소들(가령 텐서 성분들)이 **함께 발맞추어** 변한다는 뜻이다. **불변**이라는 단어가 아무것도 변하지 않음을 뜻하는 것과 정반대이다.

4×4 텐서는 총 16개의 성분 또는 함수로 이루어져 있다. 각

함수에는 미적분학이라는 도구를 적용할 수 있다. 하지만 텐서를 대상으로 미적분을 쓸 때에는 미적분 연산을 함수별로 하나씩이 아니라 한꺼번에 수행해야 한다. 그러려면 리치와 레비-치비타가 발명한 새로운 종류의 미적분학인 텐서미적분학이 필요하다.

아인슈타인은 텐서미적분학이라는 도구를 받아들이면서 연구의 초점이 완전히 바뀌었다는 사실을 인정했다. "중력의 문제는 이제 순수한 수학 문제로 환원되었다."[14] 중력 법칙을 다시 쓰는 임무에 착수할 즈음에는 자신이 그런 말을 하리라고 상상도 하지 못했을 것이다. 실제로 아인슈타인은 경력 초기에 "나는 수학을 믿지 않는다"라고 말한 것으로 알려져 있다.[15]

아인슈타인은 물리학자 아르놀트 조머펠트Arnold Sommerfeld에게 1912년 10월에 보낸 편지에서 새롭게 집중하게 된 연구 주제에 대해 자세히 설명했다. "요즘은 중력의 문제에만 몰두하고 있답니다. 이제 이곳에 있는 친한 수학자의 도움으로 모든 어려움을 극복하리라 믿습니다. 한 가지 확실한 것은, 제 평생 이렇게 열심히 노력한 적이 없었다는 겁니다. 게다가 이제 수학을 크게 존중하게 되었지요. 지금까지 저는 무지한 탓에 수학의 미묘한 부분들을 그저 사치라고만 생각했습니다. 중력 문제와 비교하면 기존의 상대성이론은 애들 장난이나 마찬가집니다."[16]

1913년 6월, 아인슈타인은 앞서 언급한 "친한 수학자" 그로스만과 함께 중요한 첫 번째 일반상대성이론 논문을 출간했다. 이 논문으로 발표된 이론은 오늘날 엔트부르프Entwurf(초안) 이론이라고 불린다. 두 사람의 공동 논문《일반화된 상대성이론과 중력 이론의 초안Entwurf Einer Verallgemeinerten Relativitätstheorie und Einer Theorie der Gravitation》은 두 부분으로 이루어져 있다. 물리학에 초점을 맞춘 첫 번째 부분은 아인슈타인이 집필했고, 수학을 집중적으로 다룬 두 번째 부분은 중력 이론에 필요한 휘어진 리만 공간의 기하학을 연구하는 일을 맡은 그로스만이 작성했다.

엔트부르프 이론은 아인슈타인이 1915년 11월 25일에 발표한 '최종' 버전 방정식에 매우 근접했다. 1915년의 논문과 마찬가지로, 엔트부르프 논문은 중력이 시공간 곡률에서 발생한다는 사실을 보여주었다. 리치와 레비-치비타의 절대미분학을 받아들인 엔트부르프 논문의 장 방정식은 텐서로 쓰였고, 그리하여 텐서는 일반상대성이론 연구의 기본 대상이 되었다. 일반상대성이론의 텐서 성분에는 다음과 같은 정보가 부호화되어 있다. 다양체에서 서로 가깝게 위치한 두 점 사이의 거리, 한 점에서의 다양체 곡률, 한 시공간 위치에서의 에너지 또는 질량 밀도 말이다. 일반상대성이론의 방정식들이 보여주는 것처럼, 시공간 곡률(또는 기하 구조)은 에너지 및 질량 분포와 밀접한 관련이 있다.

엔트부르프 논문을 보면, 중력장 텐서는 장 방정식에서 좌변을 차지하고 있고 물질과 에너지를 나타내는 텐서는 우변을 차지하고 있다. 여기서 중력장 텐서 g_{ij}는 다음처럼 시공간 함수 16개로 이루어진 4×4 배열로 표현된다.

$$\begin{bmatrix} g_{11} & g_{12} & g_{13} & g_{14} \\ g_{21} & g_{22} & g_{23} & g_{24} \\ g_{31} & g_{32} & g_{33} & g_{34} \\ g_{41} & g_{42} & g_{43} & g_{44} \end{bmatrix}$$

그런데 여기서 $g_{ij} = g_{ji}$이므로, 사실상 16개가 아니라 서로 분리된 10개의 시공간 함수로 중력장의 성질이 결정된다. 왜냐하면 16개 중에서 동일한 함수가 여섯 쌍 있기 때문이다.[17] 리치와 레비-치비타가 미분학을 활용한 목적은 방정식들의 일반공변성을 확보하기 위해서였다. 다시 말해, 물리적 대상을 표현하는 좌표계와 무관하게 그 대상을 물리적으로 정확하게 서술하는 것이었다. 좌표계 선택은 완전히 임의적이므로(좌표계는 상황을 분석하거나 서술하는 사람의 편의를 위해 선택되는 것이지 자연계의 본질적인 특성이 아니다) 좌표계를 변경해도 실제 물리적 성질은 절대로 변하지 않아야 한다. 다음과 같은 사실도 주목할 필요가 있다. 좌표계나 기준틀이 바뀌면 그에 따라 공변성이 있는 방정식의 양변도 모두 바뀌지만, 양변이 정확하게 똑같은 방식으로 바뀐다는 것이다.

이 지점에서 아인슈타인과 그로스만은 난관에 부딪혔다. 1913년에 첫 번째로 시도한 논문에서 그들은 방정식을 완전한 일반공변으로 만드는 데 실패했다. 그리고 끝내 일반공변성 확보라는 목표를 포기하기에 이르렀다. 그것이 연구 전체의 방향을 인도하는 지침이었는데도 말이다. 아인슈타인은 논문의 물리학 부분에 해당하는 1부에서 다음과 같이 말했다. "그러므로 우리가 찾는 방정식들은 오직 특정한 변환군〔변환들의 모임〕에 대해서만 공변성을 갖는 것으로 보인다. 그 변환군이 무엇인지는 아직 알 수 없다."[18] 알고 보니 엔트부르프 장 방정식의 공변성은 심각하게 제한적이었다.

아인슈타인은 그와 동료의 실패를 정당화하고 일반공변성 확보가 불가능한 이유를 설명하기 위해 물리적 논변을 떠올렸다. 아인슈타인과 그로스만은 일반공변성 이론이 '약한 중력장' 또는 이른바 '뉴턴 극한Newtonian limit' (중력이 약해서 뉴턴의 중력 이론으로 환원되는 상황)에서 옳은 결과를 산출하지 못하리라 믿었는데, 이는 잘못된 생각이었다. 그럼으로써 결국 중력이 약한 상황에서 뉴턴의 중력 법칙으로 환원되는 이론을 만들려는 원래 목표에 도달하지 못했다. 아인슈타인은 그들의 결정을 정당화하기 위해 다른 설명도 제시했다. 에너지와 운동량*이 보존되려면 장 방정식의 공변성이 일반적이지 않고 제한적이어야 한다고 말이다.[19] 아인슈타인은 또한 "중력 법칙이 임의의 좌표계 변환에 대해 불변이라는 것은 인과율 원리에 부합하지 않는다"고 믿었다. 나중에 그는 "그 잘못된 생각 때문에 2년 동안 지독한 고초"를 겪어야 했다고 말하며 자신의 설명이 잘못되었음을 인정했다.[20]

엔트부르프 이론에는 또 다른 결점이 있었다. 애당초 새로운 중력 이론을 만드는 데 중요한 동기였던 수성의 근일점 변화를

---

* 물체가 운동을 지속하려는 정도를 나타내는 양으로서 질량과 속도의 곱으로 정의된다.

정확하게 예측하지 못했다는 것이다. 엔트부르프 방정식을 통해 아인슈타인과 그의 절친 미켈레 베소는 뉴턴의 법칙이 예측하는 값과 비교했을 때 근일점이 100년에 18각초를 추가로 움직인다는 결론에 도달했다. 하지만 천문학자들은 움직임의 초과분이 100년에 대략 43각초여야 한다고 주장했다. 엔트부르프 이론의 예측과 크게 어긋나는 계산이었다.

과학사학자 존 노턴John Norton의 표현을 빌리면, 아인슈타인과 그로스만의 엔트부르프 논문부터 "최종 이론의 일반공변성 장 방정식까지는 딱 머리카락 한 올만큼만 남아 있었다."²¹ 그러나 그들은 방정식이 완전한 공변성을 갖추도록 하는 데 실패했다. 달성하기 어려운 목표였기도 했고, 어려움에 맞닥뜨리고 나서 반드시 그럴 필요는 없다고 스스로 납득했기 때문이기도 했다. 철학자이자 과학사학자인 존 이어먼John Earman과 클라크 글리모어Clark Glymour는 훗날 다음과 같이 말했다. "일류의 지성에게는 자신이 하지 못하는 것을 원래 안 되는 것이라고 그럴듯하게 논변하는 일보다 쉬운 일은 없다."²² 일반공변성 방정식이라는 조건을 포기한다는 것은 불행한 결정이었다. 일반공변성은 아인슈타인을 중력 이론이라는 목표로 이끌어주던 오랜 지침이었을 뿐만 아니라, 아인슈타인이 리치와 레비-치비타의 수학적 바탕틀을 받아들인 주된 동기였기 때문이다.

아인슈타인은 노턴이 언급한 "머리카락 한 올"만큼의 거리를 횡단하기 위해 2년이 넘는 세월 동안 엄청난 노력을 기울여야 했다. 결과적으로 아인슈타인은 그로스만에게서 더 이상 도움을 받지 않고도 마지막 여정까지 남은 시공간 간격을 완주하게 된다. 실제로 그들의 공동 연구는 결국 잘못된 쪽으로 향하고 말았다. 두 사람은 1914년에 논문을 딱 한 편 더 함께 집필했는데, 완전한 공변성 이론은 불가능하다는 사실을 증명했다고 공동으로 주장했다.[23]

같은 해인 1914년, 아인슈타인은 베를린으로 거처를 옮겼다. 물리학자 막스 플랑크Max Planck의 초청을 받아 프로이센 과학아카데미에 합류하기 위해서였다. 그리고 그곳에서 곧 설립될 카이저빌헬름 물리학협회의 장을 맡게 되었다. 이제 아인슈타인의 곁에는 꾸준하게 도와줄 수학자 동료가 없었다. 하지만 그가 맞닥뜨린 가장 큰 방해물, 즉 텐서 수학과 공변성 원리에 통달하기 위해서는 여전히 다른 이의 도움이 필요했다. 머지않아 그는 그 어느 때보다 열심히 일하면서 자신을 벼랑 끝으로 몰아붙였다. 일반상대성이론으로 향하는 노력이 자신을 어디로 데려갈지, 심지어 올바른 방향으로 향하고 있는지, 최후의 순간까지도 알지 못한 채로.

3장

최고의 걸작

| 중력장 방정식의 완성

1914년, 마르셀 그로스만과 취리히 모두를 뒤로한 채 베를린으로 이주한 알베르트 아인슈타인은 막다른 골목에 다다랐다. 최종 이론이 가까이 있다고 느끼면서도 그곳으로 향하는 길을 찾느라 허둥대고 있었다. 아인슈타인은 혼자서도 열정적으로 연구했지만 그 과정에서 필수적인 원조를 받기도 했다. 결정적인 도움은 툴리오 레비-치비타에게서 왔다. 아인슈타인은 1915년 초부터 레비-치비타와 유익한 서신을 주고받았는데, 두 사람의 대화는 아마 3월부터 시작되었을 것이다. 레비-치비타는 아인슈타인이 1914년 11월에 출간한 일반상대성이론 논문에서 몇 가지 결함을 발견했다. 특히 초기 버전의 장 방정식에서 좌변에 놓인 텐서식에 관한 것이었다.

레비-치비타의 편지를 받은 아인슈타인은 "철저히 검토해보았지만 제 증명은 여전히 유지되리라 생각합니다"라고 정중한 답신을 보냈다.¹ 아인슈타인은 쉽게 물러나지 않았다. 이탈리아 수학자와의 토론은 적어도 두 달은 더 이어졌다. 아인슈타인은 레비-치비타의 반박에 또다시 반론을 폈지만, 그 반론도 어김없이 반박되었다. 1915년 5월 5일에 보낸 편지에서 아인슈타인은 마침내 지난 몇 달간 그토록 필사적으로 옹호했던 자신의 증명이 "불완전하다"는 점을 인정했다.² 혹독한 논쟁에서 얻은 게 하나 있다면, 텐서미적분학에 대한 한층 더 깊어진 이해였다.

비록 처음에는 반감을 가졌지만, 아인슈타인은 다른 친구에게 보낸 편지에서 레비-치비타와의 교류에 고마움을 느끼고 있다고 말했다. "파도바에서 활동하는 레비-치비타 선생만이 요점을 완벽하게 파악하고 있는 것 같아. 내 연구에 사용되는 수학을 잘 알고 있거든. 선생과 편지를 주고받는 게 그렇게 흥미로울 수가 없어. 요즘 내가 가장 좋아하는 여가 활동이라네."³ 아인슈타인은 레비-치비타의 수학적 능력에 깊은 존경심을 표하면서 그에게 다음처럼 말했다. "선생의 계산법은 어찌나 우아한지 그저 감탄할 뿐입니다. 우리 같은 사람들이 힘겹게 걸어서 가는 동안 진정한 수학의 말을 타고 이 들판을 가로지르는 것은 분명 멋진 일이겠지요."⁴

아인슈타인이 받은 '교육'은 세계 최고의 수학자로 널리 알려진 다비트 힐베르트의 초청을 받아 괴팅겐으로 향하면서 또 한 번의 도약을 이루게 된다. 당시 괴팅겐은 전 세계에서 수학 연구의 중심지로 여겨졌다. 1915년 6월 말과 7월 초, 아인슈타인은 한 번에 두 시간씩 총 여섯 차례에 걸쳐 일반상대성이론 강연을 진행했다.

당시 아인슈타인은 여전히 엔트부르프 방정식의 제한된 공변성을 고수하고 있었다. 동료들에게 보낸 편지에서 그는 자신의 논변으로 "힐베르트와 [펠릭스] 클라인Felix Klein을 완벽하게 설득한 것에 …… 큰 기쁨"을 느꼈다고 말했다. 적어도 그의 생각은 그랬다. 아인슈타인은 힐베르트를 "중요한 인물"이라고 부르면서 특히 그에게 열의를 보였는데,[5] 이 수식어가 힐베르트의 영향력을 충분히 담아내지 못한다고 생각하는 독자들이 많을 것이다. 하지만 다음과 같은 사실 또한 분명해 보인다. 아인슈타인은 힐베르트와 클라인 같은 거장 수학자들과 토론하면서 결국 자신과 그로스만의 장 방정식에서 일반공변성이 빠져 있는 것이 심각한 결함이라고 확신하게 되었다. 그러한 사실 때문에(그리고 미켈레 베소와 함께 진행한 이전 연구에서 엔트부르프 방정식이 수성의 근일점 세차운동에 대한 정확한 값을 산출하지 못했다는 사실 때문에) 아인슈타인은 마침내 자신의 연구가 미완성임을 인정했다.[6]

괴팅겐 강연이 끝나고 몇 달 후, 아인슈타인은 힐베르트가 엔트부르프 이론과 중력 이론의 방정식을 전반적으로 수정하는 작업에 착수했다는 소식을 들었다. 힐베르트의 접근 방식은 오직 수학적 원리에서만 출발하는 공리적 방법이었다. 힐베르트는 1915년 11월 20일 괴팅겐 강연에서 발표하고 1916년 초에 출판한 논문 《물리학의 토대 (첫 번째 소통)*The Foundations of Physics (First Com-*

munication)》에서 다음과 같이 말했다. "나는 기본적으로 두 가지 단순한 공리에서 아름다움의 극치가 담긴, 물리학의 새로운 기본 방정식 체계를 고안하고자 한다."[7]

힐베르트의 접근법은 변분미적분학Variational calculus 또는 변분법Calculus of variations에 기초하고 있었다(변분법은 앞으로 자세히 살펴볼 것이다). 정확한 동기를 파악하기는 어렵지만, 그는 순전히 수학적 전문성만을 발휘해서 아인슈타인보다 훨씬 더 직접적인 방식으로 장 방정식을 도출하려고 했던 것 같다. 아인슈타인은 다년간 어느 정도 시행착오에 의존하는 접근법을 따르고 있었다. 힐베르트가 남긴 이 유명한 말은 오늘날까지 널리 회자되고 있다. "물리학은 물리학자에게 너무 어려운 학문이다."[8]

아인슈타인은 만만찮은 강적이 생겼다는 생각에 못마땅해했던 것이 분명하다. 민코프스키가 갑자기 특수상대성이론에 관여한 것을 "불필요한 현학"으로 규정한 것처럼, 힐베르트의 접근 방식도 의혹의 눈길로 바라보았다. 아인슈타인은 (한때 힐베르트의 제자였던) 헤르만 바일에게 보낸 편지에서 불만을 토로했다. 그 어떠한 실험 결과에도 의존하지 않고 오로지 수학에만 기초하여 물리학 방정식을 세우는 것은 "현실의 세상이 얼마나 어려운지 모르는 어린아이처럼 유치한 것 같다"고 말이다.[9] 하지만 아인슈타인은 힐베르트의 능력만은 의심하지 않았다. 그렇기 때문에 서둘러서 중력장 방정식을 완성하려 했다. 그러한 압박감 속에서 연구는 11월 한 달 동안 순조롭게 진행되었다. 그 시기에 아인슈타인은 네 편의 논문을 연달아 집필했는데, 매주 한 편씩 발표된 각 논문에는 그의 생각이 점진적으로 발전한 과정이 반영되어 있다. 힐베르트와의 교류가 그 발전 과정에 도움이 되었을 것이다.

아인슈타인과 힐베르트는 1915년 10월과 11월 두 달에 걸쳐 자주 서신을 주고받으면서 서로의 진척 상황을 알려주었다. 마지막 몇 주인 11월 7일과 25일 사이에 아인슈타인은 오직 힐베르트에게만 편지를 보냈고 다른 누구와도 연락하지 않았다.[10] 아인슈타인이 경쟁자를 어떻게 생각했든 간에, 힐베르트가 그에게 미친 영향은 엄청났다. 물리학자 이반 토도로프Ivan Todorov는 이렇게 말했다. "[아인슈타인과 힐베르트가 주고받은] 11월의 서신을 보면(그리고 막스 보른Max Born이 1915년 가을에 힐베르트에게 보낸 최근에 발견된 편지들을 보면) …… 아인슈타인이 그토록 오랫동안 일반공변성 수용을 유보하고 의구심을 가졌음에도 일반공변성을 받아들인 데에는 힐베르트와의 경쟁이 결정적인 영향을 미쳤음이 분명하다."[11]

아인슈타인은 11월 18일에 투고한 논문에서 기념비적인 업적을 달성했다. 최신 버전의 일반상대성이론으로 수성의 근일점 운동을 설명할 수 있다고 공표한 것이다.[12] 아인슈타인의 회고에 따르면, 그는 "며칠 동안 기쁨의 흥분으로 제정신이 아니었다."[13] 11월 19일자 편지에서 힐베르트는 아인슈타인의 성취를 축하하며 수성과 관련된 계산을 굉장히 빨리 처리했다고 칭찬했다. 물론 아인슈타인이 아예 백지상태부터 시작한 것은 아니었다.

1913년에 미켈레 베소와 함께 수행한 계산을 다시 검토했을 뿐이다. 이번에는 수성의 타원 궤도 방향이 100년에 43각초 변한다는 답을 얻어냈는데, 이 계산 결과는 관측과 거의 일치했다. 그리고 정확히 일주일 뒤인 1915년 11월 25일, 아인슈타인은《중력장 방정식 The Field Equations of Gravitation》논문의 최종안을 발표했다.

힐베르트가《물리학의 토대》논문을 투고한 것은 닷새 전인 11월 20일이었다. 그의 논문은 출판물의 형식으로 아인슈타인과 거의 동일한 장 방정식을 포함하고 있었다. 역사학자 위르겐 렌Jürgen Renn과 존 스테이철John Stachel은 일반상대성이론에 대한 힐베르트의 공헌을 "독특한 독자적 성취"라고 평가하면서 다음과 같이 말했다. "힐베르트는 일반상대성이론과 그 너머로 향하는 독자적인 '왕도'를 찾은 것으로 보인다."[14]

실제로 힐베르트는《물리학의 토대》논문이 일반상대성이론을 뛰어넘는 "그 너머"에 대한 것이라고 믿었다. 힐베르트는 공간과 시간 그리고 운동에 대한 아인슈타인의 새로운 관점을 강조하면서 다음과 같이 적었다. "이곳에서 확립된 기본 방정식을 통해 여태껏 숨겨져 있던 가장 은밀한 원자 내부의 과정이 설명되리라 확신한다. 그리고 특히 전반적으로 모든 물리 상수를 수학 상수로 환원하는 작업도 분명 가능한 일이며, 이에 따라 원칙적으로 물리학이 기하학 유형의 과학으로 변모하리라 굳게 믿는다."[15]

그럼에도 우선권 문제, 즉 누가 먼저 일반상대성이론 방정식을 완성했는지는 다소 불분명하다. 일부 과학사학자들에 따르면 힐베르트가 논문을 투고한 후 1916년 3월 30일에 출판되기 전 논문을 크게 수정했다고 한다.[16] 아인슈타인과 힐베르트가 서로 얼마나 도움을 주고받았는지도 약간 모호하다. 국립항공우주박물관의 관장이었던 천문학자 마틴 하윗Martin Harwit은 이렇게 말했다. "아인슈타인과 힐베르트는 1915년 가을에 4주 동안 집중적으로 활동하면서 편지를 주고받았다. 따라서 각자의 기여도를 분리해서 살펴보기는 쉽지 않다." 하지만 하윗은 그 교류로부터 양측 둘 다 이익을 얻었다고 생각한다. 하윗의 말에 따르면, "힐베르트의 접근법은 아인슈타인에게 상당한 영향을 미쳤"고 동시에 "힐베르트는 아인슈타인의 물리적 통찰 덕분에 방정식을 찾는 문제에 관심을 갖게 되었다고 늘 인정했다."[17]

우선권 문제는 여전히 완전하게 해결되지 않았다. 하지만 아인슈타인이 일반상대성이론의 물리적 기초를 대체로 혼자서 마련했다는 점을 고려하면, '아인슈타인의 일반상대성이론'이라고 말하는 것은 이제 합당해 보인다. 그와 동시에 공동의 노력을 인정하며 '아인슈타인-힐베르트 장 방정식'이라고 부르는 것도 공평한 처사인 듯하다.

물리학자 킵 손Kip Thorne은 장 방정식에 대한 두 사람의 공헌을 이렇게 평가했다. "힐베르트는 아인슈타인과 거의 동시에, 발견을 이룩할 때까지 남은 마지막 몇 가지 수학적 단계를 독자적으로 밟아나갔다. 하지만 그 이전의 모든 단계는 기본적으로 아인슈타인의 몫이었다."[18] 역사학자 존 이어먼과 클라크 글리모어의 논문 《아인슈타인과 힐베르트 Einstein and Hilbert》의 마지막 문장은 우선권 문제에 대한 만족스러운 결론을 제공한다. "힐베르트는 이론의 일반적인 틀과 핵심적인 아이디어의 원작자는 의심할 여지 없이 아인슈타인이라고 인정했다. 이러한 사실은 힐베르트가 일반상대성이론에 대한 공적을 주장한 적이 없다는 점을 잘 설명해주는 것으로 보인다."[19]

뉴턴과 라이프니츠 사이에서 벌어진 미적분학 발명 우선권 논쟁이 생전에 해결되지 못한 것과 달리, 아인슈타인과 힐베르트는 의견 차이를 제쳐두고 우선권 문제에서 벗어날 수 있었다. 그에 따라 이 책에서도 동일한 관점을 취하여 아인슈타인과 힐베르트가 저마다 기여한 내용 자체에 초점을 맞추고자 한다.

• • •

아인슈타인이 "가장 행복한 생각"을 떠올리면서 등가원리의 중요성에 충격을 받았을 때는 1907년이다. 그 후로 이어진 8년간의 고된 분투는 항이 몇 개 안 되는 방정식 하나로 요약된다. 다음의 식은 1915년 11월 25일의 발표문에서 모습을 드러낸 방정식이다(이 발표문은 정확히 일주일 후인 12월 2일에 출간되었다).

$$R_{ij} - \frac{1}{2}Rg_{ij} = T_{ij}$$

상단의 방정식은 좌변에 있는 항 전체, 즉 $R_{ij} - \frac{1}{2}Rg_{ij}$을 다른 형태로 바꾸면 더 간단하게 쓸 수 있다. 다시 말해 아인슈타인 텐서Einstein tensor G_{ij}로 정의하는 것인데, 그러면 방정식 전체가 다음처럼 단순해진다.

$$G_{ij} = T_{ij}$$

너무 간단해서 눈을 의심할 정도이다. 하지만 (이전 장에서 설명했듯이) 아래첨자 i와 j는 사실 네 가지 값(0, 1, 2, 3)을 취할 수 있는 변수임을 기억하자. 각각의 값은 시공간의 서로 다른 방향, 즉 차원(물리학자들과 수학자들은 자유도Degree of freedom라고 부르기도 한다)을 의미한다. 0은 시간 방향에 해당하고, 1, 2, 3은 각각 공간 방향 x, y, z에 해당한다. 우선 i와 j는 네 가지 값을 취할 수 있으므로, 상단의 텐서 성분들은 네 변수로 이루어진 함수이다. 따라서 두 항으로만 이루어진 $G_{ij} = T_{ij}$는 겉보기보다 훨씬 복잡하다. 더군다나 $R_{ij} - \frac{1}{2}Rg_{ij} = T_{ij}$는 단순히 하나의 방정식이 아니다. i와 j의 모든 가능한 조합에 따라 총 16개의 방정식으로 이루어져 있다. 물론 그중에서 10개만 서로 독립적이다.

이제 이 유명한 방정식의 각 항을 하나씩 들여다보자. 그리고 항들이 적절한 방식으로 합쳐졌을 때 무슨 일이 일어나는지 자세히 살펴보자.

먼저 '리치 곡률텐서Ricci curvature tensor' R_{ij}부터 시작해보자. 이 텐

서는 리만 곡률텐서에서 도출된다. 리치는 일반상대성이론이 등장하기 훨씬 전인 1800년대 후반에 리치 곡률텐서를 도입했다. 당시까지만 해도 그것이 중력과 관련되리라 생각한 사람은 아무도 없었다. 리치는 수학자들이 축약Contraction이라 부르는 과정을 통하여 리만 곡률텐서(아래첨자가 4개이므로 4차 텐서로 분류된다)를 몇 가지 구성요소로 분해할 수 있었다. 그중 하나가 바로 (2차 텐서로) 줄어든 리만 곡률텐서, 즉 리치 곡률텐서이다. 리치 곡률텐서는 지수(아래첨자)가 4개가 아니라 2개이지만, 그 성분들은 여전히 4개의 변수로 이루어진 함수이다. 4차원 시공간의 리치 곡률텐서에는 리만 곡률텐서에 담긴 곡률 정보가 일부만 들어 있다. 하지만 공교롭게도 아인슈타인에게 필요한 핵심 정보는 담겨 있고, 온전한 곡률텐서보다 훨씬 다루기 쉽다는 장점도 있었다.

1913년의 엔트부르프 논문에서 그로스만은 리치 곡률텐서가 중력을 나타내기에 적합한 텐서인 것 같다고 적었다. 하지만 중력장이 극도로 약한 상황에서는 리치 곡률텐서가 뉴턴의 중력 이론을 재현하지 못할 것이라고 했는데, 그것은 잘못된 결론이었다. 하지만 아인슈타인 역시 그의 평가에 동의했고, 결국 1913년 6월의 장 방정식에는 리치 곡률텐서가 포함되지 않았다.[20]

아인슈타인이 처음으로 장 방정식에서 리치 곡률텐서로 중력을 서술한 것은 1915년 11월 4일이었다. 2년 반에 가까운 시간 동안 우여곡절을 겪으며 각고의 노력을 기울이고 몇 차례 막다른 골목에 다다른 끝에 이루어낸 성취였다.[21] 물론 그것은 3주 뒤에 아인슈타인을 최종 방정식으로 인도한 결정적인 단계였다.

장 방정식에서 다음으로 살펴볼 항은 스칼라 곡률텐서Scalar curvature tensor R로 '리치 스칼라Ricci scalar'라고도 한다. 이 항을 스칼라라고 부르는 이유는 시공간의 어느 점에서든 텐서가 하나의 수를 부여하기 때문이다. 스칼라 곡률텐서는 리만 다양체의 곡률 성질 중에서 가장 단순하다. 즉, 좌표계에 따라 달라지지 않는 불변량이다. 스칼라 곡률텐서는 가우스의 2차원 내재 곡률을 임의의 차원 수로 일반화한 것이기도 하다.

스칼라 곡률텐서는 앞서 언급한 리치 곡률텐서에서 도출된 것이다(즉 리치 곡률텐서를 '축약'한 것이다). 따라서 리만 곡률텐서에 비해 적은 곡률 정보를 제공하는 리치 곡률텐서보다도 곡률 정보가 더 적다. 스칼라 곡률텐서가 리치 곡률텐서에서 축약되어 하나의 수로 줄어드는 방식은 꽤 간단하게 설명할 수 있다. 리치 곡률텐서가 16개의 함수로 이루어진 4×4 배열이라고 생각해보자. 4차원 시공간의 어느 점에 대해서든 특정한 좌표를 입력하면 각 함수마다 수를 하나씩 내놓는다. 좌표계를 적절하게 정하면, 즉 표준좌표계Normal coordinate system를 설정하면 (로런츠 다양체의) 스칼라 곡률텐서는 대각선을 따라(텐서의 좌측 상단에서 우측 하단 방향으로) 공간 성분 3개를 더하고 시간 성분 1개를 뺌으로써 결정된다. 다시 말하지만, 이 간단한 절차는 오직 특별한 좌표계(표준좌표계)에서만 가능하며 우리 우주를 서술하는 편리한 방법을 제공한다.

다음 순서는 계량텐서 g_{ij}다. 계량텐서는 시공간의 모든 점에서 (곡률을 비롯한) 기하학적 성질을 나타낸다. 계량텐서의 성분을 파악하는 작업은 사실상 일반상대성이론에서 가장 중요하다. 왜냐하면 중력 효과는 전적으로 시공간이 휘어지거나 구부러진 결과이기 때문이다.

이것으로 방정식 좌변은 거의 다 설명한 것 같다. 방정식 좌변은 G_{ij}라는 포괄적인 항으로 한꺼번에 표현할 수 있다. 바로 시공간 곡률을 나타내는 아인슈타인 텐서이다.

아인슈타인 텐서 $R_{ij} - \frac{1}{2}Rg_{ij}$는 1915년 11월이 되어서야 일반상대성이론에서 처음으로 모습을 드러냈다. 하지만 놀랍게도, 그보다 수년 전에 정확히 똑같은 텐서식이 아인슈타인이나 중력과는 아무런 관련이 없는 수학적인 맥락에서 등장했다.

세 명의 수학자가 서로 독자적으로 집필한 세 논문에서 한 수학적 구조가 도출되었다. 훗날 '축약된 비앙키 항등식Contracted Bianchi identity'이라고 불린 구조였다(아우렐 포스Aurel Voss가 1880년에, 리치가 1898년에, 루이지 비앙키Luigi Bianchi가 1902년에 논문을 발표했다).[22] 비앙키 항등식은 리치 곡률텐서의 다이버전스Divergence, 발산와 관련이 있다.

비전문적인 용어로 설명하면, 다이버전스는 전기전하Electric charge, 질량, 에너지, 물과 같은 것들이 특정한 공간 안팎으로 유입되거나 유출되는 양을 의미한다. 포스와 리치 그리고 비앙키는 벡터의 관점에서 생각했다. 벡터의 전체 흐름이 특정한 영역에서 안을 향하고 있는지 또는 밖을 향하고 있는지(아니면 아무 쪽으로도 향하지 않는지) 확인하려 했다. 다이버전스가 0인 공간에서는 어느 방향으로도 알짜 흐름(모든 방향으로의 흐름을 더한 결과)이 존재하지 않는다. 다시 말해, 에너지(또는 그 밖의 다른 양들)가 보존된다는 뜻이다.

세 수학자들은 리치 곡률텐서 R_{ij}의 다이버전스값을 계산했는데, 그 결과는 $\frac{1}{2}Rg_{ij}$의 다이버전스와 정확히 같았다. 두 항의 다이버전스가 같다는 것은 $R_{ij} - \frac{1}{2}Rg_{ij}$(즉 G_{ij})의 다이버전스가 0이라는 뜻이다. 앞서 말했듯이 다이버전스가 0이면 특정한 계의 안팎으로 흐르는 알짜 에너지가 존재하지 않는다. 그러므로 이는 아인슈타인 텐서 G_{ij}가 에너지 보존 법칙을 만족한다는 사실을 다르게 표현한 것이다.

이러한 특징은 아인슈타인 텐서는 물론이고 1915년 11월 25일의 최종 장 방정식을 전체적으로 이해하기 위해 반드시 알아야 하는 기본 성질이다. 하지만 포스와 리치 그리고 비앙키의 때 이른 논문은 당시 아인슈타인의 눈에 띄지 않았다. 힐베르트와 클라인 같은 동시대 학자들의 주목도 받지 못했다.[23] 그 부분적인 이유는 아마도 비앙키 항등식(그리고 그로부터 도출된 축약된 비앙키 항등식)이 1910년에 출판된 비앙키의 강의록집 독일어판에 등장하지 않았기 때문일 것이다.[24] 이유야 어찌되었든, 아인슈타인은 머지않아 본인의 이름이 붙게 될 텐서가 이미 다른 수학자들에 의해 도출되었다는 사실을 알지 못했다. 그래서 어쩔 수 없이 오랜 세월에 걸처 똑같은 식을 스스로 생각해내야 했다.

수학자들이 G_{ij}의 다이버전스가 0이라는 것을 알려주었고 또 아인슈타인이 $G_{ij} = T_{ij}$라는 것을 보여주었으므로, 우리는 T_{ij}의 다이버전스도 0이어야 한다는 결론을 내릴 수 있다. 다시 말해, 에너지 보존 법칙이 방정식 양쪽을 지배하고 있다는 뜻이다. (T_{ij}가 에너지 보존 법칙을 만족한다는 것은 이미 고전역학에서 알려져 있던 사실이다. 그 명제가 텐서로 표현되지는 않았지만 말이다.) 물론 우리는 아직 이 유명한 방정식의 우변, T_{ij}가 무엇을 의미하는지 설명하지 않았다. 지금이 설명하기에 적절한 시점인 것 같다.

우선 T_{ij}는 응력-에너지 텐서Stress-energy tensor 또는 에너지-운동량 텐서Energy-momentum tensor라고 한다. 이 텐서의 성분에는 물질과 에너지의 밀도, 흐름, 운동량에 대한 풍부한 정보가 담겨 있다. 다시 말해, 물질과 에너지가 시공간에서 어떻게 움직이면서 분포해 있는지에 대한 정보가 포함되어 있다(여기서 에너지는 '중력의 형태가 아닌 에너지'를 뜻한다. 이것은 장 방정식의 '비선형성'과 관련된 내용인데, 뒤에서 자세히 설명하겠다). 이때 밀도는 '세제곱센티미터당 몇 그램'과 같은 통상적인 방식으로 표현할 수 있다. 밀도는 물질이 없는 영역에서는 0이지만, (중성자별의 내부처럼) 물질로 꽉 찬 영역에서는 엄청나게 높아진다.

원리적으로 볼 때 천문학자들은 T_{ij}를 꽤 잘 파악할 수 있을 만큼 실험 데이터를 수집할 수 있다. 진공 영역에서는 T_{ij}를 알아내는 작업이 특히 쉬워지는데, T_{ij}가 0이기 때문이다. (이렇게 $G_{ij} = 0$

으로 축소된 방정식을 '진공 장 방정식Vacuum field equation'이라고 한다.)

중력장 방정식에서 가장 중요한 미지의 항은 계량텐서 g_{ij}이다. 중력장 방정식은 계량텐서를 알려주는 틀을 제공함으로써 곡률과 관련된 문제에 대한 실마리를 던져준다. 곡률 문제를 해결하면 중력에 대한 모든 질문에 답할 수 있다. 만일 아인슈타인 방정식(또는 아인슈타인-힐베르트 방정식)을 풀 수 있다면(나중에 설명하겠지만 매우 까다로운 작업이다) 계량텐서의 성분이 결정된다. 이어서 모든 종류의 곡률 정보가 포함된 리만 곡률텐서가 얻어진다. 다음으로 리만 곡률텐서에서 리치 곡률텐서가 도출되고, 리치 곡률텐서에서 스칼라 곡률텐서가 도출된다. 이렇게 (원리적으로) 모든 조각들이 맞아떨어지게 된다.

그러나 실상은 좀 더 복잡하다. 알고 보니 아인슈타인 방정식만으로는 g_{ij}를 완전히 결정하거나 곡률의 모든 측면을 상세하게 밝힐 수 없었다. 방정식을 만들 당시의 아인슈타인은 가능하다고 생각했을지도 모르지만 말이다. 물체들이 시간에 따라 변화하는 동역학적 상황에서는 반드시 초기조건Initial condition과 경계조건Boundary condition이 무엇인지 알아야 한다. 두 조건을 간단하게 보여주는 사례를 살펴보자. 고무줄이 두 못에 고정된 채로 늘어져 있다. 이 사례에서 두 못의 위치는 경계조건이 무엇인지를 꽤 분명하게 알려준다. 이제 고무줄을 특정 지점까지 당긴다고 생각해보자. 고무줄을 놓기 직전의 상황이 바로 초기조건이다. 경계조건과 초기조건을 알고 있다면 고무줄 진동의 미래를 얼마 동안 정확하게 예측할 수 있다(영원히 예측하지는 못할지도 모르지만). 우주의 경우, 초기조건(그리고 우주에 존재하는 모든 것의 기원)은 여전히 거대한 수수께끼이며 경계 자체의 본질도 마찬가지다. 우리는 우주에 정말 '가장자리'가 있는지 아직 알지 못한다. 만약 없다면 우주가 무한대로 갈수록 어떻게 점근적으로* 변하는지도 알지 못한다.

이런 문제들은 앞으로 어느 정도 살펴볼 예정이다. 하지만 지금은 당면한 주제로 다시 시선을 돌려보자. 아인슈타인이 10여 년 동안 각고의 노력 끝에 얻어낸 장 방정식 $R_{ij} - \frac{1}{2}Rg_{ij} = T_{ij}$, 또는 단순화된 형태 $G_{ij} = T_{ij}$ 말이다.

뉴턴의 중력 법칙은 '푸아송 방정식Poisson equation'이라는 미분학의 언어로 표현하면 아인슈타인의 중력장 방정식과 매우 유사해진다. 물론 이는 우연이 아니다. 왜냐하면 아인슈타인은 애초부터 뉴턴의 법칙을 일반화해서 기존 이론의 성공을 유지하려 했기 때문이다. 뉴턴/푸아송 방정식의 좌변은 기본적으로 중력 퍼텐셜에너지(위치에너지)와 관련된 함수를 두 번 미분한 것이다. 우변은 공간 모든 곳에서 질량의 밀도를 알려주는 함수로 이루어져 있다.

어떤 면에서는 $G_{ij} = T_{ij}$와 그리 다르지 않지만, 한 가지 중요한

---

* 간단하게 말해서 무언가를 향해 무한대로 가깝게 접근하는 상황을 나타낼 때 쓰는 수학 용어이다.

차이점이 있다. 뉴턴의 법칙은 스칼라함수Scalar function로 이루어진 단 하나의 미분방정식이라는 점이다. 스칼라함수란, 공간상의 한 좌표 x, y, z를 입력하면 수를 딱 하나 출력하는 함수를 말한다. 중력이 극도로 약하고 시공간도 사실상 평탄한 '뉴턴 극한'에서 아인슈타인의 식은 위에서 설명한 미분 버전의 뉴턴 법칙으로 환원된다. 하지만 이 특수한 사례를 제외한 모든 경우에서는 4차원 시공간의 중력을 서술하려면 더 풍부하고 복잡한 텐서 표기법이 필요하다. 여기까지 와서 놀라는 독자들은 없을 것이다. 아인슈타인이 중력장 방정식을 작성하기도 전에 텐서라는 언어에 익숙해지기 위해 얼마나 많은 노력을 기울였는지 알고 있을 테니 말이다.

1913년 엔트부르프 논문과 마찬가지로, 1915년 11월 25일 버전 방정식의 좌변도 시공간 곡률과 관련이 있다. 시공간 곡률은 관측으로 확인할 수 없다. 왜냐하면 시공간 밖으로 나가서 그 곡률을 측정하는 것은 불가능하기 때문이다. 시공간 곡률은 기하학 원리를 바탕으로 내재적으로 결정할 수밖에 없다. 마치 기원전 200년경 그리스의 수학자 에라토스테네스Eratosthenes가 우주선도 인공위성도 없는 상황에서 훌륭한 구식 기하학과 그 밖의 논리적 논증을 통해 지구의 곡률을 구했듯이 말이다.** 그는 놀라울 정

** 에라토스테네스는 같은 시각에 한 도시에 꽂아둔 막대기에는 그림자가 없고 다른 도시의 막대기에는 그림자가 생기는 현상을 관찰하여 일련의 논증을 통해 지구의 둘레를 구한 것으로 전해진다.

도로 정확한 값을 얻어냈다.

자, 다시 20세기 초로 돌아가자. 방정식의 우변은 물질과 에너지의 움직임과 분포에 대한 것이다. 이것들은 원리적으로 관측 증거를 얻을 수 있는 양이다. 1913년과 1915년의 가장 큰 변화는 아마도 1915년 버전의 방정식이 (제한된 공변성이 아니라) 일반공변성을 가진다는 점일 것이다. 이는 아인슈타인의 목표이자 그가 지침으로 삼은 원칙인 등가원리와도 부합했다.

$G_{ij} = T_{ij}$는 단순히 서로 연결된 10개의 방정식을 간단하게 쓴 식이 아니다. 이 방정식들은 매우 특수한 종류의 방정식(독립변수가 4개인 2계 비선형 편미분방정식*)으로서 보통 일반화된 방식으로는 풀 수 없다. 그러므로 해는 오직 근사적으로만 또는 상황을 단순화하는 가정을 도입하는 경우에만 구할 수 있다. (후자의 예시, 즉 상황을 이상화한 특수한 경우는 중력장 방정식이 나타난 후 머지않아 해결되었다. 이와 관련해서는 다음 장에서 다룰 예정이다.)

---

* 그냥 넘어가도 내용을 이해하는 데 지장이 없지만, 무슨 뜻인지 알고 싶은 독자들을 위해 간단하게 설명하려 한다. 변수 x가 변함에 따라 함숫값 y가 바뀌는 함수 $y = f(x)$가 있다고 하자. 이때 x를 독립변수라고 하고 y를 종속변수라고 한다. 본문에서 설명했듯이 중력장 방정식에는 시공간 좌표에 해당하는 독립변수가 총 4개 있다(t, x, y, z). 2계는 미분방정식을 이루고 있는 함수가 최대 두 번 미분되어 있다는 말이다. 편미분방정식은 미분방정식에 포함된 독립변수가 하나가 아니라는 뜻이다(즉 미분방정식에 포함된 함수들이 둘 이상의 독립변수로 미분되어 있는 경우를 말한다. 참고로 독립변수가 하나일 때는 상미분방정식이라고 한다). 미분방정식이 비선형이라는 것은, 지수함수나 삼각함수 같은 초월함수에 종속변수 y가 포함되어 있거나(가령 $y' = sinxy$) 종속변수 y를 n번 미분한 식에 y에 관한 식이 곱해져 있다(가령 $y'y^3 = 6x + 3$)는 뜻이다. 따라서 89쪽 각주에서 설명한 방정식과 함수의 선형 조건, 즉 $f(x_1 + x_2) = f(x_1) + f(x_2)$을 만족하지 않는다.

중력장 방정식은 기존에는 서로 무관한 것으로 여겨졌던 두 가지 현상을 하나로 묶음으로써 아인슈타인이 오랫동안 믿었던 전제를 입증한다. 시공간 곡률 또는 중력이 대부분 질량과 에너지 분포로 결정되며 그 반대도 마찬가지라는 사실을 말이다. 중력장 방정식의 좌변은 시공간 곡률을 나타내며 우변은 질량과 에너지를 나타낸다. 다시 말해, 아인슈타인의 방정식은 우리가 중력이라고 불렀던 것이 사실 힘이 아니라고 말해준다. 중력은 단지 시공간 곡률의 결과일 뿐이다. 그리고 곡률은 다음 요인에 의해 결정된다. 초기 상태('시각이 0인 시점')에서의 물질과 에너지 분포, 물체들이 시간에 따라 변화하고 움직이는 양상(에너지와 운동량), 우주의 위상Topology(즉 전체적인 모양). 다시 말해, 수많은 요인이 작용하여 시공간 곡률을 결정한다.

수학과 물리학에서는 주요 변수들이 서로에게 큰 영향을 미칠 때 비선형적 효과가 발생할 수 있다. 중력도 마찬가지다. 일반상대성이론에 비선형성이 끼어들면서 문제가 매우 복잡해지는 이유가 바로 그래서다. 질량이 있는 물체가 시공간을 휘면 중력이라는 현상이 생겨난다. 하지만 중력은 그 자체로 에너지의 한 형태이며*, 아인슈타인이 알려주었듯이 에너지는 질량과 교환 가능하다($E=mc^2$). 따라서 중력으로 인한 에너지는 시공간에 추가적인 곡률을 만들어내고, 결과적으로 더 많은 중력이 발생한다 (이것을 '중력의 중력'이라고 부르기도 한다). 더 미묘한 효과도 있다. 물질이 시공간의 기하 구조를 주도적으로 형성하는 것은 분명하지만, (심지어 물질이 전혀 없는 시공간에서도) 기하 구조는 자체적으로 상호작용하며 형성되기도 한다. 결과적으로 이 비선형적 상호작용에 따라 곡률이 생겨난다.

그렇다면 특수상대성이론과 마찬가지로 중력의 영역에서도 공간과 시간은 단순히 물리적 상호작용이 이루어지는 수동적인 무대가 아니라는 점이 분명해진다. 그렇기는커녕 시공간은 물리 세계의 능동적인 주체이다. 물질과 에너지 분포가 변함에 따라 끊임없이 변화하고 뒤틀린다.

중력은 시공간을 구부리고 따라서 기하 구조를 변화시킨다. 중력의 영향을 받으며 자유롭게 '낙하'하는 물체는 외부의 힘에 반응하는 것이 아니다. 단지 휘어진 시공간에서 가장 짧고 곧은 경로를 따라 움직일 따름이다(물체의 입장에서는 내리막길을 똑바로 떨어지는 것처럼 보일 것이다). 설령 움직이는 궤적이 곡선일지라도 마찬가지다.

---

* "중력은 그 자체로 에너지의 한 형태"라는 말의 의미를 더 자세하게 살펴볼 필요가 있겠다. 89쪽 각주에서 어떤 물체 M이 다른 물체 m_1과 m_2로부터 받는 중력을 계산하는 상황을 생각해본 적이 있다(기억이 나지 않는다면 한 번 더 읽고 오길 권한다). 뉴턴의 선형적 중력 이론에 따르면 m_1과 m_2가 가하는 중력을 각각 따로 계산하든 한꺼번에 계산하든 결과는 동일하다. 하지만 일반상대성이론에서는 두 결과가 달라지는데, m_1과 m_2가 둘 다 있는 경우에는 m_1과 m_2의 상호작용까지 고려해야 하기 때문이다. m_1과 m_2는 서로 중력을 주고받으므로 둘 사이에는 중력 퍼텐셜에너지가 저장되어 있다. 이것은 뉴턴 역학에서도 마찬가지이지만, 상대성이론에 따르면 질량과 에너지가 등가이므로($E = mc^2$) 중력 퍼텐셜에너지도 일종의 질량으로서 물체 M이 받는 중력에 영향을 미친다. 요컨대 본문의 설명대로 "중력으로 인한 에너지[중력 퍼텐셜에너지]는 시공간에 추가적인 곡률을 만들어"낸다.

아인슈타인은 이 아이디어를 어떻게 설명했을까? 아홉 살배기 아들이 아빠는 왜 이렇게 갑자기 유명해졌냐고 물었을 때였다. 아인슈타인은 말했다. "눈이 먼 딱정벌레가 구부러진 나뭇가지 위에서 기어다닌다고 생각해보렴. 딱정벌레는 자기가 지나간 자국이 실제로는 휘어져 있다는 걸 모를 거야. 아빠는 운 좋게도 딱정벌레가 몰랐던 사실을 알아차린 거란다."[25]

앞서 살펴보았듯, 아인슈타인은 혹독한 시련을 거쳐 이러한 통찰에 도달했다. 최종적인 승리를 거둔 지 1년 후인 1916년 11월에 출판된 논문에서 그는 다음과 같이 적었다. "이미 지식을 얻은 상태에서 보면, 그 행복한 성취는 사실상 당연한 결과로 보인다. 총명한 학생이라면 누구나 큰 어려움 없이 이를 파악할 수 있다. 하지만 어둠 속에서 불안하게 헤매이고, 갈망에 휩싸였다가 자신감과 탈진이 번갈아 찾아드는 세월, 그리고 마침내 빛을 목격하는 순간은 직접 경험한 사람들만이 이해할 수 있다."[26]

1916년 3월 20일에 투고되어 1916년 5월 11일 《물리학 연보》에 게재된 주요 논문 《일반상대성이론의 기초》에서 아인슈타인은 "중력장 방정식을 찾는 데 도움을 주었다"며 친구 그로스만에게 감사를 표했다. 하지만 아인슈타인이 항상 그로스만의 공헌을 순순히 인정한 것은 아니었다. 한번은 "그저 수학 문헌을 살펴보는 데 도움을 주었을 뿐 결과 자체에 실질적으로 기여한 것은 하나도 없다"고 말하기도 했다.[27] 물론 그로스만은 엔트부르프 논문에서 수학적인 부분을 집필하는 등 훨씬 더 많은 일을 했다. 최종적인 장 방정식의 전신이 포함되어 있었다는 점에서 엔트부르프 논문은 매우 중요하다. 또한 리치와 레비-치비타의 용어인 '공변 및 반변 체계(Covariant and contravariant system)' 대신에 '텐서'를 도입한 공로도 인정받아야 마땅하다. 더 나아가 텐서 표기법을 (위첨자와 아래첨자로) 바꾸어서 수학과 물리학에서 텐서를 더욱 유용하게 사용할 수 있도록 하기도 했다.

　이처럼 그로스만은 일반상대성이론이 완성되는 과정에서 분명 카메오 이상의 역할을 수행했다. 하지만 그는 결코 주목받으려 하지 않았다. 오히려 일반상대성이론의 공동 발견자라고 주장하지 않고 망설임 없이 친구의 노력에 박수를 보냈다. "1912년과 1913년에 아인슈타인의 첫 번째 고된 시도를 목격한 사람이라면, 마치 선율을 짓는 작곡가처럼 범접할 수 없는 산을 한밤중에 오르는 듯 보였을 것이다. 길이라곤 전혀 없고 방향도 모르며 발 디딜 곳 하나 없는 산을 말이다. 경험과 추론은 오직 몇 안 되는 불안정한 발판만을 제공했을 뿐이다. 그러므로 우리는 이 지적인 위업을 더 높게 평가해야 마땅하다."[28]

· · ·

아인슈타인은 그로스만 외에도 가우스, 리만, 크리스토펠, 리치, 레비-치비타의 공헌 또한 인정했다. 하지만 아인슈타인이 외면한 사람이 한 명 있었으니, 바로 다비트 힐베르트였다. 아인슈타인은 힐베르트와 치열하게 우선권 경쟁을 벌였고, 한때는 힐베르트가 자신의 이론을 "공용의 것으로 만들려고"(즉 표절하려고) 했다고 주장했다.

하지만 힐베르트의 업적은 완전히 다른 접근 방식으로 이루어졌다. 두 사람이 분쟁을 해결하기까지는 그리 오랜 시간이 걸리지 않았다. 더 나아가 힐베르트가 장 방정식을 도출하기 위해 사용한 방법은 이제 그 결과만큼이나 중요하게 여겨지고 있다. 왜냐하면 그는 '최소작용의 원리 Principle of least action'(또는 줄여서 '작용 원리 Action principle')로부터 장 방정식을 성공적으로 도출한 최초의 인물이었기 때문이다. 작용 원리는 거의 모든 현대 물리학 분야에서 쓰이는 직접적이고 효율적인 접근 방식이다.

작용 원리의 기원은 유클리드 또는 아르키메데스까지 거슬러 올라간다. 두 수학자는 평면에서 두 점 사이의 최단거리가 직선이라는 사실을 알고 있었다. 프랑스의 수학자 피에르 드 페르마 Pierre de Fermat는 1600년대 중반에 이 아이디어를 더욱 발전시켜서 오늘날 '페르마의 원리 Fermat's principle'라 불리는 원리를 제안했다. 페르마의 원리에 따르면, 빛은 한 점에서 다른 점으로 이동할 때 모든 가능한 경로 중에서 반드시 시간이 가장 적게 걸리는 경로를 따른다.

물리학자들은 물질 입자의 운동 방정식을 지배하는 비슷한 원리를 알아내느라 오랜 시간이 걸렸다(물질 입자는 빛과 달리 일정한 속력이라는 제약이 없다). 그러한 원리를 찾으려면 작용 Action이라는 더욱 일반적인 개념을 도입해야 했다. 작용이란 최소화 또는 최대화하고자 하는 양을 의미한다. 거리든 시간이든 함수든 곡률이든, 아무 양이나 상관없다. 어떤 경우든 간에 최대한 작거나 큰 값(극값Extreme)을 찾는다고 보면 된다.

고트프리트 라이프니츠, 레온하르트 오일러, 피에르 루이 모페르튀이Pierre Louis Maupertuis는 모두 18세기 전반에 걸쳐 작용 원리를 확립하는 데 기여한 수학자들이다. 하지만 18세기 후반 들어서 수학자 조제프 루이 라그랑주Joseph-Louis Lagrange가 작용 원리를 훨씬 더 일반적이고 폭넓게 적용할 수 있는 형태로 재구성했다. 그리하여 본인의 방법이 역학(물체의 운동을 다루는 분야)의 문제를 순수한 수학의 영역으로 옮겨놓았다고 굳게 믿었다.

라그랑주가 제시한 틀에서 작용(S로 표시)은 라그랑지언Lagrangian이라는 함수를 적분한 것이다(130쪽 식 참고). 라그랑지언의 최솟값과 최댓값은 오일러와 라그랑주가 고안한 변분법을 통해 결정된다. 뉴턴이 그의 제2법칙($F=ma$)을 정확한 수학적 언어로 표현하기 위해 미적분학이라는 새로운 수학 분야를 발명해야 했던 것처럼, 라그랑주는 단순히 작용을 표현하는 데서 멈추지 않고 작용과 관련된 운동 방정식을 찾아내기 위해 변분법을 만들어야 했다.

변분법의 핵심은 매개변수Parameter의 적절한 값을 찾아서 (최솟값 또는 최댓값을 비롯한) 극단적인 값을 갖는 해가 도출되도록 하는 것이다.* 변분법을 사용하면 가령 그리스의 수학자 제노도로스Zenodorus가 기원전 2세기에 해결한 등주문제Isoperimetric problem를 풀 수 있다. 둘레의 길이가 정해진 닫힌 곡선으로 만들 수 있는 최대 면적을 구하는 문제가 대표적인 등주문제인데, 이 예시의 답은 원이다.[29] 하지만 변분법으로는 더 복잡하고 고차원적인 문제도 해결할 수 있다. 예를 들어 부피가 정해졌을 때 표면적이 가장 작은 입체를 찾을 수 있다. 아니면 보다 일반화된 함수의 최댓값과 최솟값을 찾을 수도 있다.

물리학자 캄란 바파Cumrum Vafa의 설명을 들어보자. "변분법은 …… 변수의 수가 유한한 함수의 최솟값을 찾는 것보다 복잡한 방법이다. 왜냐하면 공간상의 두 점을 연결하는 경로가 무한히 많기 때문이다. 그러므로 어떤 의미에서 변분법은 변수의 수가 무한한(즉 공간상의 모든 경로를 포함한) 함수(작용)의 최솟값을 찾는

---

* 이 문장에 대한 추가 설명이 필요할 것 같다. 일반적으로 함수는 하나의 수를 입력하면 하나의 수를 출력하는 개념을 말한다. 그런데 수를 입력받는 대신 함수 자체를 입력받고 하나의 수를 출력하는 함수를 생각해볼 수 있다. 그런 함수를 '범함수'라고 한다. 예를 들어 수 x를 입력받고 수 y를 출력하는 함수 $y = x + 2$가 있을 때, 함수 y를 입력받고 수 z를 출력하는 범함수 $z = y - 4$를 생각해볼 수 있다. 변분법이란 특수한 형태의 범함수를 다루는 방법이라고 보면 된다. 이때 특수한 형태의 범함수는 일반적으로 $J(y) = \int_{x_1}^{x_2} f[y(x), y'(x), x]dx$로 표현된다(본문 130쪽에서 작용과 라그랑지언이 등장하는 식을 일반적으로 표현했다고 보면 된다). 즉, J는 함수 $y(x)$를 입력받는 범함수 $f[y(x), y', x]$(범함수 f가 y와 y를 한 번 미분한 것 그리고 x로 이루어져 있다는 뜻)를 x로 적분한 것이다. f를 적분한 결과 역시 y를 입력받는 함수이므로 J 또한 y를 입력받는 범함수이다. 여기서 $y(x)$가 범함수 $J(y)$의 매개변수에 해당한다. 그렇다면 변분법은 도대체 이 특수한 형태의 범함수로 무엇을 하는 걸까? 변분법이란 범함수 $J(y)$가 최댓값 또는 최솟값을 갖도록 하는 매개변수 $y(x)$를 찾는 방법을 말한다. 이것이 바로 본문의 문장이 설명하는 내용이다.

방법이나 다름없다. 물리학자들은 변분법을 사용하여 …… 가장 짧은 경로를 알아낼 수 있다."[30] 그렇게 입자가 앞으로 움직일 경로를 파악하고 시간에 따른 위치 변화를 알아낸다면 입자의 속도와 가속도를 결정할 수 있다. 그리고 이로부터 운동 방정식까지 도출할 수 있다.

라그랑주는 변분법을 역학에 적용하기 위해 라그랑지언을 '입자가 공간의 한 점에서 다른 점으로 시간의 흐름에 따라 움직일 때 입자의 운동에너지 K에서 퍼텐셜에너지* V를 뺀 값'으로 정의했다. 라그랑지언을 이렇게 정의하면 작용은 공간과 시간을 따라 움직이는 입자가 통과하는 모든 점에 대한 라그랑지언을 (적분을 통해) 전부 더한 것이 된다.

이처럼 라그랑지언 L을 $K-V$로 정의하면, 작용 S는 L을 다음처럼 시간에 따라 적분한 것과 같아진다.

$$S = \int L\, dt = \int (K-V)\, dt$$

입자가 임의의 점 A에서 B로 이동할 방법은 무한히 많다. 위의 식에서 S의 최솟값을 찾는 것은 입자의 에너지 $(K-V)$가 최소

---

* 나중에 운동에너지로 전환될 수 있는 '잠재적으로' 저장된 에너지를 말한다(위치에너지라고 부르기도 한다). 예를 들어 언덕 위에 놓인 바위는 언젠가 중력 때문에 굴러떨어지면서 운동에너지를 가질 수 있으므로 잠재적인 중력 에너지, 즉 '중력 퍼텐셜에너지'를 갖는다.

화되는 경로를 찾는 것과 동일한데, 라그랑주는 입자가 바로 그러한 경로를 취할 수밖에 없다고 가정했다. 그 가정을 바탕으로 계산하면 입자의 운동 방정식을 만들 수 있고, 그로부터 힘이 질량과 가속도의 곱과 같다는 뉴턴의 운동 제2법칙($F=ma$)이 도출된다. 뉴턴이 입자의 경로를 서술하면서 사용한 접근법은 미분학에 크게 의존했다. 특히 입자가 공간상의 한 점에 있다가 다음 점으로 이동할 때 속도와 같은 물리량이 어떻게 변하는지에 초점을 맞추었다. 입자의 전체 궤적은 구간마다 그와 같은 물리량에 대한 미분 계산을 반복 수행해서, 즉 물리량의 변화를 계속해서 조금씩 추적하는 과정을 통해 알아낼 수 있다. 반면 작용 원리를 사용한다는 것은 뉴턴과는 다른 보다 전체적인 접근 방식을 취한다는 뜻이다. 다시 말해, 딱 하나의 양(작용)을 적분하여 입자가 다른 경로가 아닌 이 경로를 따르는 이유를 설명한다.

이미 언급했듯이, 힐베르트는 여러 면에서 더 단순하고 직접적인 두 번째 접근 방식을 선택했다. 물론 그는 확립된 지 250여 년이나 지난 뉴턴의 제2법칙을 재현하는 데에는 관심이 없었다. 힐베르트는 일반상대성이론과 휘어진 시공간에 초점을 맞추었으므로 $K-V$가 아닌 다른 작용을 찾아서 최소화(또는 극치화Extremize)해야 했다. 이것은 페르마가 광선의 경로를 서술할 때처럼 시간을 최소화하거나 평면상에서 두 점 사이의 최단거리를 구하여 길이를 최소화하는 단순한 문제가 아니었다. 일반상대성이론의 전반적인 목표는 물질과 에너지가 주어져 있을 때 시공간이 어떤 영향을 받는지, 즉 실제로 어떻게 휘어지는지 알아내는 것이다. 따라서 힐베르트는 시공간 곡률이 포함된 작용을 극치화의 대상으로 선택해야 했다. 하지만 그에 적합한 곡률 표현 방식이 무엇인가 하는 문제가 남아 있었다.

그 방식을 찾는 과정에서 힐베르트는 '불변량 이론Invariant theory'에 대한 깊은 전문 지식에 의존했다. 불변량 이론은 기본적으로 1840년대에 수학자 아서 케일리Arthur Cayley의 연구로 시작된 수학 분야이다. 물론 힐베르트도 수십 년 후 중요한 공헌을 했다. 다시 말하지만, 불변량은 어떤 수학적 대상에 대해 좌표계를 반복해서 변환해도 변하지 않는 고유의 성질을 말한다. 힐베르트는 중력 이론의 맥락에서 리만 곡률텐서에 따라 선형적으로 변하는 불변량이 두 가지밖에 없다는 사실을 알고 있었다. 여기서 선형적으로 변한다는 것은, 한 값이 변하면 다른 값도 그에 비례하여 변한다는 뜻이다. 힐베르트가 찾아낸 첫 번째 불변량은 앞서 언급한 스칼라 곡률텐서 R이었고, 두 번째 불변량은 공간의 모든 지점에서 동일한 값을 갖는 상수함수Constant function였다. 스칼라 곡률텐서는 힐베르트가 찾던 적절한 곡률 표현 방식이었으며 또한 힐베르트의 목적에 맞는 가장 단순한 불변량이었다.

힐베르트는 라그랑지언 L이 R과 같아야 한다고 가정했다. 그러면 작용은 기본적으로 스칼라 곡률텐서를 공간과 시간에 따라 적분한 것이 된다. 바로 이 지점에서 힐베르트는 변분법을 사용하여 장 방정식을 이끌어냈다. 아인슈타인이 자신에게 익숙한,

과거에 큰 도움을 받은 우회적인 (그리고 더 고된) 방법으로 얻은 것과 똑같은 방정식이었다. 물리학자 데이비드 가핑클David Garfinkle은 우리에게 다음과 같이 말했다. 힐베르트의 방법을 따르려면 "먼저 물리 방정식과 자연법칙이 작용 원리에서 비롯된다는 확신을 가져야 합니다."[31] 어쩌면 오늘날에는 당연해 보일지 모른다. 하지만 가핑클의 주장에 따르면, 100여 년 전 힐베르트가 자신의 관심과 재능을 일반상대성이론으로 돌리고 작용 원리를 믿었을 당시에는 그러한 확신이 널리 퍼져 있지 않았다.

・・・

힐베르트의 관점에 동조한 사람들 가운데는 수학자 에미 뇌터Emmy Noether가 있었다. 1915년, 힐베르트와 클라인은 뇌터를 괴팅겐으로 초대했다. 무엇보다 에너지 보존 개념이 어떻게 새로운 중력 방정식에 부합할 수 있는지 조사하기 위해서였다. 뇌터는 특히 힐베르트의 주장 하나를 살펴보았는데, 일반공변성 이론의 에너지 보존은 일반공변성을 갖추지 못한 이론에서와 다른 지위를 갖는다는 것이었다.[32]

힐베르트의 주장을 확인하기 위해 뇌터가 무엇을 했는지 설명하기 전에(그리고 일반상대성이론의 에너지 보존이 기존의 물리 이론에서와 다르게 작동하는 이유를 살펴보기 전에) 한 가지 놀라운 사실을 강조할 필요가 있다. 힐베르트(아마도 당시 가장 위대한 수학자)와 클라인(역시 세계적인 수학자)이 그 문제를 연구하기 위해 데려올 수 있 있던 모든 후보 중에서 뇌터를 선택했다는 것이다. 아마도 당대 최고의 물리학자였던 아인슈타인 또한 힐베르트와 클라인과 함께 고심하고 있던 문제를 뇌터가 살펴보겠다고 하자 무척 반가워 했다. 아인슈타인은 1916년 5월 30일에 힐베르트에게 보낸 편지에서 다음과 같이 말했다. "선생의 논문은 전부 이해했습니다. 에너지 정리만 제외하고 말이지요. 물론 뇌터 여사에게 이 부분을 명확하게 해달라고 부탁한다면 충분할 겁니다." 이 편지와 힐베르트가 아인슈타인에게 보낸 편지까지 함께 놓고 보면, 두 과학자가 뇌터의 전문성을 인정하고 있었음을 알 수 있다. 그들의 신뢰는 훗날 근거가 있었음이 밝혀졌다.[33]

두 과학자의 선택이 특히 놀라운 이유가 있다. 당시 뇌터는 수학과 관련된 직업을 갖고 있지도 않았고, 수학 교육을 받은 적도 거의 없었다. 대학에 다닐 나이가 된 1900년 무렵, 독일의 대학교는 여학생을 받지 않았기에 뇌터는 수업을 청강할 수밖에 없었다. 다행히도 여성의 학계 진출을 막았던 정책은 몇 년 후 완화되었다. 뇌터는 혼자서 공부한 끝에 결국 1904년 에를랑겐대학교 수학과 대학원 과정에 입학했고, 3년 후 그곳에서 박사학위를 받았다. 그 후 뇌터는 에를랑겐대학교에서 8년 동안 공식적인 직책 없이 급여도 받지 않고 근무했다. 마침내 1915년에는 괴팅겐에서 강사로 일하게 되었지만, 1922년에 종신재직권이 없는 수학과 부교수로 승진할 때까지 또다시 무보수로 근무했다.

이처럼 학계의 대우는 냉담했다. 하지만 뇌터는 수학(특히 자신의 주요 분야인 추상대수학Abstract algebra)과 물리학에 대한 공헌을 아끼지 않았다. 결국 뇌터는 일반공변성 이론에서 에너지 보존이 다르게 작동한다는 힐베르트의 주장을 해결하기에 이르렀다. 1918년에 발표한 논문《불변량의 변분 문제 Invariant Variatinal Problems》에서 그 주장을 확증했던 것이다. 뇌터는 클라인의 박사학위 취득 50주년을 기념하며 자신의 논문을 클라인에게 헌정했다.[34]

뇌터의 논문에는 두 가지 중요한 정리가 포함되어 있다. 우선 둘 중에서 비교적 덜 알려진 두 번째 정리부터 살펴보자. 에너지 보존 문제와 밀접하게 관련되어 있기 때문이다. 뇌터는 에너지 보존 문제를 조사하는 과정에서 오늘날 첫 번째 정리 또는 '뇌터의 정리 Noether's theorem'라고 불리는 결과에 도달했다. 법석 떨지 않고 삼가 말한다고 해도, 그것은 거대한 반향을 일으킨 성취였다.

뇌터의 두 번째 정리를 간단히 말하면 이렇다. 일반상대성이론에서 에너지는 오직 대역적인 관점을 취할 때만 보존된다는 것이다. 여기서 대역적인 관점을 취한다는 것은, 관심 대상인 계를 아주 먼 거리(무한대)에서 바라본다는 뜻이다. 통상적인 에너지 보존(관찰자가 계 내부 또는 근처에 있는 경우에 성립하는 에너지 보존)은 전자기학과 같은 기존의 물리 이론에서와 달리 일반상대성이론에서는 더 이상 유효하지 않다. 왜냐하면 물질의 운동에너지와 퍼텐셜에너지만이 아니라 중력장 자체에 저장된 에너지까지 고려해야 하기 때문이다. 더군다나 중력장이 기여하는 에너지값은 근처에 있는 관찰자의 위치에 따라 달라진다. 그렇다면 하나의 '정답'은 존재하지 않는다는 말이 된다. 이게 다가 아니다. 물질과 중력장 사이에서 끊임없이 에너지가 교환되기 때문에 관찰자의 에너지 측정은 매우 복잡해진다. 결과적으로, 멀리 떨어진 곳에서 (물질과 중력 둘 다 기여하는) 총에너지를 고립된 공간 영역에 국한하여 고려할 때만 에너지가 보존된다.

뇌터의 발견을 간단하게 머릿속에 그려볼 방법이 있다. 무덥고 화창한 날, 완전히 메마른 사막에서 물 양동이를 하나 들고 앉아 있다고 해보자. 양동이만 본다면 그 안에 담긴 물은 보존되지 않는다. 왜냐하면 물의 일부가 증발할 수밖에 없기 때문이다. 하지만 충분히 큰 공간(양동이, 양동이 안의 물, 공기 중으로 증발된 물을 전부 아우르는 공간)을 고려한다면 물의 총량(액체와 기체 형태 모두)은 보존될 것이다. 뇌터의 두 번째 정리도 이와 마찬가지다. 먼 거리에서 공간의 한 영역을 바라보면 물질과 중력장의 형태로 저장된 에너지의 총량도 보존된다.[35]

이처럼 뇌터의 발견은 일반상대성이론 장 방정식에서 에너지 보존이 어떻게 작동하는지에 대해 힐베르트와 다른 연구자들이 제기한 의문을 해결해주었다. 사실 이러한 개념은 축약된 비앙키 항등식이 함의하고 있는 것이었다. 하지만 뇌터는 비앙키 항등식을 알지 못했다. 게다가 알고 보니 축약된 비앙키 항등식은 뇌터가 증명한 훨씬 더 광범위한 정리의 특수한 경우에 불과했다.

작용 원리와 변분법은 뇌터의 두 번째 정리 증명에서 핵심을 이루고 있다. 그리고 훨씬 더 유명한 첫 번째 정리가 성립하는 데에도 절대적으로 중요한 역할을 맡고 있다. 첫 번째 정리는 간단히 말하면 다음과 같다. 자연에 존재하는 모든 종류의 '연속 대칭성Continuous symmetry'과 그와 관련된 작용 원리마다, 대응되는 보존 법칙이 존재한다는 것이다.

여기서 대칭성이란, 어떠한 대상 또는 계를 변화시키지 않고 수행할 수 있는 연산을 말한다. 예를 들어보자. 정사각형의 중심을 고정한 후 90도 회전시켜도 정사각형은 똑같아 보일 것이다. 하지만 45도나 17도처럼 90도의 배수를 제외한 각도로 회전시키면 모양이 달라진다. 이것은 '불연속 대칭성Discrete symmetry'의 사례이다. 이와 달리 원의 중심을 고정한 후 회전시키는 것은 연속 대칭이다. 아무리 작은 각도로 회전시켜도 원은 같은 모양을 유지하기 때문이다.

대칭성과 작용 원리의 관계는 무엇일까? 움직이는 물체, 가령 포탄의 궤적을 적분하면 작용이 하나의 수로 얻어진다. 대포를 쏜 다음 포탄이 공간과 시간을 따라 움직이는 궤적을 기록하면 작용을 계산할 수 있다. 10초가 지난 후 모든 과정을 똑같이 반복한다고 해보자. 정확히 동일한 조건(풍속과 방향 등이 똑같은 상황)에서 크기와 무게가 같은 포탄을 하나 더 쏜다고 말이다. 포탄은 똑같은 궤적을 그리고 그로부터 계산되는 작용도 똑같을 것이다. 이것을 다른 말로 이렇게 표현할 수 있다. 작용은 '시간이동 대칭성Time translation symmetry' 덕분에 변하지 않는다고 말이다.

마찬가지로 대포를 한 번 쏘고 포탄의 궤적을 기록한 다음, 완벽한 평지에서 대포의 위치를 왼쪽으로 1미터 옮기고 동일한 조건에서 모든 과정을 반복한다고 해보자. 이번에는 '공간이동 대칭성Space translation symmetry' 덕분에 두 번째 포탄이 첫 번째와 같은 궤적을 그리고 그에 따라 작용도 동일해진다.

마지막으로 한 번 더 대포를 발사한 다음, 대포를 원래 위치에서 몇 도 회전시키고 모든 과정을 반복한다고 해보자. (조건이 변하지 않는다면) 이번에도 작용의 값은 똑같을 것이다.* 이 예시에서 작용이 변하지 않는 것은 '회전 대칭성Rotational symmetry' 때문이다.

뇌터의 정리는 특정한 대칭성과 관련된 보존량이 존재한다는 사실뿐 아니라 그 보존량이 무엇인지 알아내는 방법까지 알려준다. 공간이동과 관련된 보존량은 운동량이고, 시간이동과 관련된 보존량은 에너지이며, 회전과 관련된 보존량은 각운동량Angular momentum**이다. 물리학자 크리스 퀴그Chris Quigg에 따르면, 뇌터 이전에는 역학 법칙과 그에 대응하는 보존 원리를 정식화하기 위해 상당한 추측이 필요했다. "에너지 보존 법칙과 같은 기본적인

---

* 　대포가 회전하면 포탄의 궤도가 바뀌지 않냐고 반문하는 독자들도 있을 것이다. 물론 지면은 그대로 있고 대포의 발사 각도만 바뀐다면 맞는 말이다. 하지만 여기서 대포를 회전시킨다는 것은 (발사 각도가 아니라) 대포와 대포가 놓인 지면 전체를 한꺼번에 회전시킨다는 뜻이다. 그렇다면 포탄의 궤적은 전과 동일할 것이다.
** 　간단히 말해 각운동량은 물체가 얼마나 빠르고 강하게 회전하는지를 나타내는 양이다. 회전축까지의 수직 거리와 운동량(질량 곱하기 속도)의 곱으로 정의된다.

법칙조차도 일종의 경험적 규칙이었던 셈이다. 어딘가에서 도출된 것이 아니라 그저 유용한 구조라는 점이 밝혀졌을 뿐이다. 하지만 뇌터의 제1정리가 등장한 후로 우리는 에너지 보존이 상당히 그럴듯한 생각으로부터 도출된다는 사실을 알게 되었다. 자연법칙은 시간과 무관해야 한다는 생각 말이다."[36]

뇌터의 첫 번째 정리는 물리학 연구 방식에 지대한 영향을 미쳤다. 새로운 입자에 대해 추측할 때, 이론 물리학자들은 어떤 대칭성의 존재를 가정하곤 한다. 자연에 존재해야 하지만 어떻게든 숨겨져 있다고 생각한다. 그런 다음 그 가설적인 대칭성과 관련된 아직 발견되지 않은 입자(들)의 성질을 파악하려고 노력한다. 실험 물리학자들이 무엇을 찾아야 하는지 알 수 있도록 말이다. 이러한 방식의 추론은 2012년 '힉스 보손Higgs boson'의 발견으로 이어졌다. 이론가들이 처음으로 그 존재를 예측한 지 48년 만이었다. 물리학자 루스 그레고리Ruth Gregory는 이렇게 주장했다. "현대 물리학에서 뇌터의 업적이 얼마나 중요한지는 아무리 강조해도 지나치지 않다. 대칭성에 대한 그의 기초적인 통찰은 우리의 방법과 이론, 직관의 근간을 이루고 있다. 우리는 대칭성과 보존 사이의 연결 고리를 통해 세상을 설명한다."[37]

뇌터의 첫 번째 정리는 물리학에 막대한 영향을 미쳤지만, 그의 연구 결과는 순전히 수학적이라는 점을 강조해야 마땅하다. 뇌터의 정리는 설령 물리학에 적용되지 않았더라도 여전히 중요한 의미를 지닐 정도로 확고한 명제이다. 이 강력한 정리의 핵심적인 출발점은 바로 변분법이었다. 수학사학자 데이비드 로는 "제1정리는 보존량이 어떻게 변분법을 적용한 계의 대칭성에서 비롯되는지를 정확하게 알려준다"라고 적었다.[38]

아인슈타인은 처음에 그와 같은 접근법을 따르지 않았지만, 1916년 11월 26일에 출판한 논문에서 동일한 수학적 경로를 밟았다. 괴팅겐에서 최종 버전의 장 방정식을 발표하고 1년과 하루가 흐른 뒤였다.《해밀턴의 원리와 일반상대성이론-Hamilton's Principle and the General Theory of Relativity》이라는 논문에서 아인슈타인은 힐베르트가 그랬던 것처럼 "단 하나의 변분 원리로부터" 일반상대성이론 방정식을 도출할 것이라고 말했다. 그러나 아인슈타인은 다음과 같이 덧붙이면서 힐베르트와의 차별점을 보였다. "힐베르트의 방식과는 달리 물질의 구성에 대한 가정을 최대한 적게 세울 것이다. 다른 한편으로, 내가 최근에 이 주제를 다룬 방식과 다르게 좌표계의 선택은 여전히 완벽하게 자유로울 것이다."[39]

・・・

아인슈타인이 이토록 힘들게 발견한 방정식은 그 후로 수년에 걸쳐 일련의 시험을 통과하게 되었다. 수성의 움직임은 물론이고 빛이 태양 근처에서 굴절되리라는 유명한 예측까지 검증되었다. 하지만 더 큰 문제가 슬며시 모습을 드러냈다. 이제 이 방정식을 어느 정도 신뢰하게 되었다고 하자. 그럼 이 방정식으로 무엇을 더 할 수 있을까?

알고 보니 상당히 많은 것을 할 수 있었다. 물리학자 하노흐 구트프로인드Hanoch Gutfreund는 1915년 11월 25일자 발표문에 실린 아인슈타인의 업적을 놓고 "오늘날 현대 우주론에서 알고 있는 모든 것의 원천이자 기초"라고 했다. 그리고 "우주의 기원, 빅뱅 이론, 팽창하는 우주, 블랙홀, 중력파 등 모든 것이 그 논문에서 비롯되었다"라고 말했다. 그 모든 것이 발표문뿐만 아니라 출판된 논문 33쪽에 실린 단 하나의 방정식에서 유래했다고도 덧붙였다. "우리가 알고 있는 모든 것은 그 방정식에서 나왔다."[40] 우리는 중력장 방정식을 사용하여 (우리가 '고향'이라고 부르는 장소를 비롯한) 시공간의 성질 그리고 그 시공간이 일으키는 물리 현상의 성질을 결정할 수 있게 되었다.

수긍이 가는 평가다. 하지만 아인슈타인의 방정식은 사실 도착점이 아니라 출발점에 지나지 않는다. 거기에서 출발하여 "우리가 알고 있는 모든 것"에 도달하는 여정은 절대 쉽지 않은 길이었다.

4장

가장
특이한 해답

| 방정식의 첫 번째 해,
블랙홀과 특이점

아인슈타인이 일반상대성이론 장 방정식을 도출한 것은 오늘날까지도 기념비적인 업적으로 평가된다. 하지만 그 승리의 순간에도 그는 자신이 힘들게 고안한 연립* 비선형 편미분방정식의 '정확한 해Exact solution'를 찾을 수 있을지 확신하지 못했다. 그리고 다른 연구자들이 제시한 일부 해에 대해서도 회의적이었다. 수성의 궤도 변화를 계산하고 멀리 떨어진 별에서 오는 빛이 태양 근처에서 얼마나 휘어질지 예측했을 때도 방정식의 정확한 해가 아니라 근사해Approximate solution를 구한 것이었다. 물리학자 브랜든 카터Brandon Carter에 따르면, "아인슈타인의 연구는 혁명적인 의미를 지니고 있었지만 그의 성향은 다소 보수적이었다."[1]

---

* 연립방정식이란 둘 이상의 미지수를 포함하는 방정식의 집합을 말한다. 중력장 방정식은 미지수가 둘 이상이고 총 10개의 방정식으로 이루어져 있으므로 연립방정식이다.

4장 가장 특이한 해답 145

아인슈타인과 동시대 학자들 모두 수학적으로 정확한 해를 구하는 작업이 그야말로 어려운 일이라는 것을 처음부터 분명하게 알고 있었다. 특정한 공간 내부에 있는 모든 입자의 위치, 질량, 속도를 안다고 해도 그러한 계가 미래에 어떻게 변화할지는 간단하게 결정할 수가 없다. 왜냐하면 물질 및 에너지와 시공간 곡률 사이의 비선형 관계(순환하는 듯한 관계) 때문이다. 시공간이 어떻게 휘어져 있는지 결정하기 위해서는 물질과 에너지가 어떻게 움직이면서 분포해 있는지 알아야 하지만, 물질과 에너지가 어떻게 움직이면서 분포해 있는지 알기 위해서는 시공간이 어떻게 휘어져 있는지 알아야 한다. 이러한 상황은 비선형계의 특징으로, M. C. 에스허르M.C.Escher의 역설적인 석판화를 떠올리게 한다. 두 손이 서로를 그리고 있는 장면을 묘사한 이미지는 '닭이 먼저인가 달걀이 먼저인가'라는 심오한 문제를 제기한다. 문제는 여기서 끝이 아니다. 일반상대성이론에서는 풀어야 할 방정식이 하나가 아니라 10개이며, 서로 연결되어 있어서 모두를 동시에 풀어야 한다. 방정식을 한 번에 하나씩 풀어나가려는 접근으로는 충분치 않다.

아인슈타인의 불길한 예감이 사실로 드러나 그의 이론에서 정확한 해를 구할 수 없다면, 우주를 설명해줄 것처럼 보였던 방정식 집합의 유용성을 충분히 의심할 만하다. 만약 그랬더라면 일반상대성이론은 분명 100년이 넘는 세월 동안 오늘날과 같이 견고하고 활기 넘치는 분야로 발전하지 못했을 것이다. 하지만 아인슈타인의 의혹은 예상외로 빠르게 불식되었다. 가장 큰 이유는 1915년 11월 25일의 획기적인 논문이 적임자의 손에 들어갔기 때문이다. 그 인물은 바로 천체물리학자 카를 슈바르츠실트Karl Schwarzschild였다.

슈바르츠실트는 다른 사람들이 거의 고려하지 않는 쪽으로 기꺼이 생각의 방향을 잡는 기질과 정통을 따르지 않는 성향을 갖고 있었다. 이제부터 설명할 획기적인 업적을 이룰 수 있었던 이유는 그러한 특성 덕분이었을 것이다. 그는 한 편지에서 다음과 같이 적었다. "저의 관심은 단 한 번도 달 너머 우주에 있는 사물에 국한된 적이 없습니다. 오히려 그 사물에서 인간 영혼의 가장 어두운 영역으로 이어지는 실을 따라가곤 했지요. 그 영역이야말로 과학의 새로운 빛이 드리워야 하는 곳이기 때문입니다."[2] 이것은 적절한 표현이었다. 편지를 쓴 때로부터 1년 전 제1차 세계대전이 한창인 시절에 마흔의 나이로 포츠담 천체물리학관측소 소장직에서 물러나 독일군에 자원입대했기 때문이다. 1915년 12월에 아인슈타인의 최신 논문이 도착했을 때 슈바르츠실트는 러시아 동부전선에 배치되어 포탄 궤적을 계산하는 등 탄도학 문제들을 해결하면서 바쁜 나날을 보내고 있었다. 하지만 일반상대성이론의 발전에 오랫동안 관심을 갖고 있었던 그는 군대 업무를 처리하는 와중에도 어떻게든 시간을 내서 아인슈타인의 논문을 읽었다. 아마도 전투가 잠시 중단된 조용한 틈에 읽어나갔을 것이다.

중력을 완전히 새로운 시각으로 보는 방정식을 마주한 슈바르츠실트는 거의 즉시 영감에 사로잡혔다. 그의 머릿속에 질문이 떠올랐다. 텅 빈 공간에서 질점Point mass*(또는 조밀하게 응축된 물체) 주변의 중력장은 어떻게 생겼을까? 슈바르츠실트는 몇 가지 가정을 세워서 상황을 단순하게 만들면 일반상대성이론 방정식을 풀 수 있다는 사실을 깨달았다. 첫째, 문제의 물체(가령 별이나 행성)는 구대칭Spherical symmetry이어야 한다. 이 가정을 세우면 방정식을 수학적으로 훨씬 더 쉽게 분석할 수 있다. 둘째, 구체(구형의 물체)는 회전하지 않고 가만히 있어야 한다. 셋째, 물체 외부의 시공간에는 물질과 에너지가 없다. 다시 말해 진공이다. 마지막으로, 시공간은 정적Static이다(시간에 따라 변하지 않는다). 이 조건은 구대칭과는 또 다른 대칭, 즉 시간이동 대칭에 해당한다.

슈바르츠실트는 이러한 방식으로 독립변수가 총 4개(t, x, y, z)인 문제(이른바 '편미분방정식'의 집합)를 독립변수가 딱 하나, 반지름 r밖에 없는 문제로 축소했다. 독립변수가 하나뿐이라 훨씬 풀기 쉬운 상미분방정식 집합으로 만든 것이다.** 이처럼 문제가 단순해지는 이유는 시간 t가 더 이상 변수가 아닐뿐더러, 구대칭 덕분에 별의 중심으로부터의 거리 r만 고려하면 되기 때문이다. 따라서 이제 방향(그리고 공간에 위치한 점의 좌표 x, y, z)은 방정식과

---

* 36쪽 각주에서 설명한 질량중심에 모든 질량이 몰려서 점처럼 다룰 수 있는 물체를 질점이라고 한다.

** 편미분방정식과 상미분방정식에 대한 내용은 122쪽의 각주를 참고하라.

관련된 물리학에 아무런 영향도 미치지 않는다. 슈바르츠실트에게 남은 방정식은 여전히 비선형이었지만, 훨씬 더 쉽고 실제로 풀 만한 문제가 되었다. 적어도 그에게는 그랬다.

1915년 12월 22일, 슈바르츠실트는 아인슈타인에게 편지를 보냈다. 그리고 질점 바깥에 있는 중력장(질점 위치에 있는 중력장은 제외)에 대해 설명했다. 불과 4주 전에 발표된 일반상대성이론 장 방정식의 정확한 해를 처음으로 구한 결과였다. 엄밀히 말하면 장 방정식과 관련된 비선형 미분방정식의 수학적 해를 구한 것이었지만, 슈바르츠실트의 결과는 해당 상황에서 적용될 물리학의 앞길을 밝힌 셈이었다.

슈바르츠실트는 편지에서 이렇게 말했다. "선생님의 중력 이론에 숙달하기 위해 수성 근일점 논문에서 제기하신 문제를 더욱 면밀하게 살펴보았습니다." 그러고는 "실패를 각오하고 완전한 해를 구하려고 시도해보았습니다"라고 덧붙였는데,[3] 그가 얻은 것이 바로 그 완전한 해였다. 슈바르츠실트의 풀이에서 태양은 구형의 질점으로 취급되었다. 이렇게 문제를 설정한 그는 태양을 둘러싼 시공간의 기하 구조를 알아내 수성 궤도의 역학을 정확하게 서술할 수 있었다.

슈바르츠실트는 아인슈타인에게 말했다. "수성의 변칙 현상에 대한 설명이 선생님의 추상적인 발상에서 그토록 설득력 있게 나타난다니 그저 놀라울 뿐입니다. 보시다시피 전쟁이 저에게 친절을 베풀고 있군요. 지상에서의 격렬한 총격전에도 불구하고 선생님께서 개척하신 발상의 땅으로 걸어 들어갈 수 있게 되었으니 말입니다."[4]

여기서 다음과 같은 사실을 주목할 필요가 있다. 슈바르츠실트의 해는 수성의 난해한 운동을 세부적으로 설명하는 데 국한되지 않는다. 그 해는 훨씬 더 일반적인 범위를 다룰 수 있다. 슈바르츠실트의 해는 태양 주변에 있는 다른 행성들의 궤도, 더 나아가 중력이 강한 구체 주변에 있는 별과 행성의 궤도에도 똑같이 적용된다. 구체에서 멀리 떨어진 곳에서는 중력이 뉴턴의 법칙대로 작용한다. 하지만 크기와 질량이 큰 물체와 가까운 곳에서는 상황이 달라진다. 그 경우에는 슈바르츠실트의 방정식이 일반상대론적 효과 때문에 발생하는 중력 작용의 차이(즉, 뉴턴 법칙이 예측하는 중력 효과와의 차이)를 설명해준다.

아인슈타인은 1916년 1월 9일에 슈바르츠실트에게 답장을 보냈다. "선생의 논문을 정말 흥미롭게 검토했습니다. 그 문제에 대한 정확한 해가 그토록 간단하게 정식화될 줄은 전혀 몰랐습니다. 무척이나 매력적인 수학적 방법이더군요."[5] 아인슈타인은 1월 13일 프로이센 과학아카데미에 슈바르츠실트의 논문을 대신 투고했을 정도로 열성적이었다. 슈바르츠실트의 논문은 그로부터 3일 후 출판되었다.[6]

같은 해 2월, 슈바르츠실트는 단순한 별 모형의 내부를 수학적으로 서술하는 후속 논문을 출판했다. "[그 모형은] 유한한 반지름을 가진 균질한 구체로서 비압축성 유체로 이루어져 있다. 여기서 '비압축성 유체'를 도입하는 것은 불가피하다. 상대성이론에 따르면 중력은 물질의 양뿐 아니라 에너지에 따라서도 달라지기 때문이다.[7] 다시 말해, 만일 유체가 압축 가능하다면 에너지를 저장할 수 있고 따라서 중력을 변화시킬 수도 있으니 그러지 않도록 가정한다는 뜻이었다.

슈바르츠실트가 별 모형 내부에서 발견한 것은 정말 놀라웠다. 별의 질량 M이 충분히 작은 구형 영역(반지름 r)에 밀집되어 있다면(즉 M/r이 어떤 문턱값Threshold value을 넘는다면), 그 어떤 것도 별의 강력한 중력에서 벗어날 수 없다. 심지어 빛조차도 말이다. M/r이 문턱값을 넘었을 때의 임계 반지름 r을 '슈바르츠실트 반지름Schwarzschild radius'이라고 한다. 그 반지름 안쪽으로 끌려 들어간 물질과 에너지는 결코 밖에서 관측될 수 없다. 왜냐하면 그로부터 방출되거나 반사되는 빛이 반지름 내부에 갇히기 때문이다.

임계 반지름값은 '슈바르츠실트 계량Schwarzschild metric'에서 직접 도출된다. 이 공식은 슈바르츠실트가 구형 질량 주변의 시공간에서 거리를 결정하기 위해 고안한 것이다. 슈바르츠실트 계량에는 분모가 $1 - 2m/r$인 항이 있다. $r = 2m$일 때의 반지름 r을 슈바르츠실트 반지름 r_s라고 한다(여기서 $m = GM/c^2$이고, G는 중력상수, M은 별의 질량, c는 광속이다). r이 $2m$과 같아지면 매우 이상한 일이 벌어진다. 슈바르츠실트 계량에 포함된 어떤 항의 분모가 0이 되어 방정식이 제대로 작동하지 않기 때문이다. (태양 또는 태양과 질량이 똑같은 구형 별의 경우, 반지름이 약 3킬로미터인 영역 내부에 모든 질량이 밀집되어 있으면 이런 이상한 현상이 발생한다. 이 반지름은 태양의 실제 반지름인 70만 킬로미터에 비하면 매우 작은 값이다.) 슈바르츠실트 반지름으로 둘러싸인 구는 오늘날 사건지평선Event horizon이라고 부른다. 한 번 넘어가면 돌아올 수 없는 지점 또는 표면이라고 생각하면 된다. 흔히 쓰이는 '바퀴벌레 모텔Roach motel'*이라는 표현처럼, 들어오기는 쉽지만 나갈 때는 아닌 셈이다. 또는 유명한 라스베이거스의 격언**을 빌리자면, 사건지평선 안쪽에서 일어난 일은 사건지평선 안쪽에 남는다.

슈바르츠실트 계량에는 $2m/r$이라는 항도 있다. 별의 중심점($r=0$)에 가까워질수록 별의 밀도와 압력 그리고 위의 항이 무한대로 발산한다. 이와 같은 점을 '특이점Singularity'이라고 한다. 바로 이 지점에서 일반상대성이론이 무너지고 예측도 믿을 수 없게 된다.

아인슈타인은 그처럼 괴상한 성질을 가진 천체(정체를 알 수 없는 사건지평선에 둘러싸인 채 더욱 불가해한 특이점을 중심에 품고 있는 천체)는 우주에 존재할 리 없는 수학적 인공물이라고 믿었다. 슈바르츠실트가 해를 도출할 때 가정한 완벽한 구대칭, 즉 자연에서 결코 볼 수 없는 조건의 부산물일지 모른다고 의심했던 것이다.

---

* 해충 방제 브랜드 '블랙 플래그'에서 1976년에 처음 출시한 바퀴벌레 덫. 덫이 출시된 지 얼마 되지 않아 '들어오는 것은 쉽지만 빠져나갈 수는 없다'는 의미로 쓰이기 시작했다.

** "라스베이거스에서 일어난 일은 라스베이거스에 남는다"라는 표어를 의미한다. 2003년에 라스베이거스 홍보 캠페인에서 처음으로 쓰였다.

아인슈타인은 "이 결과가 사실이라면 진정한 재앙일 것"이라고 단언했다.⁸ 일반상대성이론을 옹호한 천문학자 아서 에딩턴Arthur Eddington도 회의적이었다. 그는 "별이 그렇게 터무니없이 행동하지 않도록 막아주는 자연법칙이 있을 것"이라고 말했다. 그리고 는 이와 반대되는 주장은 전부 "별의 바보짓"으로 간주해야 한다고 딱 잘라 말했다.⁹

전해지는 바에 따르면, 슈바르츠실트 본인도 그러한 천체의 물리적 실재성에 의구심을 품었다(그 천체에는 50년 후 블랙홀이라는 이름이 붙는다). 천체를 형성할 수 있는 실현 가능한 메커니즘을 떠올릴 수 없었기 때문이다.¹⁰ 안타깝게도 그에게는 이 문제를 더 깊이 탐구할 시간이 없었다. 아인슈타인에게 편지를 보낸 지 몇 달 후인 1916년 5월 11일에 마흔둘의 나이로 사망했기 때문이다.

그럼에도 슈바르츠실트는 블랙홀의 수학적 토대를 마련했다. 블랙홀의 존재를 뒷받침하는 믿을 만한 경험적 증거가 나올 때까지 반세기나 남은 상황이었다. 그때까지 이 가설적인 천체의 본질에 대한 탐구는 철저히 이론적이고 대부분 수학적인 연구에 머물러 있었다.

1923년, 수학자 조지 데이비드 버코프George David Birkhoff는 자신의 이름이 붙은 '버코프의 정리Birkhoff's theorem'를 통해 슈바르츠실트의 결과를 확장했다. 구형으로 분포한 물질 바깥의 중력장은 오직 '진공 장 방정식'($G_{ij} = 0$)에 대한 슈바르츠실트의 해로만 서술된다는 사실을 증명했던 것이다.

버코프의 결과가 슈바르츠실트의 결과보다 더 강력한 이유는 다음과 같다. 슈바르츠실트의 해는 시간에 따라 변하지 않는 정적 시공간에만 적용되는 반면, 버코프의 정리는 시간에 따라 변할 수 있는 '시간 의존 시공간Time-dependent spacetime'에도 적용된다. 수학자 데메트리오스 크리스토둘루Demetrios Christodoulou의 말을 빌려서 다음과 같이 다르게 표현할 수도 있다. "슈바르츠실트의 해는 구대칭 물체가 어떻게 변하든 상관없이 외부의 중력장을 서술한다." 심지어 핵융합을 유지하는 데 필요한 연료가 모두 소진되어 '중력붕괴Gravitational collapse'*를 겪는 구형의 별에 대해서도 마찬가지로 적용된다.[11]

이처럼 수학은 블랙홀이 존재할 가능성을 제기했지만, 블랙홀은 한동안 추상적인 개념으로 남아 있었다. 그러다가 그런 종류의 천체가 현실에서 만들어질 수 있는 메커니즘에 대한 설득력 있는 주장이 나오면서 상황이 달라지기 시작했다. 1939년 9월, 물리학자 J. 로버트 오펜하이머J. Robert Oppenheimer와 그의 학생 하틀랜드 스나이더Hartland Snyder는 《지속적인 중력 수축에 관하여On Continued Gravitational Contraction》라는 논문에서 그 해답을 제공했다. 일

---

* 별들은 중심에서 핵융합을 통해 에너지를 생산하며 형태를 유지한다. 수소 원자핵이 모여 헬륨 원자핵을 만드는 것이 별 중심에서 일어나는 대표적인 핵융합 반응이다. 핵융합에 필요한 원자핵이 모두 소진되면 별은 더 이상 에너지를 만들지 못하고 결국 중력 때문에 중심으로 붕괴하는 '중력붕괴'를 겪게 된다.

반상대성이론의 장 방정식에 대한 해를 연구한 오펜하이머와 스나이더는 질량이 충분히 큰 별이 "핵 에너지원을 모두 사용한 다음" 어떻게 걷잡을 수 없는 파멸적인 중력붕괴를 겪을 수 있는지 보여주었다. 그리고 별이 복사Radiation**를 내뿜으면서 스스로 질량을 줄이지 않는다면 "이 수축은 끊임없이 지속될 것"이라고 적었다. "결과적으로 별은 멀리 떨어진 관찰자와의 모든 정보 전달을 차단하게 된다. 그리고 오로지 중력장만 남는다."[12]

크리스토둘루에 따르면, 오펜하이머와 스나이더가 초점을 맞춘 천체 모형은 "매우 이상화된" 것이었다. 그래도 "상대론적 중력붕괴에 관한 최초의 연구라는 점에서 매우 중요했다." 그들은 이처럼 아인슈타인의 방정식만으로 블랙홀이 어떻게 형성될 수 있는지 보여줌으로써, 슈바르츠실트의 전쟁 도중 숙고에서 탄생한 가설적인 개념을 개연성의 영역 쪽으로 옮겨놓았다.[13]

그로부터 한 달 뒤인 1939년 10월, 아인슈타인은 역시 일반상대성이론에 기초한 분석을 《수학 연보 Annals of Mathematics》에 발표했다. 하지만 얄궂게도 오펜하이머와 전혀 다른 결론에 도달했다. 아인슈타인은 논문에서 다음과 같이 적었다. "이 탐구의 결과는 한 마디로 말해 '슈바르츠실트 특이점'이 물리적 실재로서 존재하지 않는 이유를 명확히 한다."[14]

** 파동이나 입자의 형태로 전달되는 에너지를 통칭하는 용어. 빛으로 전달되는 전자기복사(전자기파), 헬륨 원자핵과 같은 입자로 전달되는 방사선, 중력파로 전달되는 중력복사 등이 있다.

그렇다면 그 시점에서 블랙홀의 천체물리학적 지위는 여전히 논쟁의 여지가 있는 것으로 간주되어야 했을 것이다. 그럼에도 수학자들은 계속해서 앞으로 나아갔다. 존 L. 싱John L. Synge이 그 중 한 명이었다. 수학자 페트로스 플로리데스Petros Florides에 따르면, 1950년에 출판한 논문에서 싱은 "지금은 블랙홀이라고 부르는 슈바르츠실트 반지름의 내부 영역을 역사상 처음으로 완전히 파고들어 탐구했다." 플로리데스는 또 이렇게 덧붙였다. "당시 아인슈타인을 비롯한 수많은 상대론자*들은 그와 같은 영역〔블랙홀〕을 이야기하는 것 자체가 어불성설이라고 생각했다. 그런 시기였다는 점을 고려하면, 싱의 연구는 매우 주목할 만하다."[15]

싱은 기하학적 기법을 사용해서 슈바르츠실트 반지름(사건지평선) 위치에 있다고 간주되는 특이점이 물리적 의미에서 **실제 특이점이 아님을**(그리고 시공간이 갑작스럽게 끝나는 장소도 아님을) 증명했다. 그 특이점은 슈바르츠실트 계량의 좌표계 선택 때문에 인위적으로 생겨난 '**좌표 특이점**Coordinate singularity'에 지나지 않았다.** 싱은 처음으로 기하학적 방법을 통해 어떻게 슈바르츠실트

---

* 일반적으로 초창기에 상대성이론을 옹호하고 연구한 이들을 가리킨다.
** 이 문단에서 설명하는 특이점은 앞서 본문에서 다룬 특이점과 다르다. 일반상대성이론은 수학적으로 두 가지 특이점의 존재를 예측한다. 하나는 중력붕괴를 겪은 천체의 중심($r = 0$)에 있는 '중력 특이점Gravitational singularity'인데, 흔히 블랙홀과 함께 언급되는 특이점이다. 다른 하나는 슈바르츠실트 반지름($r = r_s$)에 위치한 '좌표 특이점'으로, 이 문단에서 논의되고 있는 특이점이 바로 이것이다. 싱은 좌표 특이점이 실제 물리적 특이점이 아니라 좌표계를 변환하면 제거되는 일종의 수학적 인공물이라는 사실을 증명한 것이다.

의 해가 최대한 연장될 수 있는지 보여주었다. 이 의미를 간단히 설명하면 이렇다. 입자가 시공간의 한 점에서 출발하여 따라가는 측지선 또는 경로는 양방향으로 매끄럽게 무한히 연장되는데, 그러다가 실제 특이점(좌표계가 바뀌어도 제거되지 않는 특이점)을 만나면 끝을 맺는다. 싱이 사용한 방법은 그 결과만큼이나 중요했다. 미적분이라는 보다 통상적인 도구와 달리 기하학은 시공간의 작은 부분이 아닌 전체를 바라볼 수 있는 대역적인 관점을 제공해주었기 때문이다.

싱은 일반상대성이론을 연구하기 시작할 때부터 헤르만 민코프스키의 기하학적 접근법을 받아들였다. 플로리데스의 말에 따르면 싱이 일반상대성이론 분야에 끼친 영향은 슈바르츠실트의 해를 연장하는 것 이상으로 광범위했다. "상대성이론에 대한 포괄적인 기하학적 접근법이 1960년대부터 도입되기 시작한 것은 대부분 싱의 영향이었다." 싱 본인도 플로리데스의 평가에 동의한다. 의례적인 겸손이겠지만 싱은 1972년에 다음과 같이 말했다. "제가 상대성이론에 어떤 기여를 했냐고 물으신다면 그 기하학적 측면을 강조했다고 말할 수 있겠습니다."[16]

그로부터 10년 전인 1962년에 '중력과 일반상대성이론Gravitation and General Relativity'이라는 기념비적인 학술대회가 폴란드 바르샤바에서 열렸다. 그 학술대회에서 싱은 질량이 커서 강한 중력장을 만드는 천체가 있을 때 주변 천체들의 움직임을 기하학적 관점으로 서술하는 방법을 제안했다. 청중석에는 노벨상을 수상한 물리학자 폴 디랙Paul Dirac과 곧 노벨상을 받게 될 리처드 파인먼Richard Feynman 같은 저명인사들이 있었고, 그들 사이에 뉴질랜드 출신의 스물여덟 살 수학자 로이 커Roy Kerr가 앉아 있었다. 그곳에는 비탈리 긴즈부르크Vitaly Ginzburg(역시 미래의 노벨 물리학상 수상자)도 있었는데, 중력이 강한 천체는 (그때까지 관측된 모든 별과 행성이 회전하는 것과 같은 방식으로) 반드시 회전할 수밖에 없으므로 학계가 일반상대성이론 장 방정식의 회전 효과에 대한 문제를 다뤄야 한다고 강조했다. 긴즈부르크의 말은 커에게 강렬한 인상을 남겼다. 커는 분명한 목적의식을 갖고 텍사스대학교의 연구 기관으로 향했다. 새롭게 설립된 상대성이론센터Center for Relativity의 방문학자로 1년 동안 연구하게 된 것이다.[17]

이 문제를 풀려고 한 사람은 커만이 아니었다. 물리학자 에즈라 뉴먼Ezra Newman도 회전하는 블랙홀의 사례를 연구하고 있었다. 회전하는 천체(블랙홀, 별, 행성)와 관련된 가장 큰 난관은 천체의 모양이 편구Oblate spheroid라는 사실에서 생겨났다. 모양이 편구라는 것은 가운데가 부풀어 있으므로 구대칭이 아니라는 뜻이다. 그렇게 되면 아인슈타인 방정식을 푸는 과정이 훨씬 복잡해진다. 뉴먼은 계산 과정에서 회전하는 블랙홀에 대한 해는 원래 찾을 수 없는 것이라고 믿게 되었다. 텍사스대학교의 동료 앨런 톰슨Alan Thompson은 커에게 해가 존재하지 않는다는 사실을 이미 뉴먼이 증명했으니 같은 문제에 시간을 낭비하지 말라고 조언했다. 하지만 커는 쉽게 포기하지 않았다. 그는 뉴먼의 논문을 꼼꼼히

읽다가 뉴먼이 실수를 저질렀다는 점을 금방 알아차렸다. 이를 계기로 희망을 품은 커는 이후 몇 주 동안 블랙홀 회전 문제에만 몰두했다. 우주론학자이자 커의 전기 작가인 풀비오 멜리아Fulvio Melia는 그 기간을 "격렬하게 솟구치는 아드레날린, 간헐적으로 찾아드는 무아지경, 하루에 일흔 개비를 태워가며 피워올린 담배 연기가 뒤섞인 칵테일"로 묘사했다.[18]

커는 자신의 과제를 실제로 달성 가능하도록 단순화하기 위해서 다음과 같은 가정을 세웠다. 첫째, 블랙홀이 일정하고 균일한 속력으로 회전하고 있다고 가정했다. 움직이지 않는 슈바르츠실트 블랙홀과 달리 커의 블랙홀은 회전하고 있지만, 그럼에도 시간에 따라 아무것도 변화하지 않도록(즉 회전하는 속력이 변하지 않도록) 한 것이다. 둘째, 블랙홀의 모양은 완벽한 구가 아니라 적도 부분이 더 뚱뚱한 편구라고 보았다. 물론 구대칭은 아니지만 적어도 축대칭Axisymmetry, 즉 회전축을 중심으로 대칭을 이룰 것이라고 생각했다. 셋째, 아인슈타인 방정식에서 물질이 없는 자유공간Free space의 곡률을 나타내는 텐서(리만 곡률텐서를 진공에 적용했을 때 유일하게 남는 부분)는 성질이 단순해서 방정식을 더 쉽게 바꿀 것이라고 가정했다. 수학자들은 시공간 곡률과 관련된 이 마지막 조건을 '대수적 특수성Algebraic specialty'이라고 부른다. 위의 세 조건을 채택하여 커가 작성한 아인슈타인 방정식에는 자유 매개변수Free parameter(조정 가능한 매개변수)가 두 가지 있었다. 슈바르츠실트 계량에 있는 것과 동일한 질량 매개변수 그리고 계의 각운동량 또는 회전이라는 매개변수였다. 이런 방식으로 문제를 설정한 커는 방정식의 정확한 해를 구하여 회전하는 블랙홀 외부의 시공간 곡률을 서술할 수 있었다. 커가 도달한 결과는 슈바르츠실트의 해를 일반화한 것이라고 볼 수 있다. 왜냐하면 회전이 0인(즉 블랙홀이 회전하지 않는) 커의 해는 슈바르츠실트의 해로 환원되기 때문이다.

훗날 커는 오랫동안 풀리지 않았던 이 문제를 성공적으로 해결할 수 있었던 이유가 "독불장군 같은 기질, 인습적인 방식에 얽매이지 않는 성향, 책에서 읽고 선배에게서 들은 내용을 (솔직히 말하면) 다소 짓궂게 회의적으로 바라보는 태도" 덕분이었다고 말했다. "나는 기존의 생각에 얽매이지 않았다. 그 덕분에 내가 들은 말에 의문을 제기하고, 틀렸다는 생각이 들면 무엇이든지 비판하고, 다른 사람들이 기피할 만한 길을 추구하는 데 있어서 자유로웠다. 바로 이러한 지적 유연성 덕분에 회전하는 천체 주변의 시공간을 나타내는 수식을 발견할 수 있었다."[19]

대단한 결과였다. 1963년 7월 《피지컬 리뷰 레터스Physical Review Letters》에 투고한 논문이 학술지의 두 쪽도 채 되지 않았는데도 말이다(출판된 것은 5주 뒤였다).[20] 풀비오 멜리아에 따르면, 이것은 "21세기의 위대한 과학적 지성들을 따돌린 일반상대성이론 방정식에 대한 획기적인 해결책이었다."[21] 커의 해는 매우 중요했다. 왜냐하면 그의 블랙홀 서술 방식(오늘날은 '커 블랙홀Kerr black hole'이라고 한다)은 실제 블랙홀과 그 물리적 성질에 대한 최선의 수학적 표현이기 때문이다. 커가 발견한 성질 중 하나는 회전하는 블랙홀이 '회전하지 않는 슈바르츠실트의 블랙홀'과 마찬가지로 사건지평선이라는 표면으로 둘러싸여 있다는 것이다. 그리고 커 블랙홀의 중심에 있는 특이점은 (블랙홀의 각운동량 때문에) 점이 아닌 고리 형태를 띤다. 이런 천체가 존재할 수 있다니 정말 별나다고 생각할지 모르겠다. 하지만 1970년대에 브랜든 카터와 그 밖의 학자들은 커가 도출한 해의 적용 범위가 매우 넓다는 사실을 증명했다. 존재 가능한 모든 종류의 회전하는 블랙홀에 적용할 수 있었던 것이다.[22]

노벨상을 수상한 물리학자 수브라마니안 찬드라세카르Subrahmanyan Chandrasekhar는 1975년 시카고대학교 강연에서 커의 공헌에 극찬을 아끼지 않았다. "과학자로서의 45년 인생을 돌아보건대, 가장 충격적인 경험은 일반상대성이론 아인슈타인 방정식의 정확한 해에 대한 깨달음이었습니다. 다시 말해 뉴질랜드 출신의 수학자 로이 커가 발견한 해가 우주에 존재하는 막대한 수의 무거운 블랙홀을 굉장히 정확하게 서술한다는 사실을 깨달았던 것입니다. 수학의 아름다움을 추구하는 탐구, 그 탐구가 이끄는 발견은 자연의 정확한 모사로 이어진다는 놀라운 사실을 목격했죠. 저는 확신했습니다. 아름다움이야말로 인간 정신이 가장 깊고 심오한 수준에서 반응하는 것임을 말입니다."[23]

1963년 가을, 텍사스대학교에서 1년 동안 방문교수로 지내게 된 로저 펜로즈는 로이 커와 많은 대화를 나누었다. 펜로즈는 싱이 집필한 일반상대성이론 책을 읽고 연구 분야를 대수기하학*에서 일반상대성이론으로 바꾸었다. 수학자에서 물리학자가 된 것이다.[24] 1년 후 런던의 버크벡칼리지 응용수학 부교수로 부임한 펜로즈는 특이점이 과연 슈바르츠실트와 커 시공간에서 불가피하게 발생하는 고유한 성질인지 의문을 제기했다.[25] 그리고 특이점이 동일한 대칭성(구대칭과 축대칭)이 없는 천체에서도 발생할 수 있는지 궁금해했다.

슈바르츠실트와 커의 해보다 일반화되고 비대칭인 상황은 다루기가 훨씬 어려웠다. 앞서 말했듯이 아인슈타인 장 방정식을 풀 때 몇 가지 어려움이 따르기 때문이었다. 그러나 펜로즈는 여러 특수한 경우에 대해서 방정식을 완전하게 풀려고 하는 대신 (기하학과 위상수학을 사용한) 새로운 수학적 도구를 고안해서 시공간의 성질을 분석했다. 펜로즈의 연구 결과는 1965년 1월에 세 쪽 분량의 논문 《중력붕괴와 시공간 특이점 Gravitational Collapse and Space-Time Singularities》으로 발표되었다. 물리학자 베르너 이스라엘 Werner Israel에 따르면, 이 논문은 "아인슈타인이 이론을 확립한 이후 50년 동안 일반상대성이론에서 가장 영향력 있는 발전으로 여겨질 만하다."[26] 펜로즈의 논문이 중요한 이유는 구체적인 결과뿐만 아니라 그가 개척한 수학적 접근법 때문이기도 하다. 펜로즈의 접근 방식

---

* 8장의 설명을 그대로 가져와 설명하면 이렇다. "대수기하학은 대수방정식(특히 다항방정식)의 해가 되는 기하학적 대상을 연구하는 분야이다. 간단한 예를 들면, $x^2 + y^2 = 1$과 같은 방정식의 해는 원이라는 식이다."

은 일반상대성이론 연구의 신기원을 이루었다고 볼 수 있다.

《중력붕괴와 시공간 특이점》 논문에서 펜로즈는 슈바르츠실트의 특이점이 "실제로 높은 수준의 대칭성을 가정했을 때 나타나는 성질에 불과한지" 의문을 제기했다. 커의 해에 대해서도 똑같은 이야기를 할 수 있었다. "[커의 해 또한] 대칭성이 여전히 높은 수준을 유지하므로(그리고 대수적 특수성이 있으므로) 일반적인 상황을 대표하지 않는다고 논박될 여지가 있다." 펜로즈의 분석은 "대칭성을 가정하지 않은 붕괴"의 문제를 정면으로 다루었고, 그 결과 다음 사실을 증명하기에 이르렀다. "구대칭에서 벗어난다고 해서 시공간 특이점의 발생을 막을 수는 없다."[27]

엄밀히 말해서 펜로즈가 증명한 것은 슈바르츠실트 블랙홀이나 커 블랙홀의 사건지평선이 '갇힌 폐곡면 Closed trapped surface'이라는 사실이다(이에 대해서는 곧 설명하겠다). 더 나아가 그는 갇힌 폐곡면이 형성된다면 특이점으로 붕괴하는 것은 대칭성과 무관하게 불가피한 결과임을 보여주었다.

이 마지막 내용은 특히 중요하다. 왜냐하면 그때까지 많은 일반상대성이론 연구자들은 대칭성의 수준이 높아야만, 어쩌면 부자연스러울 정도로 높아야만 특이점이 그나마 존재할 수 있다고 생각했기 때문이다. 그들은 그러한 비현실적인 조건에서만 특이점이 존재할 수 있다고 간주했다(그중에는 블랙홀의 존재를 의심한 것으로 유명한 아인슈타인도 있었다). 그런데 펜로즈가 나타나서 실상은 다음을, 즉 블랙홀의 출현은 비현실적인 대칭성 가정에 의존하지 않는다는 것을 증명했다. 그리하여 이전까지 회의적이었던 과학자들에게 그러한 천체의 형성이 실제 물리적 현상일 수도 있다는 확신을 심어주는 데 큰 영향을 미쳤다.

그렇다면 '갇힌 폐곡면'이란 정확히 무엇일까? 이것은 펜로즈가 기하학과 위상수학에 뿌리를 둔 논증을 바탕으로 도입한 개념이다. 갇힌 폐곡면이란, 간단히 말해 곡률이 극단적으로 커서 빛이 내부에 갇히게 되는 곡면을 말한다(그림 8). 광선은 밖으로 빠져나갈 수도 없이, 심지어 바깥 방향으로 움직일 새도 없이 그저 안쪽으로 들어갈 뿐이다. 특히 펜로즈는 블랙홀 근처에 있는 광선에 무슨 일이 생기는지 살펴보았다. 블랙홀 바로 바깥에서 블랙홀을 둘러싸고 있는 구면이 빛을 방출한다고 상상해보자. 방출된 빛은 구형의 파면을 이루면서 움직일 것이다. 빛은 블랙홀에서 멀어지거나 안쪽으로 들어가는 두 방향으로 움직일 수 있다. 바깥으로 뻗어나가는 파면의 면적은 계속 늘어날 것이고, 안쪽으로 들어가는 파면의 면적은 계속 줄어들 것이다. 이제 구면이 블랙홀 또는 걷잡을 수 없는 중력 붕괴를 겪고 있는 별 안쪽에 있다고 생각해보자. 구면에서 양쪽으로 방출된 빛은 이번에는 모두 블랙홀 내부로 향하는데, 그러면 어느 쪽이든 파면의 면적은 계속해서 줄어들 수밖에 없다. 광선은 사방으로 넓게 퍼지는 대신 반대쪽(블랙홀 안쪽)으로 휘어져서 중심을 향해 수렴하게 된다.

펜로즈의 동료 스티븐 호킹은 다음과 같이 적었다. "해당 영역에 있는 곡면의 면적이 0으로 줄어들면 부피도 줄어들 수밖에 없

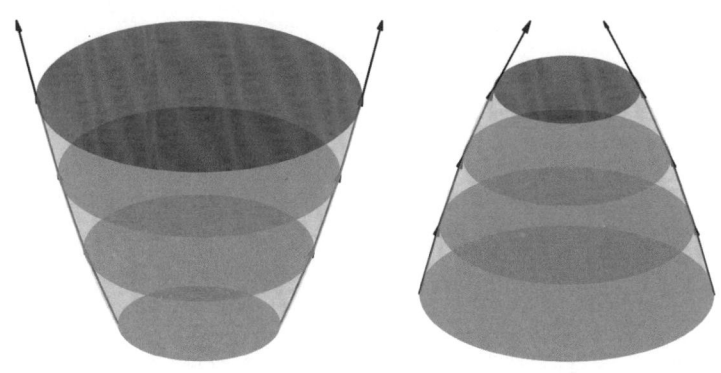

그림 8 갇히지 않은 폐곡면(왼쪽)에서 방출된 빛은 사방으로 뻗어나가는 반면, 갇힌 폐곡면(오른쪽)에서 방출된 빛은 중심을 향해 수렴한다. 갇힌 폐곡면은 (그림 4와 비교했을 때) 뒤집힌 빛원뿔과 어느 정도 비슷하다.

다. 별을 구성하는 모든 물질은 부피가 0인 영역으로 압축되므로 물질의 밀도와 시공간의 곡률은 무한대가 된다."[28] 하지만 여기서 주의할 것이 있다. 특이점에서 곡률이 무한대가 된다는 생각은 현재 널리 받아들여지고 있다. 하지만 그 생각을 증명하거나 그러한 증명을 믿을 만하게 시도한 사람은 아직 아무도 없다. 이 견해가 정말 맞다면, 움직이고 있던 입자 또는 광선은 곡률이 무한대가 되는 지점에서 더 나아가지 못할 것이다. 어쩌면 시공간 자체가 끝난다고 말할 수 있을지도 모른다. 그렇다면 시공간 구조가 갑자기 '찢어지는' 그 지점이 바로 특이점이 형성되는 곳이다.

더 나아가 펜로즈는 갇힌 폐곡면이 그 어떤 작은 교란, 다른 말로는 섭동Perturbance도 견딜 수 있다는 점에서 안정적이라는 사실까지 증명했다. 수학적인 관점에서의 안정성 확립은 성패를 좌우하는 결정적인 기준이다. 특이점을 발생시키는 갇힌 폐곡면과 같

4장 가장 특이한 해답

은 천체는 종이에는 존재할 수 있지만(즉 수학적으로는 존재 가능하지만), 혹시라도 불안정하다면 물리적 의미가 없고 실제 세계에서도 결코 관찰될 수 없다. 여기서도 주의할 점이 있다. 펜로즈는 갇힌 폐곡면의 안정성을 증명했지만, 특이점 자체의 구조에 대해서는 일언반구도 없었다. 다시 말해 특이점의 존재가 섭동을 견뎌낸다는 사실과 블랙홀은 여전히 변함없는 결과라는 사실은 보여주었지만, 특이점 자체의 구조는 변화할지도 모르며 그 과정에서 처음과는 다른 성질을 가질 수도 있다.

갇힌 폐곡면이 블랙홀이 될 수밖에 없는 이유는 양의 곡률과 관련이 있다. 그러한 곡면은 극단적인 '양의 곡률'을 갖게 된다. 갇힌 폐곡면 내부에 있는 상황은 지붕과 벽 그리고 바닥이 사방에서 밀려오는 방에 있는 것과 같다. (폐소공포증이 있는 사람에게는 최악의 장소인 셈이다!) 처음에는 바깥쪽을 향하던 광선은 강렬한 곡률 때문에 방향을 바꿔 안쪽을 향하게 된다.

수학자 리처드 쇼언Richard Schoen은 우리에게 이렇게 설명했다. "곡면의 면적은 한 번 줄어들기 시작하면 계속 줄어들게 됩니다. 초점 효과 때문이죠. 북극에서부터 시작해 대원Great circle* 몇 개를 그린다고 생각해보세요. 구면은 양의 곡률을 갖기 때문에 대원들은 점점 가까워지다가 결국 남극에서 만나게 됩니다. 양의 곡률

---

* 구의 중심을 지나는 평면으로 구를 자를 때 생기는 원을 대원이라 한다. 따라서 대원은 구면에서 그릴 수 있는 가장 큰 원이므로 지구 위에서 북극을 지나는 대원은 모두 남극을 지날 수밖에 없다.

은 이런 초점 효과를 만들어내죠."²⁹ 이처럼 갇힌 폐곡면의 양의 곡률은 극단적인 초점 효과를 발생시킨다.

킵 손은 이렇게 적었다. "펜로즈의 특이점 정리가 지닌 놀라운 힘은 그가 증명에 사용한 새로운 수학적 도구에서 비롯되었다. 일반상대성이론 계산을 하면서 …… 그 어느 물리학자도 사용해본 적 없는 도구였다. 바로 위상수학이다."³⁰ 위상수학은 물체의 정확한 모양이나 기하가 아닌 일반적인 모양을 다루는 수학 분야이다. 펜로즈는 '특이한' 정리를 도입한 것 외에도 완전히 새로운 위상수학적 접근법을 도입하여 일반상대성이론 연구에 변화를 몰고 왔다.

그 무렵 펜로즈는 프린스턴대학교에서 특이점 정리에 대해 강연했다. 그곳에 있던 물리학자 로버트 디키Robert Dicke가 그에게 말했다. "선생이 해냈군요. 일반상대성이론이 틀렸다는 것을 보여줬어요!" 펜로즈는 절대 그렇지 않다고 단언한다. "제가 그때 증명한 것은 일반상대성이론이 틀렸다는 게 아니었습니다. 물론 특이점은 반드시 있어야 하지만요."³¹ 아인슈타인을 비롯한 몇몇 물리학자들이 쉽게 받아들이지 못한 것이 바로 이 지점이었다.

막대한 영향을 미친 펜로즈의 공헌을 간과하지 않으면서도, 1965년의 정리가 그 자체로는 블랙홀의 존재를 증명하지 않았음을 지적할 필요가 있다. 펜로즈가 증명한 것은 갇힌 폐곡면이 한번 형성되면 그 곡면은 빛이 빠져나갈 수 없는 대상(당시에 막 블랙홀로 불리기 시작한, 중심에 특이점이 있는 대상)으로 변화한다는 사실이다.³² 펜로즈의 정리는 일반상대성이론 연구에 독창적이고 급진적인 변혁을 몰고 온 중대한 업적이었다. 하지만 애초에 '갇힌 폐곡면'을 만드는 데 필요한 것이 무엇인지는 정확하게 설명하지 않았다. 거기에서 한 걸음 더 나아간 것은 리처드 쇼언과 야우싱퉁이 1979년에 증명한 정리였다(두 사람의 논문은 1983년에 출간되었다).³³

오랫동안 물리학자들은 특정 영역의 물질 밀도가 충분히 높은 값에 도달하면 블랙홀이 형성된다고 가정해왔다. 하지만 그들의 확신은 명확하게 정량화되거나 정식화되지 않은 다소 모호한 논변에 근거한 것이었다. 쇼언과 야우싱퉁은 갇힌 폐곡면을 발생시키는 정확한 조건을 밝혀내는 작업에 착수했다. 그들의 정리는 특정 영역의 물질 밀도가 중성자별의 2배가 되면 '갇힌 폐곡면'이 형성되고, 그 천체는 다른 상태가 아닌 블랙홀로 곧장 붕괴한다는 점을 보여주었다(중성자별은 전자와 양성자가 중력에 의해 강제로 결합된 별로 밀도가 물보다 대략 100조 배 더 크다).

흔히 '블랙홀 존재 증명Black hole existence proof'으로 불리는 쇼언과 야우싱퉁의 결과는 펜로즈의 특이점 정리만큼이나 수학적으로 엄밀했다. 하지만 펜로즈의 논증이 대체로 위상수학에 기댄 반면(평탄한 유클리드 공간과 구면의 차이와 관련되어 있다), 쇼언과 야우싱퉁은 최소곡면Minimal surface의 평균곡률Mean curvature(또는 외재 곡률)과 관련된 기하학적 논증에 의존했다. 여기서 최소곡면이란 어떤 경계가 주어졌을 때 그 경계를 가장 작은 면적으로 메우는 곡면을 말한다.*

이것은 펜로즈의 특이점 정리를 계기로 등장한 수학적인 블랙홀 탐구의 한 사례일 뿐이다. 지금 우리가 블랙홀이라고 부르는 일반적인 개념은 1916년에 슈바르츠실트의 아인슈타인 방정식 해에서 예상치 못하게 처음 등장했다. 그 후로 촉발된 아이디어의 수와 깊이를 생각하면 다소 충격적이다. 오늘날 활발하게 연구되는 주제 중에는 다음과 같은 질문이 있다. 블랙홀은 어떤 모양(들)을 가질 수 있을까? 블랙홀은 4차원이 넘는 시공간에도 존재할 수 있을까? 만약 존재한다면 어떤 성질을 가질까? 블랙홀은 반드시 사건지평선으로 둘러싸여야 할까? 아니면 사건지평선이 벗겨진 '벌거숭이' 특이점이 존재할 수 있을까? 커 블랙홀은 정말 안정적인 실체일까? 다시 말해 일정 수준의 교란을 견뎌내고 다시 원래 상태로 (거의 똑같이) 돌아갈 수 있을까? 질량과 회전(각운동량) 그리고 전기전하가 동일한 커 블랙홀은 모두 본질적으로 똑같아서 서로 구별할 수 없을까? 블랙홀이 어떻게 만들어졌는지, 말하자면 어떤 재료와 '조리법'으로 만들어졌는지와 상관없이 말이다.

호킹이 1972년에 출판한 논문은 첫 번째 질문을 다루었다. 블

---

* 비눗방울을 떠올리면 이해하는 데 도움이 된다. 원형 철사 고리를 비눗물에 적셨다가 꺼내면 고리 내부에 평평한 비누막이 생긴다. 여기서 원 모양의 철사 고리가 '경계'이고 그 경계를 메우는 비누막이 바로 '최소곡면'이다. 이와 마찬가지로 다양한 모양을 가진 둘 이상의 경계에 대한 최소곡면을 생각해볼 수도 있다.

랙홀의 표면은 반드시 구면이어야 한다는 위상수학 정리를 소개했던 것이다.[34] 이를 증명하기 위해 호킹은 1800년대에 등장한 가우스-보네 공식Gauss-Bonnet formula을 활용했다. 이것은 곡면의 곡률과 위상을 연결하는 식이었다. 조금 더 기술적인 면을 살펴보자. 호킹의 정리에 따르면, 4차원 블랙홀의 표면(일반적으로 사건지평선으로 불리는 곡면)은 3차원이며 그 표면의 단면(표면을 잘랐을 때 나타나는 면)은 반드시 2차원 구면이어야 한다. (2차원 곡면으로 이루어진 구면은 우리가 일상에서 흔히 마주치는 구면과 동일하다.)

기술적인 관점에서 좀 더 엄밀하게 보면, 호킹의 정리가 서술하는 표면은 사건지평선보다는 '겉보기 지평선Apparent horizon'이라고 부르는 게 더 정확하다. 겉보기 지평선은 가장 바깥쪽에서 블랙홀을 둘러싸고 있는 '갇힌 폐곡면'이다. 슈바르츠실트 또는 커 블랙홀에서는 두 표면(사건지평선과 겉보기 지평선)이 동일하지만, 일반적으로는 반드시 일치하지 않아도 된다.

물리학자 게리 호로비츠Gary Horowitz가 2005년에 적었듯이, 공간 차원 3개와 시간 차원 1개로 이루어진 4차원 블랙홀은 "수없이 많은 놀라운 성질"을 갖고 있다. "이런 성질들이 블랙홀의 일반적인 특징인지 아니면 4차원 세계에 결정적으로 의존하는 특징인지 묻는 것은 자연스러운 일이다." 이어서 그는 "사실 상당수는 4차원의 특수한 성질이며 일반적으로는 유지되지 않는다"고도 덧붙였다.[35] 호로비츠는 물리학자 로베르토 엠파란Roberto Emparan과 하비 리얼Harvey Reall이 2002년에 출판한 논문을 인용했는데, 5차원 블랙홀의 첫 번째 예시를 제시하는 아인슈타인 방정식 해를 발견한 논문이었다. 엠파란과 리얼은 그 회전하는 원환체(도넛 모양)에 '블랙링Black ring'이라는 이름을 붙였다. 그리고 5차원 블랙홀은 호킹 정리의 제약을 받지 않으며 따라서 사건지평선의 위상도 구형이 아닐 수 있다고 설명했다.[36]

쇼언과 그의 수학자 동료 그레고리 갤러웨이Greg Galloway가 2006년에 출판한 논문은 호킹의 1972년 정리를 일반화해서 블랙홀은 고차원에서 반드시 구형일 필요가 없다는 점을 다시 한 번 보여주었다. 블랙홀은 실제로 다른 위상을 가질 수 있지만, 그러려면 반드시 특수한 종류의 양의 곡률을 가져서 넓게 퍼지지 않고 말려 있어야 한다(이것은 '양수 질량 추측Positive mass conjecture'에 대한 쇼언-야우 증명의 논변에 따른 결과이다. 양수 질량 추측은 7장에서 살펴볼 것이다). 여기서 '특수한' 곡률이란 양의 값을 가진 스칼라 곡률을 말한다. 스칼라 곡률 자체는 기존에 가우스가 정의한 2차원 내재 곡률을 모든 차원의 공간 또는 다양체로 일반화한 것이다.

갤러웨이와 쇼언은 5차원 블랙홀의 사건지평선으로 가능한 모양은 다음처럼 딱 세 가지뿐이라는 사실을 증명했다. 3차원 구, 링Ring(엠파란과 리얼이 처음 논의한 모양으로, 원과 2차원 구를 수학적으로 결합한 것), '렌즈 공간Lens space'으로 분류되는 대상들(3차원 구를 복잡하게 접어서 만든 것).[37] 그 이후로 수학자들은 심지어 더 높은 차원의 블랙홀까지 탐구하기 시작했고, 연구는 오늘날까지 이어지고 있다.

그동안 물리학자들은 자연에서 이색적인 고차원 블랙홀이 발견될 가능성을 탐구했다. 또 그러한 블랙홀의 작은 형태가 기껏해야 1초도 안 되는 짧은 수명 동안 어떤 잠재적 흔적을 남길지도 알아냈다. 대형강입자충돌기LHC나 그 밖의 입자가속기에서 아주 잠깐이라도 만들어지기만 한다면 말이다. 만일 고에너지 물리학 실험에서 그와 같은 양자블랙홀Quantum black hole이 검출된다면, 호킹이 1971년에 제안한 아이디어를 뒷받침하게 될 것이다.* 그 블랙홀의 모양이 구형이 아닌 특이한 위상이라면 더 높은 차원이 존재한다는 감질나는 징후를 발견하는 셈이다. 왜냐하면 4차원 블랙홀은 호킹의 정리에 따라 반드시 구형이어야 하기 때문이다.

펜로즈는 1969년에 또 다른 탐구의 길을 열어젖힘으로써 오랫동안 연구자들의 관심을 사로잡았다. 이른바 '약한 우주검열 가설Weak cosmic censorship hypothesis'을 주창했던 것이다.[38] 물질이 중력붕괴를 거치면서 형성된 모든 특이점은 블랙홀 안쪽에 숨겨져 있으며, 블랙홀을 둘러싼 사건지평선 때문에 외부에서 내부를 들여다볼 수 없다는 내용이다. 호킹은 이 아이디어를 더 다채로운 표현으로 서술했다. "신은 벌거숭이 특이점을 혐오한다"고 말하면서 "특이점에서는 과학 법칙과 미래 예측 능력이 무너진다"고 지적

---

* 스티븐 호킹은 1971년에 《질량이 매우 작은 천체의 중력붕괴 Gravitationally collapsed objects of very low mass》라는 논문에서 질량이 별보다 작은 블랙홀이 존재할 수도 있다고 주장했다.

했던 것이다.[39]

10년 후, 펜로즈는 '강한 우주검열 가설Strong cosmic censorship hypothesis'을 발표했다. 일반상대성이론은 결정론적 이론이라는 주장인데, 다시 말해 초기조건에서 출발하여 미래를 확실하게 예측할 수 있다는 뜻이다. 명칭과는 달리, '강한' 우주검열 가설은 '약한' 가설보다 실제로 강하지는 않다. 그렇지만 명제의 범위는 훨씬 넓다. 한 가설은 유지하면서 동시에 다른 가설은 위반하는 사례들이 있다는 점에서 두 가설은 서로 구분된다.

강한 가설에 대해 말하자면, 펜로즈는 일반상대성이론이 블랙홀 내부에서 무너질 수도 있다는 문제를 피하고자 코시지평선Cauchy horizon이라는 사건지평선 내부의 가설적 경계를 설정하고 시공간이 코시지평선에서 끝난다고 가정했다. 이렇게 되면 일반상대성이론은 시공간 끝자락까지만 우리를 성공적으로 안내할 뿐 그 너머로는 데려가지 못한다. 만일 펜로즈의 추측대로 일반상대성이론이 원래부터 그 지점을 넘어서기 위한 이론이 아니라면, 일반상대성이론의 예측은 이론이 서술해야 하는 영역에 한정해서만 신뢰해야 한다.

펜로즈의 두 가지 검열 가설은 일반상대성이론의 신뢰성을 보존하고 그럼으로써 과학적 결정론을 보호하기 위해 고안되었다. 특이점을 일종의 자물쇠 상자에 가두어서 어떤 물체가 미래로 나아갈 때 시공간 계산이 확실하게 수행되도록 말이다. 이런 방식으로 펜로즈는 가둬지지 않은 특이점의 혼란스러운 영향으로부터 물리학, 특히 일반상대성이론의 예측 능력을 보호할 수 있었다. 수학자 미할리스 다페르모스Mihalis Dafermos에 따르면 "한마디로 말해서 펜로즈는 그런 나쁜 행동[특이점이 드러남]을 없앨 작정으로 가설을 떠올렸다."[40]

펜로즈의 검열 가설은 적어도 수학적인 관점에서는 정확하게 서술되지 않았다. 그러므로 그의 명제에 대한 비판적인 검토가 이루어졌다. 이후의 연구자들은 특정한 형태의 우주검열 가설이 타당하지 않다는 점을 보여주었다. 예를 들어 크리스토둘루는 1980년대에 벌거숭이 특이점이 존재할 수 있는 상황을 발견했다. 이것은 약한 우주검열 가설의 특수한 경우에 대한 반례였다. 하지만 일반적인 경우는 여전히 해결되지 않았으며, 일반상대성이론에서 가장 어려운 미해결 문제로 남아 있다.

2017년, 다페르모스와 그의 동료 수학자 조너선 루크Jonathan Luk는 커 블랙홀의 한 사례(회전하지만 전기전하가 없는 블랙홀)를 활용해서 강한 우주검열 가설의 한 형태를 반증했다. 그들은 펜로즈의 결정적인 주장, 즉 블랙홀 내부의 코시지평선은 특이점 자체이며 시공간이 끝나는 곳이라는 주장을 겨냥했다. 다페르모스와 루크는 코시지평선이 사실 '약한' 특이점이라는 점을 증명했다. 다시 말해, 시공간이 끝나는 영역이 아니라 실제로 입자가 지나갈 수 있는 장소임을 밝혀냈다. 두 사람은 펜로즈의 핵심 주장을 반박함으로써 그들이 탐구한 조건들(강한 우주검열 가설이 매우 강하게 진술된 조건들)에서는 가설이 유지되지 않는다는 사실을 보여준 것이다.⁴¹ 하지만 강한 가설의 좀 더 약한 형태들은 배제되지 않았기 때문에 여전히 탐구할 필요가 있다.

한편 더 오래된 수수께끼도 있었다. 이 수수께끼의 기원은 회전하는 블랙홀(커 블랙홀)에 대한 아인슈타인 방정식 해를 밝혀낸 커의 1963년 증명까지 거슬러 올라간다. 이러한 천체가 과연 안정적인가 하는 것이 문제였다. 여기서 안정성이란 무슨 뜻일까? 소르본대학교의 수학자 제레미 셰프텔Jérémie Szeftel은 우리에게 이렇게 설명한다. "커 블랙홀처럼 보이는 천체가 있다고 해볼까요? 이제 그것에 [중력파를 보내는 식으로] 약간의 충격을 가하는 겁니다. 시간이 충분히 지나면 모든 것이 잠잠해질 것이라고 예상할 수 있죠. 그리고 다시 커의 해와 정확하게 똑같아지는 겁니다."⁴² 수학자 세르지우 클라이네르만Sergiu Klainerman은 다음처럼 덧붙였다. 안정성의 문제는 "심오한 수학적 문제일 뿐만 아니라 심각한 천체물리학적 함의가 담긴 문제입니다. 커 계열이 불안정하다면 블랙홀은 그저 수학적 인공물에 지나지 않게 되거든요. 저는 그걸 수학적 유령이라고 부르죠."⁴³ 물리학자 티보 다무르Thibault Damour는 이렇게 첨언했다. "블랙홀에 섭동을 일으켰을 때 수학적 불안정성"이 발견되었다면 "이론물리학자들은 심오한 난제를 맞닥뜨렸을 겁니다. 근본적인 수준에서 아인슈타인의 중력 이론을 수정할 필요성이 대두되었을 거예요."⁴⁴

안정성 문제는 왜 그토록 오랫동안 해결되지 않았을까? 그 이유 중 하나는 아인슈타인 방정식의 명확한 해들(가령 커의 해)이 일정한 속력으로 회전하되 그것을 제외하면 시간에 따라 변하지 않는 정상상태Stationary 블랙홀의 해였기 때문이다. 하지만 자연에서 관찰되는 블랙홀은 주변의 물질을 끌어당겨 강착원반Accretion disk을 만들고, 온갖 종류의 방사선을 뿜어내고, 고열의 강력한 플라스마 제트Jet를 방출하는 역동적인 천체이다.* 그럼 안정성을 평가하려면 어떻게 해야 할까? 우선 블랙홀에 작은 교란을 가한 다음, 시간이 지남에 따라 블랙홀 해에 어떤 일이 일어나는지 보면 된다.

안정적인 계에서는 작은 변화가 작은 결과를 초래한다. 예를 들어 겉보기에 똑같은 모형 로켓이 둘 있다고 해보자. 먼저 하나를 특정한 위치에서 각도를 정밀하게 조정하여 발사한다. 그런 다음 그 자리에서 발사대를 1미터만큼 옮기고 발사 각도를 10분의 1도만 조절해서 두 번째 로켓이 갖게 될 최종 속도를 변화시킨다. 이때 두 로켓이 매우 비슷한 궤적을 따라간다면 로켓 계는 작은 섭동에 대해 안정적이라고 결론지을 수 있다. 물론 일반상대성이론에서는 상황이 달라진다. 일반상대성이론에서는 발사 지점의 변화가 1차원이 아닌 4차원에서 일어난다. 그리고 속도만 수정하지 않고 에너지-운동량 텐서를 조정해야 한다.

---

* 블랙홀의 중력에 끌려온 먼지와 기체는 주위를 회전하면서 원반 모양의 구조를 형성하는데, 이를 강착원반이라고 부른다. 제트는 블랙홀이 회전축 방향으로 마치 물줄기처럼 물질을 분사하는 현상을 말한다. 블랙홀이 주변의 자기장 및 강착원반과 상호작용을 하면서 제트를 만드는 것으로 추정된다.

또 다른 예시도 있다. 음파가 와인잔에 부딪혀서 튕겨나오는 상황을 상상해보자. 일반적으로 음파는 와인잔을 약간만 진동시키고 와인잔도 곧바로 안정된다. 반면 누군가가 충분히 큰 소리로 와인잔의 공명진동수Resonant frequency와 정확히 똑같은 진동수의 음높이로 노래를 부른다면 와인잔은 깨지고 만다. 이제 와인잔은 결코 초기 상태(보통의 온전한 와인잔)로 돌아가지 못한다. 이 시나리오는 작은 교란이 매우 다른 결과로 이어지는 불안정성의 사례를 보여준다.

클라이네르만과 셰프텔은 엘레나 조르지Elena Giorgi와 함께 2022년에 출판한 논문에서 블랙홀에 파동 같은 교란을 가했을 때 와인잔의 공명과 비슷한 현상이 일어나는지 확인했다. 이 수학자 삼총사는 천천히 회전하는 커 블랙홀이 안정적이라는 사실을 증명함으로써, 클라이네르만과 셰프텔이 이전에 여러 논문으로 수행한 연구를 완성했다.[45]

세 명의 수학자는 '모순 증명법Proof by contradiction (귀류법)'이라는 전략에 의거해서 대략 다음과 같은 논증을 따랐다. 그들이 증명하고자 했던 추측은 약간의 섭동이 가해지더라도 커의 해가 항상 존재한다는 것이었다. 조르지가 우리에게 말해준 바에 따르면 셋은 다음과 같이 가정했다. "해가 항상 존재하지는 않는다고 가정해본 겁니다. $T_{최대}$라는 최대 시간이 있고, 그 이후로는 섭동이 너무 강해져서 해가 존재하지 않는다고 말이죠. 그런 다음 어떤 수학적 트릭[편미분방정식에 해석학 기법을 적용]을 사용해서 해가 존재할 때까지의 시간을 $T_{최대}$ 이후까지 늘릴 수 있음을 보였던 거예요."[46] 이 결과는 처음의 가정과 모순되므로 추측은 반드시 참이어야 한다.

이 연구를 바탕으로 증명된 안정성은 천천히 회전하는 블랙홀, 즉 각운동량 a와 질량 m의 비율이 1보다 훨씬 작은 블랙홀에 한정된 것이다. 세 수학자는 그 비율이 정확히 얼마나 작아야 하는지는 알 수 없었다. 한편 a/m이 1인 블랙홀은 '임계 블랙홀Extremal black hole'로 분류된다. 다시 말해 블랙홀이 이론적으로 허용되는 최대 속력으로 회전한다는 뜻이다. 세 수학자의 2022년 논문은 각운동량이 스펙트럼 반대쪽에 있는(즉 매우 느리게 회전하는) 블랙홀에 관한 것이다. 물리적으로 가능한 모든 각운동량값에 적용되는 커 안정성 추측의 '완전한 해결법'은 아직 밝혀지지 않았다.

커 블랙홀과 관련하여 아직 해결되지 않은 문제들이 또 남아 있다. 하나는 '유일성 추측Uniqueness conjectrue'(또는 '강성 추측Rigidity conjecture')이라고 불리는 것인데, 일정한 속력으로 회전하는 정상상태 블랙홀을 산출하는 아인슈타인 방정식의 해는 오직 커의 해뿐이라는 주장이다. 더 나아가 보다 광범위하고 훨씬 난해한 '최종상태 추측Final state conjecture'도 있다. 간단히 말해서 이 명제는 충분히 오래 기다리면 모든 물질이 커 블랙홀들 안에 포함될 것이라고 말한다. 궁극적으로 우주에는 서로 멀어지는 유한한 수의 커 블랙홀 무리만 남아 중력복사Gravitational radiation* 외에는 전부 사라진다.

최종상태 추측의 진위는 커 블랙홀의 안정성과 유일성은 물론이고 약한 우주검열 추측과 그 밖의 조건들에 따라서도 달라진다. 아직 아무도 이 문제를 해결하거나 종합적으로 접근할 방법을 찾지 못했다. 그러므로 지금부터는 '털없음 정리No-hair theorem'라고도 불리는 유일성 추측에 초점을 맞추도록 하자(엄밀히 말해서 털없음 '정리'는 '추측'으로 불려야 한다. 기껏해야 일부만 증명되었기 때문이다).

'털없음'이라는 말이 알쏭달쏭하게 느껴질지 모르겠다. (그 무엇과도 상호작용하지 않는) 고립된 커 블랙홀의 특징은 오직 두 수로만, 즉 질량과 회전으로만 완벽하게 결정된다는 뜻이다. 먼 곳에서 바라보는 관찰자가 질량과 회전이 같은 두 블랙홀을 구별하도록 해주는 특징은 그 두 가지 말고는 없다(말하자면 '털'은 없다). 털없음 정리에 따르면, 심지어 매우 다른 종류의 물질(기본입자, 우주먼지, 별 등)이 서로 다르게 조합되어 전혀 다른 역사를 거치면서 블랙홀이 만들어지더라도 두 특징 말고는 블랙홀을 구별할 방도가 없다. 그렇다면 물질이 블랙홀로 빨려들어갈 때 정보가 손실될 수 있는가, 즉 파괴될 수 있는가 하는 의문이 제기된다. 하지만 양자 이론에 따르면 정보는 보존되어야 한다. 따라서 이러한 논의를 '블랙홀 정보 역설Black-hole information paradox'이라고 부른다.

---

* 중력파의 형태로 전달되는 에너지를 중력복사라고 한다. 전자기파의 형태로 전달되는 에너지를 전자기복사라고 부르는 것과 같다.

반대로 질량과 회전이 똑같은 두 블랙홀을 구별할 수 있다고 하자. 그렇다면 두 표면(사건지평선)은 특징이 완전히 없는 것이 아니라 반드시 어떤 정보 또는 '털'이 남아 있어서 외부 관찰자가 두 표면을 구별할 수 있어야 한다. 만일 이런 식으로 정보가 저장된다면 정보 '역설'은 사라지게 된다.

논의를 너무 복잡하게 만들기는 싫지만, 털없음 정리는 대체로 커 블랙홀만이 아니라 '커-뉴먼 블랙홀Kerr-Newman black hole'에도 적용된다. 커-뉴먼 블랙홀은 (특정한 질량과 회전을 가진) 커 블랙홀이 전기전하까지 갖는 경우를 의미한다. 커-뉴먼의 해는 전기전하를 갖고 회전하는 질량 주위의 시공간 기하를 서술한다. 그렇다면 블랙홀의 특징은 **세 가지** 관측 가능한 성질(질량, 회전, 전기전하)로 완전하게 그리고 유일하게 결정된다고 말할 수 있다.

털없음 정리의 첫 번째 증명은 1970년대 초에 브랜든 카터, 데이비드 C. 로빈슨David C. Robinson, 스티븐 호킹이 제시했다. 그들의 논증은 두 부분으로 나뉜다. 우선 카터와 로빈슨은 계속해서 회전하는 축대칭 블랙홀에 대한 해는 커의 해가 유일하다는 사실을 증명했다. 그리고 호킹이 그들과 독자적으로 증명한 바에 따르면, 블랙홀의 사건지평선이 어떤 특수한 방식으로 매끄러울 때 (사건지평선의 특징이 이른바 실해석적인Real analytic 성질로 결정될 때) 그 블랙홀은 반드시 축대칭이어야 한다.

하지만 두 증명에는 간과할 수 없는 한계가 있다. 해당 분야의 많은 연구자들은 사건지평선의 매끄러움에 대한 호킹의 가정이 매우 강하다고, 어쩌면 지나치게 강하다고 생각한다. 간단히 말해서, 실해석 조건은 어떠한 대상의 국소적인 기하(곡면이나 다양체의 작은 영역에만 해당되는 기하)가 대역적인(전체적인) 기하를 지배한다고 말한다. 이러한 주장은 정당화하기가 힘들다. 더 나아가 위의 두 증명 모두 블랙홀이 강착원반을 가질 수 없는 진공 환경을 가정했다. 하지만 모든 징후에 따르면 블랙홀 주변에는 물질이 있는 경우가 많다(블랙홀이 중력으로 끌어당기는 엄청난 힘 때문이다). 그렇다는 것은 진공 상태를 가정한 털없음 정리가 아무리 완벽한들 물질로 둘러싸인 실제 천체물리학적 블랙홀에 대해서도 똑같이 적용되리라는 법은 없다는 말이다.

수학자 로버트 바트닉Robert Bartnik과 그의 학생 존 매키넌John McKinnon은 1988년에 털없음 정리의 반례를 발견했다.[47] 그들은 처음으로 아인슈타인의 중력 방정식을 비선형 '양-밀스 장 방정식Yang-Mills field equation'과 결합했다. 양-밀스 장 방정식이란, 강한 핵력과 약한 핵력 그리고 두 힘과 관련된 입자들의 행동을 지배하는 방정식이다. 결과적으로, 두 가지가 결합된 방정식에서 털없음 정리를 따르지 않는 다른 종류의 블랙홀, 이른바 '바트닉 블랙홀Bartnik black hole'이 나타났다. 이것은 바트닉과 매키넌이 아인슈타인 방정식 우변에 어떤 물질을 추가하여 응력-에너지 텐서(에너지-운동량 텐서) T_{ij}에 통합한 결과였다(기억할지 모르겠지만, 진공에서 T_{ij}는 0이다). 그들이 추가한 물질은 '양-밀스 장Yang-Mills field' 과 그 장에 대응하는 입자 형태의 물질이었다. 수학자 펠릭스 핀슈터Felix Finster는 우리에게 다음과 같이 설명했다. 양-밀스 장이 있는 곳에서 "블랙홀의 특징은 오직 질량과 회전으로만 결정되지 않습니다. 블랙홀은 추가로 뭔가를 지니고 있어요. 입자나 장 말이죠." 다시 말해 '털'이 있다는 것이다.[48]

바트닉과 매키넌의 결과는 슈바르츠실트 블랙홀과 다소 유사한 정적인(회전하지 않는) 구대칭 블랙홀에 관한 것이다. 앞서 언급했듯이, 털없음 정리는 커 블랙홀 또는 커-뉴먼 블랙홀에 관한 것이다. 하지만 이 정리가 참이라면 반드시 슈바르츠실트 블랙홀에도 적용 가능해야 한다. 슈바르츠실트의 해는 커의 해의 특수한 경우에 불과하기 때문이다. 슈바르츠실트 블랙홀은 커의 해가 서술하는 블랙홀 중에서 구대칭이고 회전과 전기전하가 0인 블랙홀일 뿐이다. 그러나 슈바르츠실트 블랙홀과 달리, 바트닉과 매키넌이 계산해서 얻은 블랙홀은 '양-밀스 털Yang-Mills hair'을 가지고 있다. 다시 말해 두 바트닉 블랙홀은 질량이 똑같아도 달라 보인다는 뜻이다. 예를 들어 각각의 사건지평선 주위를 맴돌거나 지평선에 달라붙어 있는 입자 무리가 서로 약간 달라서 지평선을 왜곡하는 방식도 이론적으로 다를 수 있다.

적어도 일부 수학자들이 보기에 바트닉과 매키넌이 도출한 결과의 한 가지 결점은 그 반례가 실제 수학적 증명이 아닌 수치적 논증(컴퓨터에 기반한 논증)에서 나왔다는 점이다. 1990년대에 들어서 펠릭스 핀슈터, 조엘 스몰러Joel Smoller, 야우싱퉁 그리고 그 밖의 공동 연구자들은 바트닉과 매키넌의 1988년 연구를 수학적으로 더욱 엄밀하게 다듬기 시작했다. 털을 가진 정적인 구대칭 블랙홀의 종류를 무한히 많이 찾아내면서 그러한 존재를 증명했던 것이다. 그 모든 블랙홀은 바트닉과 매키넌이 제시한 단 하나의 사례가 변형된 것들이다.

바트닉-매키넌의 결과가 확장된 것의 의미를 생각해볼 수 있는 한 가지 방법은 3장에서 논의했던 작용 원리를 고려하는 것이다. 아인슈타인 방정식은 하나의 작용으로부터 유도될 수 있다(그 작용을 A_1이라고 하자). 힐베르트는 1915년에 A_1이 스칼라 곡률텐서의 적분이라는 점을 보여주었다. 한편 양-밀스 (질량 및 에너지) 장이 도출되는 양-밀스 방정식은 다른 작용 A_2에서 유도될 수 있는데, 이 작용은 곡률과 관련된 또 다른 적분이다. 아인슈타인 방정식과 양-밀스 방정식을 결합하면 두 작용도 $A_1 + cA_2$와 같이 더해진다. 여기서 c는 상수인데, 빛의 속력이 아니라 결합상수Coupling constant라는 것으로서 불연속적인 값만 가질 수 있다. c의 값을 바꾸면서 무한한 수의 해를 얻을 수 있고, 그 해들은 제각기 다른 블랙홀을 서술한다. c의 값이 클수록 양-밀스 장의 세기도 더 강해진다. 여기서 중요한 점은, 이 블랙홀들이 양-밀스 물질에 의해 교란되면 털을 갖게 된다는 것이다. 이것은 호킹과 그의 동료들이 진공 환경에서 증명한 정리와 반대의 결과이다.

하지만 여기에는 큰 함정이 있었다. 수학자들은 바트닉-매키넌의 해에서 도출된 블랙홀이 불안정하기 때문에 물리 현상을 설명할 수 없다고 믿었다. 이는 호킹이 가정했던 극도로 매끄러운 사건지평선을 비롯한 몇 가지 조건에서 성립되는 사실이었다. 그러나 50여 년 뒤인 2022년, 야우싱퉁과 천웨원Yuewen Chen 그리고 두제Jie Du는 매끄러움 조건을 완화하면 다른 종류의 해를 얻게 된다는 점을 보여주었다. 바트닉과 매키넌 그리고 스몰러가 도출한 블랙홀과 달리 털이 있으면서도 안정적인 블랙홀이 나타난 것이다. 이 결과는 물질이 존재하는 경우, 즉 적어도 양-밀스 부류의 물질이 존재하는 경우 털없음 정리가 성립하지 않는다는 사실을 시사한다.[49]

야우싱퉁과 천웨원 그리고 두제의 연구는 우주의 '최종상태'가 이전과 다를 가능성을 제기하기도 했다. 다시 말해 우주에는 원래 이론대로 더 익숙한 커 부류의 블랙홀이 아닌 새롭게 제안된 블랙홀(이른바 아인슈타인-양-밀스 방정식의 해)만 남게 되리라는 것이었다.

이처럼 블랙홀 동물원에 새로운 동물이 추가되면서 블랙홀은 더 이상 커 블랙홀과 슈바르츠실트 블랙홀(커 부류의 특수한 경우)만 존재하지는 않게 되었다. 안정적인 블랙홀이 털을 가질 수 있다면 무한히 많은 선택 가능성이 생겨난다. 블랙홀들은 각기 조금씩 다른 '헤어스타일'을 가질 것이다.

천웨원과 두제 그리고 야우싱퉁이 제안한 바에 따르면, 이러한 종류의 안정적인 블랙홀은 어쩌면 초기 우주에서 형성되어 오늘날 일종의 암흑물질Dark matter*로 남아 있을지 모른다. 그들의 생각은 호킹이 1970년대 초반에 추측한 '원시 블랙홀Primordial black

^{hole}' 개념과도 일치한다.**

하지만 무한하게 다양한 털없음 정리의 반례들은 아직 결정적인 반증은 아니다. 왜냐하면 천웨원과 두제 그리고 야우싱퉁이 제시한 것은 실제 증명이 아니라 컴퓨터로 계산한 수치해였기 때문이다. 현재 천웨원과 야우싱퉁 그리고 다른 두 수학자는 단 하나도 정확하게 똑같이 생기지 않은 안정적인 블랙홀 모임의 존재를 증명하는 수학 논증을 고안하고 있다. 그렇지만 이 작업은 여전히 진행 중이기 때문에 털없음 정리의 지위는 아직 미결정 상태라고 보아야 한다. 이 불확실성은 회전하는 블랙홀과 관련된 다양한 곤경과 더불어서 로이 커의 놀라운 창조물이 아직까지 많은 수수께끼를 품고 있음을 보여주는 한 사례이다.

• • •

1963년에 커의 논문이 출판된 이후 적어도 한 가지 오랜 의문은 해소된 것으로 보인다. 바로 블랙홀의 존재 여부다. 커의 연구 결

---

* 빛과 상호작용을 하지 않아 관측되지 않는 가설적인 물질. 은하의 회전 운동과 우주의 물질 분포를 설명하기 위해 도입되었다. 현재 우리 우주에 존재하는 질량 및 에너지는 (원자와 같은) 보통 물질 5퍼센트, 암흑물질 27퍼센트, 암흑에너지 68퍼센트로 이루어진 것으로 짐작된다.

** 블랙홀은 흔히 별의 중력붕괴를 통해 형성된다고 알려져 있다. 그런데 스티븐 호킹과 그의 동료 연구자들은 우주에 별이 나타나기 전에도 블랙홀이 존재했을지 모른다는 가설을 제시했다. 그들이 새롭게 제안한 블랙홀이 바로 '원시 블랙홀'이다.

과가 불러일으킨 그 모든 수학적 관심에도 불구하고 블랙홀의 물리적 존재에는 의혹의 눈길이 쏟아졌다. 1963년부터 블랙홀의 존재를 뒷받침하는 천문학적 증거와 논증이 조금씩 나타나기 시작했지만, 그렇다고 해서 곧바로 블랙홀의 존재가 인정된 것은 아니다. 예를 들어보자. 1963년 천문학자 마르턴 스밋Maarten Schmidt은 우주에서 가장 밝은 천체인 퀘이사Quasar를 발견했다. 우리은하가 만드는 총에너지보다 수백 수천 배 더 밝은 빛을 발하고 있었다. 그로부터 6년 후, 천체물리학자 도널드 린든-벨Donald Lynden-Bell은 그 엄청난 에너지의 원천이 은하 중심부에 있는 거대한 블랙홀('초대질량 블랙홀Supermassive black hole'*)이라고 제안했다. 주변의 기체가 거대한 블랙홀로 빨려들어가는 동안 수백만 도까지 가열되면서 엄청난 빛을 내뿜는다는 것이다. 1973년에는 천문학자들이 백조자리 X-1이라는 밝은 X선 광원이 항성 크기의 블랙홀일 수도 있다고 주장했다. 더 나아가 1978년에는 은하 메시에 87(M87)**에 질량이 태양의 수십억 배인 초대질량 블랙홀이 있다는 주장도 나왔다.

---

* 초대질량 블랙홀은 질량이 태양의 수백, 수천, 심지어 수십억 배에 이르는 거대 블랙홀이다. 거의 모든 대형 은하의 중심에 초대질량 블랙홀이 있는 것으로 여겨진다. 2019년에 관측된 블랙홀이 바로 은하 M87의 중심부에 위치한 초대질량 블랙홀이었다.

** '메시에 천체 목록'에 있는 여든일곱 번째 은하라는 뜻으로 처녀자리에서 관측되어 처녀자리 A 은하라고도 불린다. 메시에 천체 목록에는 18세기에 활동하며 천체를 기록한 프랑스 천문학자 샤를 메시에Charles Messier의 이름이 붙었다.

이처럼 쌓여가는 증거와 그럴듯한 해석에도 불구하고, 블랙홀의 존재에 대한 천문학자들의 회의론은 적어도 1980년대까지 꽤나 강하게 이어졌다. 마침내 2019년이 되자 '사건지평선 망원경Event Horizon Telescope'이라는 전 지구적 전파망원경 네트워크가 M87 내부에 존재하는 초대질량 블랙홀의 바깥쪽 윤곽 이미지를 최초로 포착했다. 많은 사람에게는 보는 것이 곧 믿는 것이었다. 이제 블랙홀의 물리적 실재는 (보는 것이 곧 믿는 것인 많은 사람에게 그리고 대부분의 과학계에서) 더 이상 논쟁의 대상이 아니다.

2020년, 로저 펜로즈는 노벨 물리학상을 수상했다. "알베르트 아인슈타인의 일반상대성이론에서 블랙홀이 직접 도출된다는 것을 증명하면서 독창적인 수학적 방법을 사용한 공로"였다. 노벨 위원회에 따르면 펜로즈의 획기적인 1965년 논문은 "아인슈타인 이후 일반상대성이론에서 가장 중요한 기여로 여겨지고 있다."50 (펜로즈는 훗날 노벨상 상장의 언급은 "약간 오해의 소지가 있다"고 지적했다. "[노벨상 상장은] 아인슈타인의 일반상대성이론이 블랙홀을 확고하게 예측한다는 사실을 제가 증명했다고 했습니다. 그런데 제가 실제로 보여준 것은 일반상대성이론이 **특이점**[원문의 강조]을 확고하게 예측한다는 점이었죠."51 펜로즈가 이렇게 해명하긴 했지만, 그렇다고 해서 그의 엄청난 업적에 흠결이 생기진 않는다.)

물리학자 자비네 호젠펠더Sabine Hossenfelder의 말을 들어보자. 펜로즈의 연구 그리고 그 후 스티븐 호킹과 함께 발전시킨 특이점 정리가 등장할 때까지 "블랙홀은 그저 일반상대성이론에서 나타난 수학적 호기심의 대상일 뿐 현실에는 존재하지 않는다는 것이 물리학자 대부분의 생각이었다. …… 블랙홀이 발견된 이야기는 순수 수학이 자연을 이해하는 데 얼마나 강력한 힘을 발휘할 수 있는지 생생하게 보여준다."[52]

호젠펠더의 말은 호킹 본인이 이전에 말했던 더 일반적인 발언과 맥을 같이한다. "블랙홀 이론은 블랙홀의 존재를 시사하는 관측 결과가 나오기도 전에 발전했다. 오직 생각만으로 그만큼 성공한 위대한 추정의 과학적 사례가 또 있는지 나는 모르겠다."[53]

그리고 앞서 살펴보았듯이, 호킹이 말한 "생각"은 대체로 수학에 확고하게 뿌리를 내리고 있었다. 실제로 역사는 우리의 관측 능력이 아직 미치지 못한 곳까지 논리와 추론의 힘이 빛을 비출 수 있음을 수없이 보여주었다. 블랙홀의 경우 그러한 '빛'은 사람들이 방정식을 풀려고 노력하는 과정에서 밝혀졌다. 그 방정식은 방정식의 고안자조차 해결 불가능하다고 간주한 것이었다.

5장

중력의 파동을 찾아서

| 중력파 존재의
수학적 증명과 관측

블랙홀에 관한 생각이 발전해나가는 동안, 일반상대성이론에서 자연스럽게 파생된 것처럼 보이는 두 번째 질문에 대한 연구도 나란히 진행되고 있었다. 물론 완전한 우연으로 치부할 수는 없다. 왜냐하면 알베르트 아인슈타인이 1915년 11월 25일에 발표한 논문과 그곳에서 도입한 일련의 방정식이 완전히 새로운 중력의 그림을 제시했기 때문이다. 그리고 새로운 중력의 그림을 통하여 이전에는 심각하게 고려되지 않았던 새로운 현상이 그럴듯한 것으로 떠올랐기 때문이기도 했다. 존재 가능성이 새로이 대두된 것은 블랙홀만이 아니었다.

  1916년 6월, 아인슈타인은 두 번째 주요한 탐구 방향으로 고개를 돌렸다. 그는 물질의 존재가 시공간을 구부릴 수 있는 것과 마찬가지로 물질의 가속운동은 시공간을 물결치게 할 수 있다고 주장했다. 모터보트가 잔잔한 호수를 가로지르며 물결을 남기듯, 가속운동을 하는 물질은 시공간에 중력파를 만들어낸다는 것이다. 다만 중력파는 물결파와 달리 시공간에서 광속으로 퍼져나간다.[1]

중력파는 아인슈타인의 공상에 그치지 않았다. 그는 중력파에 대한 본격적인 이론을 최초로 제시했을 뿐만 아니라 중력파에 대한 정성적인 개념을 명시적인 수학적 형식으로 전환한 최초의 인물이기도 했다.[2] 그리고 블랙홀의 경우와 똑같이, 가설적인 현상의 존재에 대한 결정적인 증거를 얻기까지 무려 한 세기가 걸렸다.

아인슈타인은 블랙홀과 마찬가지로 중력파의 물리적 실재에 의구심을 가졌다. 처음에는 전기전하가 가속운동을 하면서 전자기파를 만드는 것과 똑같은 방식으로 물질이 가속운동을 하면서 중력파를 만들어낸다고 믿었다. 하지만 결국 그런 일은 벌어지지 않을 것이라고 판단했다. 왜냐하면 전기전하에는 양전하와 음전하가 둘 다 있지만 음의 질량 같은 것은 없기 때문이었다. 아인슈타인은 1916년 2월 19일자 편지에서 카를 슈바르츠실트에게 자신의 결론을 전했다. "광파(빛의 파동)와 유사한 중력파 따위는 존재하지 않습니다."[3] 그러나 아인슈타인은 몇 달 후인 1916년 6월 22일에 출판한 논문에서 중력파의 존재를 예측했다. 기존의 생각과는 다소 다른 메커니즘으로 생성된다고 보긴 했지만 말이다.[4]

1918년에 출판한 두 번째 중력파 논문은 1916년 논문의 오류를 수정하면서 중력파라는 새로운 연구 분야의 토대로 자리매김했다.[5] 아인슈타인은 수정된 계산을 바탕으로 중력파의 세기가 극도로 약하리라 판단했다. 그의 추정에 따르면 근래에 등장할 기술로는 검출되지 않을 정도로 약했다. 1936년에는 조교 네이선 로즌Nathan Rosen과 함께 논문을 한 편 출간했고 중력파를 만들어내는 모든 장 방정식 해는 어김없이 시공간 특이점을 포함한다는 사실을 발견했다. 《피지컬 리뷰》에 처음 제출한 초안에서 그들은 중력파 개념을 받아들이는 것이 특이점의 물리적 실재를 인정한다는 뜻이라면 중력파는 결국 존재할 수 없다고 결론지었다 (비록 아인슈타인은 훗날 원고를 근본적인 수준에서 뜯어고쳤지만 말이다).

같은 해 아인슈타인은 물리학자 막스 보른에게 편지를 썼다. "젊은 공동 연구자[로즌]와 함께 흥미로운 결과에 도달했습니다. 중력파는 존재하지 않는다는 겁니다."[6] 심지어 아인슈타인은 그해 프린스턴에서 "중력파는 존재하지 않는다Nonexistence of Gravitational Waves"라는 제목의 강연까지 할 예정이었다. 하지만 로즌과 함께 집필한 논문에 오류가 있다는 사실을 한 동료가 알려준 후로 입장을 누그러뜨렸다. 그는 강연 도중에 이렇게 말했다. "중력파가 존재하냐고 물으신다면 저는 모른다고 대답할 수밖에 없습니다. 하지만 이건 매우 흥미로운 문제이지요."[7]

결국 역사는 증명해주었다. 그가 강연에서 보다 중도적인 입장을 취한 것이 현명했음을. 그리고 중력파는 매우 약해서 관측하기가 정말 어려우리라는 평가도 옳았음을. 훗날 물리학자들은 중력파를 검출할 수 있는 유일한 희망은 두 블랙홀이 고속으로 충돌하여 결국 병합되는 등의 격렬한 대격변으로 중력파가 만들어질 때라는 사실을 깨달았다. 이때 '격렬한'은 사건을 묘사하기에 적절한 단어다. 독일 포츠담에 있는 알베르트아인슈타인연구소의 물리학자 비자이 바르마Vijay Varma는 한 인터뷰에서 이렇게 말했다. "태양 30개를 하와이만 한 공간에 집어넣는다고 상상해보세요. 그런 다음 그렇게 만들어진 두 물체를 광속의 절반에 이르도록 가속해서 충돌시키는 겁니다."⁸ 바로 이것이 엄청난 규모의 충돌을 일으키는 한 가지 방법이다. 그리고 이로부터 검출 가능한 흔적이 생겨난다.

물론 처음부터 분명했던 것은 아니다. 슈바르츠실트의 해는 훨씬 더 고요한 상황을 서술한다. 텅 빈 공간에서 시간에 따라 아무것도 변하지 않는 정상상태로 혼자 덩그러니 남은 둥근 질량 덩어리의 상황 말이다. 커의 해는 비교적 단순한 또 다른 상황을 서술한다. 완벽하게 둥글진 않은 질량 덩어리가 텅 빈 공간에서 일정한 속력으로 회전하는 상황이다. 슈바르츠실트의 해와 마찬가지로 여기서도 시간에 따라 변하는 것은 없다. 하지만 커 블랙홀 한 쌍이 서로 충분히 가까이 위치한 채로 회전하고 있다고 해보자. 두 블랙홀은 크기가 점차 줄어드는 궤도를 따라 점점 빠르게 돌면서 결국 충돌하고 합쳐진다. 그리고 한 번 힘차게 때린 종처럼 그 후로도 계속해서 진동한다. 중력파는 이 과정의 모든 단계에 걸쳐 방출되고 대충돌의 순간에 최고조에 이른다.

커 블랙홀 한 쌍이 존재하는 상황은 블랙홀이 홀로 고립된 채 움직이지 않는 상황보다 훨씬 복잡하다. 연구자들은 상황을 어느 정도 다루기 쉽게 만들기 위해 다음과 같이 가정한다. 사건이 발생하고 있는 국소적인 시공간에는 오직 두 블랙홀밖에 없다. 그리고 대소동에서 멀리 떨어진 관찰자는 모든 상황이 고요하고 시공간 곡률도 기본적으로 0인 영역에서 그 사건을 바라본다. 하지만 이렇게 단순화한다고 하더라도 중요한 과제가 하나 남는다. 중력으로 묶인 두 블랙홀의 계가 앞으로 일반상대성이론에 따라 어떻게 변화할지 알아내는 것이다.

이 목표를 달성하기 위한 핵심 단계는 아인슈타인 장 방정식의 '초기값 문제Initial-value problem' (코시 문제Cauchy problem라고도 한다)를 정식화해서 해결하는 것이다. 더 구체적으로 말하면 다음과 같다. 초기 시점에 (아인슈타인 방정식을 만족하는) 특정한 시공간 기하로 계산을 시작한 다음, 계가 변화함에 따라 나중 시점에도 똑같은 방정식을 만족하는 해에 도달할 수 있는지를 살펴본다는 뜻이다. 더 간단히 말해서, 미래로 시간을 돌려도 아인슈타인 방정식의 해가 존재하는지 그리고 해가 존재한다면 그 방정식 계산을 얼마나 더 멀리까지 진행할 수 있는지 알아보는 것이다.

이 문제를 더 폭넓은 관점에서 표현할 수도 있다. 1916년부터 슈바르츠실트와 다른 이들이 몇몇 특수한 경우에서만 풀었던 일반상대성이론 방정식은 과연 '잘 설정된Well-posed' 것일까? '잘 설정된 문제'는 수학적으로 따져볼 만한 문제이다.* 잘 설정된(그리고 '잘못 설정된ill-posed') 방정식이라는 개념은 프랑스의 수학자 자

---

* '잘 설정된 문제Well-posed problem'는 '우량조건 문제'라고도 한다.

크 아다마르Jacques Hadamard가 1902년 논문에서 도입했다. 그는 잘 설정된 방정식이 되려면 필요한 세 가지 주요 기준을 제시했다.[9] 첫째, 방정식(들)의 해가 존재해야 한다. 둘째, 그 해는 유일해야 한다. 여기서 유일하다는 것은 '국소적으로' 유일하다는 뜻인데, 국소적이라는 것은 짧은 시간 동안 지속된다는 말이다. 셋째 기준은 방정식의 예측 가능성과 관련이 있다. 어떤 시점에서 계의 초기조건(가령 물체의 위치, 속도, 각운동량 등)을 알고 있다면 지금 우리가 다루는 이론은 나중 시점의 계의 상태를 알려줄 수 있을까? 그리고 초기조건에 작은 변화가 생기면 해에도 작은 변화가 생길까? 이 마지막 요건들을 만족하는 것은 정말 중요하다. 어디에서 어떻게 시작하는지에 따라 결과가 좌우되지 않는다면 과학의 초석이 되는 인과관계(원인과 결과 사이의 관계)가 성립하지 않기 때문이다.

요컨대 잘 설정된 방정식은 유일한 해를 가져야 하고 또 조건에 약간의 변화가 생긴다고 해도 너무 민감하게 반응하지 않아야 한다. 위의 세부 조건들을 만족하는 계, 다시 말해 상황이 연속적으로 변하는 계(작은 변화가 작은 변화를 초래하는 계)는 안정적인 것으로 간주된다. 하지만 아인슈타인이 장 방정식을 정식화한 지 40여 년이 지난 20세기 중반까지도 그 방정식이 '잘 설정됨Well-posedness'의 기준을 실제로 만족하는지 여부는 알려지지 않았다. 그리고 두 블랙홀이 격렬한 충돌 경로를 따라 서로에게 돌진하는 극단적이고 소란스러운 상황에서도 의미 있는 결과를 산출할 수 있는지 또한 불명확했다.

 1952년, 프랑스의 수학자 이본 쇼케-브뤼아Yvonne Choquet-Bruhat는 비선형 형태의 아인슈타인 방정식이 유한한 속력으로 이동하는 중력파를 실제로 발생시킨다는 증거를 최초로 제시했다. 물론 이전에도 아인슈타인이 1916년 논문에서 선형으로 단순화한 방정식의 파동 해를 찾아낸 바 있다. 중력장의 원천에서 멀리 떨어진 곳에서는 중력이 매우 약해서 비선형적 효과를 무시할 수 있다는 가정을 바탕으로 단순화한 것이었다. 하지만 수학자 리디아 비에리Lydia Bieri에 따르면, "일반적인 경우에는 존재하지 않는 인공물이 선형화를 통해 도입되기도 한다는 사실을 [아인슈타인은] 알고 있었다."[10] 비에리는 우리에게 이렇게 말했다. "아인슈타인은 무언가를 선형화하면 무언가가 바뀐다는 걸 알고 있었어요. 원래 없는 것이 도입되고 원래 있는 것이 사라질 수 있다는 것도 말이죠."[11] 또 쇼케-브뤼아는 아인슈타인 방정식이 '잘 설정됨'을 처음으로 증명했다. 다양한 증명을 포함한 그의 박사학위 논문은 1952년에 출판되었는데,[12] 비에리는 "일반상대성이론 역사상 가장 중요한 결과 중 하나"라고 평가한다.[13] "[수리상대론*에서] 저희가 하는 대부분의 연구는 1952년 논문으로 거슬러 올라갑니

---

* 상대성이론(특히 일반상대성이론)의 근본적인 문제들을 수학의 관점에서 연구하는 분야. 이 장에서 다루는 쇼케-브뤼아의 코시 문제 풀이를 비롯해 펜로즈와 호킹의 특이점 정리, 야우싱통과 쇼언의 양수 질량 정리 증명, 크리스토둘루와 클라이네르만의 민코프스키 시공간 안정성 증명 등이 수리상대론 연구에 포함된다. 사실상 이 책의 많은 부분이 수리상대론을 다루고 있다.

다"라고 비에리는 덧붙였다.[14]

쇼케-브뤼아가 증명한 것 중 하나는 아인슈타인 방정식이 쌍곡 방정식이라는 사실이다. 다시 말해 파동 방정식처럼 작동하는 편미분방정식의 일종이라는 뜻이다. 파동 방정식은 손으로 퉁긴 기타 줄을 따라서 파동이 이리저리 이동하는 방식, 즉 연속적인 운동과 시간에 따라 연속적으로 변화하는 상황을 모형화한다. (편미분방정식에는 두 가지 다른 유형도 있다. 하나는 타원 방정식으로서 특정한 시점의 공간을 서술한다. 예를 들면 질량이 특정한 방식으로 배치되어 있을 때 만들어지는 중력장을 알려준다. 다른 하나는 포물선 방정식으로서 확산 과정을 서술하는 것이 대표적이다. 가령 커피에 크림 한 방울을 떨어뜨렸을 때 크림이 점차 균일하게 퍼져나가는 모습을 서술한다.)

쇼케-브뤼아의 연구는 프린스턴고등연구소의 박사후과정 지도교수였던 수학자 장 르레이Jean Leray의 새로운 결과를 바탕으로 한 것이다. 르레이는 1952년에 특정한 부류의 쌍곡 편미분방정식이 '잘 설정됨'을 증명했다. 쇼케-브뤼아의 전략은 아인슈타인 방정식도 그와 동일한 쌍곡 방정식 부류에 속한다는 점을 보여주는 것이었다. 물론 아인슈타인 방정식을 쌍곡 방정식과는 다른 형태로 적는 방법도 있다. 하지만 쇼케-브뤼아는 적절한 쌍곡 형태로 방정식을 표현하는 방식을 알아냈고, 이를 통해 르레이의 결과를 활용할 수 있었다.

쇼케-브뤼아가 직면한 문제는 장 방정식에 특히 유용한 수학적 성질을 부여하는 적절한 좌표계를 선택하는 것이었다. 그의 전임자들은 좌표계를 둘러싼 혼란 때문에 오랫동안 골머리를 앓고 있었다. 한 가지 의문이 수년 동안, 아니 실제로는 수십 년 동안 해결되지 않은 채 남아 있었다. 아인슈타인의 초기 계산에서 등장한 중력파가 실제 물리적 파동인지 아니면 단순히 좌표계 선택의 부산물에 불과한지 알아내는 것이었다. 이 문제는 진공에서 고립된 구형 질량에 대한 슈바르츠실트의 해에서 나타나는 특이점의 실체를 놓고 논쟁이 벌어진 것과 비슷했다. 특이점과 중력파의 가능성 둘 다에 회의적이었던 아서 에딩턴은 중력파가 "생각의 속력으로" 전파된다고 비꼬아 말했다.[15]

쇼케-브뤼아는 1952년 논문에서 중력파가 수학적 인공물이 아니라는 사실을 보여주었다. 이를 증명하기 위해 그는 새로운 종류의 좌표계(이른바 조화좌표계Harmonic coordinates, 다른 말로는 파동좌표계Wave coordinates)를 도입했다. 이 좌표계에서는 일반상대성이론의 미분방정식이 쌍곡 구조를 취하고, 따라서 잘 설정되어 풀 수 있는 방정식이 된다.

이를 바탕으로 문제에 접근하면 한 가지 이점이 있다. 중력파가 퍼져나감에 따라 조화좌표계가 자동으로 조정된다는 것이다. 물리학자 프란스 프리토리우스Frans Pretorius는 상상하기 어려운 4차원 시공간에 대해 생각하는 대신 더 단순한 비유를 떠올려볼 것을 우리에게 권했다. "연못을 격자 모양으로 나누고 각 구역마다 고무 오리를 한 마리씩 놓는다고 상상해봅시다. 파도가 치지 않는다면 오리들은 그냥 그 자리에 있을 거예요. 그런데 파도가 지나가면 오리들은 위아래로 흔들리겠죠. 하지만 오리들이 움직인다고 해도 좌표계(파도에 따라 출렁이는 격자)를 기준으로 오리들의 위치는 변하지 않을 겁니다. 따라서 오리들의 위치를 표시하는 방식도 바뀌지 않죠."[16] 바로 이러한 이유로 쇼케-브뤼아의 조화좌표계는 중력파를 분석하는 이상적인 바탕틀을 제공했다고 볼 수 있다.

쇼케-브뤼아는 '3+1 분해 3+1 decomposition'라는 또 다른 수학적 전략도 사용했다. 4차원 시공간 다양체에서 시간 성분을 분리함으로써 일련의 개별적인 3차원 조각들 또는 단면들을 확보하는 방법이었다. 여기서 각 조각들은 특정한 시점의 공간을 의미한다. 모든 조각들을 (순차적으로 하나씩) 모으면 시공간이 만들어진다. 이러한 접근 방식이 의아하게 느껴질 수도 있다. 민코프스키가 공간과 시간을 합치기 위해 많은 노력을 기울였다는 점을 생각하면 말이다. 하지만 이 경우에는 시공간 혼합체에서 말 그대로 시간을 떼어내어 공간과 시간을 다시 분리할 필요가 있었다. 공간 자체가 한 시점에서 다음 시점으로 어떻게 변화하는지 알아내기 위해서였다.

3+1 분해라는 수식체계 자체를 쇼케-브뤼아가 발명한 것은 아니다. 1920년대에 수학자 조르주 다무아 Georges Darmois가 개발하고 1930년대와 1940년대에 걸쳐 앙드레 리시네로비츠 André Lichnerowicz가 일반화한 후 쇼케-브뤼아 본인이 1948년 논문에서 더욱 일반화했다.[17] 다무아와 리시네로비츠 역시 3+1 전략이 유용한

도구가 될 수 있다는 사실을 알고 있었다. 하지만 일반상대성이론에서 초기값 문제에 대한 유일한 해가 존재한다는 것을 증명하기 위해 처음으로 활용한 것은 쇼케-브뤼아였다.

수학자 마틴 레서드Martin Lesourd는 우리에게 다음과 같이 말했다. "3+1 분해를 그 사례에 적용한 것이 바로 쇼케-브뤼아의 천재성입니다. 그는 순전히 수학적인 관점에서 문제에 접근했어요. 그렇게 일반상대성이론을 더 엄밀하고 수학 연구에 더 적합하게 만들었죠."[18]

물론 이 연구만으로 일반상대성이론 장 방정식의 '잘 설정됨'이 완전히 증명된 것은 아니다. 쇼케-브뤼아가 1952년에 증명한 것은 '국소적 존재성 및 유일성 정리Local existence and uniqueness theorem'라고 불린다. 이 맥락에서 '국소적'이란 어떤 시점에 계의 초기 조건을 정하면 그 후로 '잠깐'은 유일한 해가 존재한다는 뜻이다. 그 해가 영원히 지속될지는 모르더라도 말이다. 이와 같은 제약이 있긴 하지만 쇼케-브뤼아의 연구는 여전히 커다란 발전으로 간주되고 있다.

쇼케-브뤼아는 1969년에 수리물리학자 로버트 게로치Robert Geroch와 함께 '대역적' 존재성 증명을 고안했다. 물론 방정식의 해가 모든 시간에 걸쳐 유지된다고 보장하지는 못했다는 점에서 완전히 대역적이진 않았다. 그 대신 그들은 초기의 배치(초기조건)에서 출발하여 국소적 존재성 및 유일성 정리를 사용해 미래로 조금씩 나아갔다. 그리고 이 과정을 계속 반복했다. 방정식이 허용

하는 한도까지 한 걸음씩 앞으로 나아가다가 해에서 특이점이 나타나 멈출 때까지 말이다.[19]

그렇다면 궁금할 것이다. 수학자들은 얼마나 더 멀리까지 밀어붙일 수 있을까? 쇼케-브뤼아와 게로치는 어느 정도의 미래까지 가능하다는 사실을 보여주었다(꼭 무한히 가능하다는 뜻은 아니다). 하지만 이런 진전이 과연 영원히 계속될까? '시간 $t=$무한대'까지 어떤 일이 일어날지 (그리고 일어나지 않을지) 확실하게 알려주는 문제 설정 방법이 있을까?

중요한 해답은 25년 후에 수학자 데메트리오스 크리스토둘루 그리고 세르지우 클라이네르만에게서 나왔다. 두 사람이 가장 단순한 시공간, 즉 평탄하고 텅 빈 민코프스키 시공간의 안정성을 평가하고 있을 때였다. 야우싱퉁은 연구 프로젝트가 만들어지는 단계에서 중요한 역할을 담당했다. 클라이네르만은 1978년에 뉴욕대학교에서 박사학위를 받고 캘리포니아대학교 버클리캠퍼스에서 특별연구원으로 일하기 시작했다. 그리고 머지않아 어떤 연구 프로젝트를 수행할지 논의하기 위해 스탠퍼드대학교에 있는 야우싱퉁을 방문했다. 클라이네르만은 비선형 파동 방정식(아인슈타인의 진공 장 방정식이 대표적인 사례)을 전문적으로 연구하고 있었는데, 일반상대성이론에는 딱히 관심이 없었다. 당시에는 수학자들 사이에 일반상대성이론에 대한 무관심이 만연했다.

하지만 야우싱퉁은 클라이네르만의 연구 배경을 고려하여 그에게 민코프스키 시공간의 안정성을 연구해보라고 권유했다. 당시 야우싱퉁은 개인적으로 이 문제에 관심을 기울였는데, 리처드 쇼언과 함께 이와 관련된 수학 정리를 증명한 참이었기 때문이다. 그것은 고립된 물리계의 질량은 반드시 양수여야 한다는(적어도 음수는 아니어야 한다는) 정리였다(이 정리는 7장에서 더 자세히 다룰 것이다). 야우싱퉁은 이 연구를 통해 민코프스키 시공간의 에너지는 0이며 절대 0 미만으로 내려갈 수 없다는 사실을 알고 있었다. 하지만 시공간 자체가 동적으로 안정적인지는 알지 못했다. 시공간이 어떤 식으로든 교란되면(다른 말로 '자극'이 가해지면) 시공간의 에너지가 더 높아질 수 있는데, 그럴 가능성을 완전히 배제할 수가 없었다. 결국 클라이네르만은 이 문제를 야우싱퉁과 함께 오랫동안 논의한 크리스토둘루와 공동 연구를 함으로써 그런 일은 발생하지 않는다는 사실을 증명하려 했다. 민코프스키 시공간의 에너지는 섭동이 가해진다고 하더라도 0으로 고정된 채 변하지 않는다고 말이다.

그들이 연구 대상으로 삼은 배경은 진공이었다. 물질이 전혀 없는 진공은 이따금 약한 중력파가 통과할 때마다 교란될 수 있다. 다음의 상황이 이와 비슷하다. 바람 한 점 불지 않는 고요한 날, 누군가 잔잔한 호수에 어쩌다 한 번씩 돌을 던져서 수면을 흐트러뜨린다. 작은 파동이 생겼다가 결국 사라지면서 수면은 다시 잔잔해진다. 돌을 또 하나 던지면 이 과정이 반복된다. 그렇다면 호수는 안정적이라고 간주된다. 돌을 하나 더, 심지어 돌맹이 여러 개를 던진다고 해서 호수가 계속해서 마구 요동치지는 않는다.

크리스토둘루와 클라이네르만은 민코프스키 시공간에서도 비슷한 현상이 일어난다는 사실을 증명했다. 중력파가 점점 축적되면서 결국 특이점이 생겨나는 일은 일어나지 않으므로 민코프스키 시공간 역시 안정적이라고 말이다. 하지만 문제가 완벽하게 해결된 것은 아니었다. 선형 이론에서는 파동이 퍼져나가면서 점점 약해지지만, 비선형 이론에서는 파동이 축적될 수 있기 때문이다. 그리고 파동이 처음에는 약했다고 해서 계속 약하리라는 보장도 없었다. 이것이 문제를 어렵게 만드는 요인 중 하나였다.

크리스토둘루와 클라이네르만은 7여 년간 이 문제를 연구한 끝에 1993년 무려 500쪽이 넘는 논문으로 문제를 증명하는 데 성공했다.[20] 그들의 증명은 중요한 이정표가 되었다. 수학자 미할리스 다페르모스에 따르면 "평탄한 공간의 안정성에 대해 말할 수 없다면 블랙홀의 안정성에 대해서도 말할 수 없기 때문"이었다.[21] 그리고 앞서 언급한 커 블랙홀 안정성 논문(조르지와 동료들이 2022년에 출판한 논문)은 사실 30여 년 전에 크리스토둘루와 클라이네르만이 민코프스키 시공간 증명에서 도입한 일반적인 전략을 따른 것이었다.

클라이네르만과 함께한 1993년의 공동 연구는 기하해석학Geometric analysis을 확장하려 했던 크리스토둘루의 첫 번째 노력을 보여준다(기하해석학은 야우싱퉁과 여러 동료들이 개척한 분야로 미적분학의 한 형태인 해석학을 기하학과 결합한 것이다). 다시 말해 크리스토둘루는 모든 일이 한 시점에 일어나는 타원 방정식의 영역에서 시간의 경과를 포함하는 쌍곡 방정식의 영역으로 기하해석학 분야를 확장하려 했다. 더 나아가 클라이네르만은 쌍곡 방정식을 일반상대성이론의 범위로 끌어들이는 데 일조한 대표적인 인물로 평가된다.

다페르모스의 평가에 따르면, 크리스토둘루와 클라이네르만이 다른 이들과 함께 수행한 해당 연구는 "비선형 쌍곡 방정식 이론에 대역적 기하학을 심도 있게 적용하며 수리일반상대론의 새로운 시대"를 열었다.[22] 다페르모스 역시 하버드대학교 학부생이었던 1990년대에 야우싱퉁에게서 기하해석학이라는 주제를 소개받았다.

크리스토둘루는 1991년에 출판한 또 다른 논문에서 이른바 '비선형 중력 기억효과Nonlinear gravitational memory effect'를 탐구했다. 중력파가 실험 장치를 통과한다고 해보자. 장치에 포함된 시험 질량*은 위치가 일시적으로 바뀌다가 중력파가 지나간 뒤에 머지않아 정지한다. 크리스토둘루는 시험 질량이 정확히 원래 위치로 돌아오지 않는다는 사실을 보여주었다. 시공간의 기하 구조는 중력파가 통과한 것을 '기억'하고 따라서 기하 구조가 영구적으로 변화한다는 것이었다. 이는 검출이 가능할 정도로 강한 효과였다. 크리스토둘루의 설명에 따르면, 중력파가 지나간 최종적인 평탄한 시공간은 이런 식으로 기존의 평탄한 시공간과 약간 달라

---

*   중력파를 검출하고 그 세기를 측정하는 데 사용되는 질량.

지며, 이것은 아인슈타인 방정식의 비선형성 때문에 발생하는 결과이다.[23] 호수에 던진 돌이 수면을 일시적으로 흐트러뜨리는 상황과 대조적이라고 할 수 있다. 왜냐하면 호수는 결국 원래 상태로 돌아가기 때문이다. 호수의 표면은 돌이 만들어낸 물결의 기억을 영구적으로 간직하지 않는다. 돌은 이제 바닥에 잠잠히 놓여 있을 뿐이다.

크리스토둘루는 전자기복사와 같은 다른 형태의 에너지가 중력복사와 함께 작용하면서 기억효과(시험 질량의 영구적인 위치 변화)가 증폭될 수도 있다고 추측했지만 증명하지는 못했다. 그는 전자기복사의 세기가 모든 방향에서 똑같지 않다면 기억효과가 더 크게 나타나야 한다고 추정했다. (크리스토둘루의 추측은 2011년에 수학자 리디아 비에리, 천포닝 Po-Ning Chen, 야우싱퉁이 함께 증명했다.[24] 그리고 2016년에 물리학자 폴 라스키 Paul Lasky와 동료들이 《피지컬 리뷰 레터스》에 발표한 논문은 기존의 중력파 연구소에서 "주변에서 일어난 수십 가지의 사건"으로부터 생긴 신호를 결합하여 기억효과를 검출할 수 있는 방법을 보여주었다.[25])

크리스토둘루는 2007년에 《일반상대성이론에서의 블랙홀 형성 The Formation of Black Holes in General Relativity》이라는 600쪽 분량의 중요한 논문을 발표했다. 그의 연구는 펜로즈의 1965년 논문을 바탕으로 한 것이었다. 펜로즈의 증명에 따르면 '갇힌 폐곡면'이 존재한다는 것은 그 시공간 영역이 외부 관측으로부터 차단되어 있을 수밖에 없다는 점을 시사한다. 다시 말해 블랙홀은 신비의 베일로 가려진 어딘가에 숨어 있어야 한다. 크리스토둘루가 받아들인 도전 과제는 '갇힌 폐곡면'이 애초에 어떻게 형성될 수 있는지를 쌍곡 방정식을 활용하여 알아내는 것이었다. 일반상대성이론의 인도에 따라 그는 중력파가 '집중'되면, 즉 에너지가 중력파의 형태로 충분히 작은 영역에 집중되면 '갇힌 폐곡면'이 만들어질 수 있다는 사실을 보여주었다. 다페르모스는 크리스토둘루의 논문이 "유사한 질문에 대한 많은 연구를 촉발"했으며 여전히 수리상대론 연구자들을 사로잡고 있다고 우리에게 말했다.[26]

• • •

분명히 초창기에는 일반상대성이론의 모든 발전이 사실상 수학과 이론물리학 연구를 통해 이루어졌다(중력파만이 아니라 다른 주제들도 마찬가지였다). 하지만 1970년대부터 관측 분야의 최전선에서도 동시에 발전이 이루어지면서 과학은 다시 한 번 더욱 통상적인 방식으로 전진하기 시작했다. 이론과 실험의 결합이 새로운 발전을 이끌어내는 동력이 되었던 것이다.

천문학자 조지프 테일러Joseph Taylor와 그의 대학원생 러셀 헐스Russell Hulse가 1974년에 처음으로 쌍성펄서Binary pulsar를 발견하면서 중요한 돌파구가 마련되었다. 펄서는 빠르게 회전하는 중성자별로서 주기적인 펄스의 형태로 엄청난 세기의 전파를 방출한다. 테일러와 헐스는 가까이에서 서로의 주변을 도는 한 쌍의 펄서(쌍성펄서)를 포착했다. 테일러와 동료들이 그 후 4년 동안 분석한 결과, 쌍성펄서가 지속적으로 에너지를 잃고 있다는 사실이 밝혀졌다. 더 나아가 손실되는 에너지의 양은 두 무거운 천체가 서로의 주변을 돌면서 중력파의 형태로 방출한다고 생각한 에너지의 양(일반상대성이론의 결과)과 거의(약 0.5퍼센트 이내로) 정확하게 일치했다.[27] 이는 (간접적이긴 하지만) 중력파의 존재에 대한 첫 번째 강력한 증거였으며, 이미 진행 중이던 중력파 검출기 개발에 탄력을 더해주었다.

그로부터 2년 전인 1972년, 매사추세츠공과대학교의 물리학자 라이너 바이스Rainer Weiss는 레이저 간섭 측정법을 바탕으로 중력파 검출기를 발명했다. 중력파는 한쪽 방향으로 공간을 압축하는 동시에 그와 수직인 방향으로는 공간을 늘린다. 바이스는 서로 직교하는 두 레이저 광선이 만나는 지점에서 간섭이 일어나는 방식이 중력파에 의해 변화한다고 전제했다. 1980년, 미국 국립과학재단NSF은 바이스의 간섭계 검출기와 캘리포니아공과대학교 연구팀의 실험 장치 시제품 제작 계획에 자금을 지원했다. 그로부터 10년 후, NSF의 감독 기관 국립과학위원회는 '레이저 간섭계 중력파 관측소Laser Interferometer Gravitational-Wave Observatory, LIGO'에 대한 자금 지원을 승인했다. LIGO는 두 검출기가 루이지애나주와 워싱턴주에 하나씩 수백만 제곱미터에 걸쳐 설치되어 있는 단일한 관측소다. 두 검출기는 지리적으로 약 3000킬로미터나 떨어져 있는데, 그 덕분에 연구자들은 관측된 신호가 지구에서 발생하는 잡음이 아닌 중력파에 의한 것이라고 확신할 수 있다.

1994년부터 제작되기 시작한 두 검출기는 2002년에 처음으로 가동되었다. 하지만 LIGO 연구자들이 성공을 위한 절호의 기회를 거머쥐려면 해결해야 할 큰 문제가 남아 있었다. 앞서 살펴보았듯이, 시공간에 있는 하나의 천체를 대상으로도 일반상대성이론의 해를 구하기는 쉽지 않다. 그렇다면 두 블랙홀이 파국적인 결합을 향해 돌진하는 상황을 펜과 종이만으로 정확하게(즉, 해석적으로) 푸는 것은 또 얼마나 복잡할까? 사실 현재로서는 '이체 문제Two-body problem'(블랙홀이나 요란한 충돌과는 무관한 두 통상적인 물체가 중력으로 결합되어 있는 문제)를 정확하게 풀 수 없다.* 그리고 일부 연구자는 이론적인 이유로 이체 문제의 해를 얻을 수 없다고 생각한다.

문제의 성격이 이런 터라, 연구자들은 해석적인 방법 대신 수치상대론Numerical relativity에 의존할 수밖에 없다. 말 그대로 수십억 번의 계산을 수행해서 매우 정확한 근사치를 도출할 수 있는 컴퓨터의 힘을 빌리는 것이다. 수치상대론의 핵심 목표는 블랙홀

---

*   삼체 문제(중력을 주고받는 세 물체의 운동을 서술하는 문제)를 정확하게 풀 수 없다는 말은 들어보았어도 이체 문제를 풀지 못한다는 말은 생소한 독자들이 많을 것이다. 이체 문제를 정확하게 풀 수 없는 이유 역시 일반상대성이론의 비선형성 때문이다. 89쪽과 124쪽 각주에서 어떤 물체 M이 다른 물체 m_1과 m_2로부터 받는 중력을 계산하는 상황을 살펴본 적이 있다. 여기서 m_1과 m_2가 한 물체로 결합해 M'을 이룬다고 하면 물체 M과 M'이 중력을 주고받는 이체 문제가 된다. 물체의 수는 둘로 줄었지만 앞선 문제와 똑같이 $M'(m_1$과 $m_2)$의 중력 퍼텐셜에너지가 만드는 비선형적 중력 효과를 고려해야 한다. 따라서 일반상대성이론으로는 이체 문제 또한 정확하게 풀 수 없다.

충돌을 모델링하여 그로부터 비롯되는 중력파의 파형(두 블랙홀의 전체 상호작용에서 만들어지는 파동의 모양)은 물론이고 진폭과 진동수까지 알아내는 것이다. 수치상대론에 기반한 중요한 지식이 없었다면 LIGO 연구진은 무엇을 찾아야 할지도 몰랐을 것이다. 그리고 그들이 목격하고 있는 현상을 정확하게 해석할 수도 없었을 것이다.

하지만 목표를 향해 달려가던 물리학자들과 컴퓨터과학자들은 많은 방해물에 가로막혔다. 이후 학계의 일부 구성원은 프리토리우스가 2005년에 블랙홀 병합 시뮬레이션에서 도입한 일반적인 접근 방식을 채택했다. 그 접근 방식은 병합된 블랙홀의 각운동량값을 제공했고 또 블랙홀 계에 포함된 초기 질량의 5퍼센트가 중력파로 방출되리라 추정했다.

프리토리우스 전략의 핵심은 쇼케-브뤼아 조화좌표계를 수정하여 문제에 적용하는 것이었다. 그 전까지 쇼케-브뤼아의 연구는 수치상대론 학계에서 거의 무시되었다. 설상가상으로 중력파 모델링에 조화좌표계를 사용하면 안 된다는 여러 추측이 퍼지면서 수치상대론 분야의 발전이 지연되고 있었다. 하지만 프리토리우스는 수학에서 잘 작동하는 방정식이 수치상대론에서도 활용될 수 있는지 알아보고자 했다. 그리고 결국 그것이 가능하다는 사실을 알아냈다.

컴퓨터 코드가 특이점을 다룰 수 없다는 점을 감안하여 프리토리우스는 말 그대로 블랙홀에서 특이점을 잘라내는 절제Excision라는 기법을 사용했다. 그가 우리에게 남긴 말에 따르면 이것은 타당한 전략이었다. 특이점이 사건지평선 뒤에 숨어 있으면 "아무것도 밖으로 빠져나갈 수 없으므로 우리가 계산하려 하는 [중력파] 신호를 오염시키지 못하기" 때문이다.[28]

앞서 자세히 설명했듯이, 일반상대성이론에서 무언가를 증명하는 것은 매우 어려운 일이다. 다루기 힘든 비선형 방정식과 맞닥뜨릴 수밖에 없기 때문이다. 따라서 수치상대론의 발전은 환영할 만하며 꼭 필요한 일이다. 물론 이러한 노력의 결과가 완전한 수학적 증명의 책임을 떠맡지는 않고 또 그럴 수도 없지만 말이다. LIGO 연구진은 현재 다양한 질량의 블랙홀과 중성자별의 충돌에 대한 아인슈타인 방정식 해의 '라이브러리'를 구축하고 있다. 이 데이터베이스는 연구자들이 실제 중력파 신호를 골라내고 관측된 현상을 해석하는 데 기여해왔다.

아니나 다를까, 2015년 9월 14일에 LIGO의 두 검출기에서 주목할 만한 신호가 감지되었다. LIGO의 검출기와 유럽의 중력파 검출기 비르고 간섭계(Virgo interferometer)를 운용하는 과학자들은 추가적인 분석과 검증을 거쳐 마침내 2016년 2월 11일에 중력파를 최초로 관측했다고 선언했다. 약 13억 광년 떨어진 곳에 있는 두 블랙홀이 병합하면서 만들어진 중력파였다. 한 블랙홀은 태양 질량의 29배, 다른 하나는 태양 질량의 36배에 달했다. 이 결과는 같은 달 워싱턴 D.C.에서 열린 기자회견에서 발표되었다. 아인슈타인이 우주에서 격렬한 사건이 일어나는 동안 중력파가 방출될 것이라고 예측한 지 거의 100년이 지난 후였다.

앞서 살펴보았듯이 중력파의 발견은 물리학과 수학 그리고 컴퓨터과학이 절묘하게 뒤섞인 결과였다. 그 후로 두 블랙홀 또는 두 중성자별이 병합하거나 적어도 한 사례에서는 블랙홀이 중성자별과 합쳐지는 등 100건에 가까운 중력파 사건이 LIGO와 비르고에서 감지되었다.[29] 지상과 우주에 더 강력한 망원경이 투입된다면 의심할 여지 없이 더 많은 현상이 관측될 것이다.

이러한 성과는 사례 연구를 꾸준히 축적하여 상상할 수 없을 만큼 강렬한 우주적 충돌을 하나하나 분류하는 것 이상의 의미가 있다. 물론 그것도 중요한 작업이다. 하지만 우리는 수학과 물리학, 이론과 실험이 시너지 효과를 발휘하여 중력파 천문학이라는 새로운 분야를 창출하고 우주를 바라보는 새로운 창을 열었다는 더 큰 이야기를 할 수도 있다. 새롭게 열린 이 창을 통해 과학자들은 미스터리와 현상을 탐구하기 시작했다. 실험 데이터 없이 상상만으로 구축한 영역을 넘어서, 이전에는 도달하지 못했던 곳까지.

6장

우주 전체의
방정식

| 일반상대성이론이
  탄생시킨 현대 우주론

오래된 속설에 따르면 아이작 뉴턴은 나무에서 떨어지는 사과를 보고 중력에 관심을 갖기 시작했다. 이와 마찬가지로 알베르트 아인슈타인은 지붕에서 떨어지는 한 사람에 대한 생각에 잠기며 동일한 현상에 관심을 기울였다. 몇 년 후, 아인슈타인은 더 큰 규모의 문제로 시선을 돌렸다. 그는 태양계 행성들의 움직임, 특히 수성이 태양 주위를 도는 독특한 여정에 주목했다. 그리고 1916년 3월에 출판된 기념비적인 논문《일반상대성이론의 기초》에서 태양의 중력장이 먼 별에서 오는 빛에 어떻게 영향을 미치고 그 경로를 굴절시키는지 논의했다.

그로부터 1년 후, 아인슈타인은 훨씬 까마득하고 광막한 곳으로 시선을 돌렸다. 그는 자신의 이론이 천체의 움직임을 지배하는 원리, 즉 시공간 곡률에 의해 결정된 궤적을 따라 천체가 우주를 누비는 운동의 원리에만 국한되지 않는다는 사실을 깨달았다.

1917년 2월, 아인슈타인은 프로이센 과학아카데미에서 《일반상대성이론의 우주론적 고찰Cosmological Considerations in the General Theory of Relativity》이라는 논문을 발표했다(일주일 후에 아카데미 회보에 게재되었다). 이 논문에서 그는 일반상대성이론의 원리가 어떻게 우주 전체에 적용될 수 있는지 설명했다. 그리하여 당시까지 사변과 교리에 크게 의존하던 우주론을 훨씬 더 확고한 기반 위에 올려놓았다. 아인슈타인이 그해에 확립한 현대 우주론의 토대는 여전히 해당 분야를 이끌고 있다.

아인슈타인은 사망하기 2년 전인 1953년에 쓴 편지에서 우주론을 향한 노력의 목표를 포괄적이고 단순한 말로 설명했다. "우리는 열 수도 없는 닫힌 상자 앞에 서 있네. 그 안에 무엇이 있고 무엇이 없는지를 알아내기 위해 애쓰고 있는 거야."[1] 20세기 과학자들의 수중에는 우주라는 상자를 들여다보기 위한 강력한 도구가 있었다. 일반상대성이론 장 방정식이라는 수학이었다. 관측 능력이 극히 제한적이었던 20세기 초에 수학은 우주를 탐구하는 데 중요한, 때로는 유일한 수단을 제공했다.

어쩌면 무한할지 모를 광막한 우주를 단 하나의 방정식(더 정확하게 말하면 하나의 방정식 집합)으로 서술한다니 오만하게 들릴지 모르겠다. 아인슈타인은 어려운 도전을 피하는 사람이 아니었다. 그럼에도 그는 자신이 미심쩍은 연구에 착수했다는 생각에 물리학자 친구 파울 에렌페스트Paul Ehrenfest에게 다음과 같이 고백했다. "중력 이론에서도 또다시 저지르고 말았어. 이러다가 정신

병원에 입원할 지경일세. 자네를 무사히 만날 수 있도록 [네덜란드] 레이던에 정신병원이 없길 바랄 뿐이야."² 수학자이자 천문학자인 빌럼 더시터르Willem de Sitter에게 보낸 편지에서는 일반상대론적 우주론을 최초로 시도한 연구를 언급하며 이렇게 말했다. "허공에 성을 쌓아올린 셈입니다. 물론 숭고한 성이긴 하지요. …… 제가 스스로 만든 모형이 실재와 부합하는지는 또 다른 문제입니다."³

아인슈타인의 이론, 아니 중력 이론이라면 한결같이 직면할 수밖에 없는 근본적인 문제는 모든 물질이 그 밖의 모든 물질을 끌어당긴다는 전제이다. 만약 그것이 사실이라면 우주는 어떻게 중력으로 인해 끊임없이 붕괴하거나 더 나아가 내폭파*로 이어지지 않고 버티고 있는 걸까? 뉴턴은 이 질문에 대한 답을 제시하지 않았지만, 아인슈타인은 자신에게 문제를 해결할 방법이 있다고 생각했다. 그는 1917년 논문에서 이렇게 적었다. "나는 다음과 같은 결론에 도달했다. 내가 지금까지 옹호해온 중력장 방정식을 약간만 수정한다면, 뉴턴 이론과 대립하면서 …… 출발한 일반상대성이론을 바탕으로 그러한 근본적인 어려움을 피할 수 있다는 것이다."⁴

아인슈타인은 정적이고 움직이지 않으면서 시간에 따라 변하

---

*   내폭파는 주로 천체가 내부로 붕괴하여 파괴되는 현상을 가리킬 때 쓰인다('내파'라고도 한다). 본문에서는 천체가 아닌 우주 전체가 붕괴한다는 맥락에서 쓰였다.

지 않는 우주를 서술하는 모형을 찾고자 했다. 왜냐하면 우주가 팽창한다거나 수축한다는 징후, 또는 가만히 있지 않고 다르게 행동한다는 징후를 전혀 발견하지 못했기 때문이다(기본적으로 다른 동료들도 모두 마찬가지였다). 아인슈타인은 목표를 달성하기 위해 몇 가지 가정을 세웠다. 그 가정들은 모두 근본적인 수준에서 서로 연결되어 있다.

우선 아인슈타인은 우주를 개별적인 부분(가령 각각의 은하, 별, 블랙홀)의 수준에서 다루지 않고 전체적으로 다루기 위해 균질성Homogeneity의 원리를 받아들였다. 균질성의 원리란 광범위한 규모에서 볼 때 모든 방향에서 "물질의 평균 밀도는 …… 어디든 동일하며 0이 아니다"라는 것이다. 이렇게 "우주 공간 전체에서" 물질과 에너지가 고르게 분포되어 있다고 가정하면 문제를 다루기가 훨씬 수월해진다.[5] 훗날 이 가정은 실제로 천체 관측을 통해 확증되었다.

또 아인슈타인은 물질과 에너지가 무한한 곳까지 뻗어 있는 우주의 시공간 기하를 계산하는 문제도 해결해야 했다. 아서 에딩턴은 다음과 같이 말했다. "아인슈타인은 무한대와 관련된 어려움을 단순하고 과감하게 처리하면서 그의 탁월함을 보여주었다. 그는 무한을 추방했다. 방정식을 약간 수정하여 서로 멀리 떨어진 공간을 둥글게 오므려 맞붙였다."[6] 다시 말해 아인슈타인은 질량 때문에 시공간 전체가 구형으로 말린 우주를 만들었다. 그렇다는 것은, 계산할 때 고려해야 할 가장자리나 경계가 없다는 뜻이다. 이것은 문제를 다루기 쉽게 단순화하는 또 다른 방법이었다.

공간적으로 닫힌 우주의 구형 기하 구조를 만들기 위해 아인슈타인은 "지금까지 옹호해온" 장 방정식에 새로운 항(그리스 문자 람다Λ)을 추가하기로 결심했다. 이제는 우주상수Cosmological constant라고 불리는 이 우주항Cosmological term 또는 보편상수Universal constant는 무한히 먼 경계와 관련된 여러 조건을 결정할 필요를 없애주는 것 이상의 의미가 있었다. 수학을 통해 정적인 정상상태 우주, 즉 아인슈타인의 말대로 "우주 공간의 크기('반지름')가 시간과 무관한" 우주를 구축하려는 열망을 충족해주었다.[7] 다시 말해 그것은 아인슈타인과 다른 이들이 마음속에 간직한 평온한 그림에 부합하는 우주였다.

우주상수가 도입되기 전인 1915년 버전의 아인슈타인 방정식은 정적인 우주가 아니라 끊임없이 변하는 우주를 서술했다. 아주 조금일지라도 언제나 팽창하거나 수축하지, 완전히 멈추는 법은 없었다. 이러한 특징은 말 그대로 수학에 내장된, 수학이 보장하는 것이었다. 하지만 아인슈타인은 지금까지 자신을 이끌어준 수학에서 벗어나 평온한 우주라는 이미지에 맞는 해를 찾으려 했다. 아인슈타인의 우주는 평형을 이룬 채 정지한 우주였다. 그는 왜 새로운 항을 추가했을까? 주된 목적은 일종의 척력(밀어내는 힘)이라 할 수 있는 '반중력Antigravity'을 도입함으로써 물질을 끌어당기는 중력을 상쇄하는 것이었다. 그런 방식으로 그는 우주 붕괴 문제를 피할 수 있었다. 뉴턴의 이론에서 슬금슬금 나타나서 일반상대성이론 역시 위협한 그 문제 말이다. 새로운 항을 추가하여 수정한 아인슈타인의 장 방정식은 다음처럼 쓰인다.

$$R_{ij} - \frac{1}{2}Rg_{ij} + \Lambda g_{ij} = T_{ij}$$

아인슈타인 텐서 G_{ij}를 사용하여 좀 더 간단하게 바꾸면 이렇게 쓸 수 있다(이 방정식은 상수 κ 또는 $-\kappa$와 함께 쓰이기도 한다[그리스어로 '카파'라고 발음한다]. 상수 κ는 중력상수 G, 빛의 속력 c 그리고 π를 포함하며 T_{ij}항 바로 앞에 위치한다).

$$G_{ij} + \Lambda g_{ij} = T_{ij}$$

아인슈타인이 람다를 방정식 좌변에 도입했다는 점을 고려하면 람다를 곡률과 관련된 시공간의 기하학적 성질로 간주할 수 있다. 하지만 수학적인 관점에서 보면 아인슈타인이 람다를 방정식 우변에 도입하고 마이너스 부호를 붙였을지도 모른다. 그런 경우 람다는 시공간 구조 전체에 스며들어 있는 새로운 형태의 에너지를 나타낸다. 오늘날 이 에너지는 일반적으로 텅 빈 우주 공간에 내재된 에너지로 간주된다.

아인슈타인은 우주항의 정확한 성격이나 성질을 명확하게 밝힌 적이 없다. 그저 그것이 무엇이든 방정식에 포함해야 한다고 믿었을 뿐이다. 그러나 수년 동안 그는 우주항을 추가하는 문제를 앞에 두고 머뭇거리기 일쑤였다. 중력파 예측에 대한 문제로 망설였던 것처럼 말이다. 어느 날은 자신의 결정을 긍정했고, 또 어느 날은 상수 도입을 후회하기도 했다. 알려진 바에 따르면, 방정식을 수정한 것을 본인의 경력에서 "가장 큰 실수"라고 표현할 정도였다.[8] 아인슈타인은 1947년에 보낸 편지에서 다음과 같이 고백하면서 자신의 심리를 자세히 서술했다. "그 항을 도입한 후로 양심의 가책을 느꼈습니다. …… 지금 생각으로는 그런 흉측한 일이 자연에서 실현된다고는 도저히 믿을 수가 없군요."[9]

이처럼 아인슈타인은 자신의 창조물에 대해 큰 의구심을 가졌다. 하지만 그렇다고 하더라도 다른 이들이 우주항을 활용하여 분야를 발전시키고자 노력하는 것을 막을 수는 없었다. 물리학자 로버트 데이크흐라프의 말처럼, "과학의 위대한 점은 이론 자체가 창안자보다 똑똑하며 독자적인 삶을 살아간다는 것이다."[10]

아인슈타인은 우주항을 도입함으로써 다른 연구자들에게 가지고 놀면서 조작할 수 있는 흥미로운 변수를 제공한 셈이었다. 그들이 고려하고 있는 새로운 아이디어와 이제 막 나타나기 시작한 관측 자료에 각자의 우주 모형을 맞춰볼 수 있도록 말이다. 또 우주상수는 이론가들이 방정식 '실험'을 통해 팽창하지도 않고 수축하지도 않는 우주 말고도 또 무엇이 개연적인 해석인지 살펴볼 수 있는 문을 열어주었다(우주항을 새롭게 도입하든 그러지 않든 말이다).

물론 성질이 완전히 다른 온갖 종류의 우주를 상상해볼 수 있다. 하지만 상상 속 우주들 중에서 오직 일반상대성이론의 장 방정식을 만족하는 우주만이 개연적인 것으로 간주된다. 수학의 체로 걸러진 모든 가능한 우주들 가운데 하나는 어쩌면 우리가 실제로 거주하고 있는 우주와 똑 닮았을지도 모른다. 이번에도 아인슈타인은 세상 앞에 경이로운 도구를 내민 셈이다. 그 이후로 다른 연구자들은 도구를 시험하고 그것으로 무엇을 할 수 있을지 살펴볼 기회를 얻게 되었다. 다른 우주들의 가능성을 엿보기까지는 그리 오랜 시간이 걸리지 않았다.

사실 헤르만 민코프스키가 이미 1908년에 한 가지 해를 제시한 상태였다. 아인슈타인의 우주론 논문이 발표되기 10여 년 전, 우주항이 없는 기존의 일반상대성이론 방정식이 발표되기 7여 년 전이었다. 다시 말하지만, 장 방정식은 시공간 곡률과 물질 밀도의 등가성을 확립했다. 그런데 민코프스키 시공간은 정의상 평탄하므로 곡률이 0이다. 또한 물질도 없으므로 물질 밀도 역시 0이다. 그러므로 민코프스키는 장 방정식의 해를 하나 마련해두었던 셈이다(누군가는 다소 뻔하고 자명하다시피 한 해라고 말할지도 모르겠다). 장 방정식이 정식화되기 몇 년 전이었지만 말이다.

민코프스키 시공간이 우리 우주를 나타낼 수 없다는 점은 분명하다. 지극히 명백하게도 우리 우주에는 물질이 있기 때문이다. 민코프스키 시공간이라는 해는 자명하다고 여겨지지만, 여전히 시공간 '만신전'에서 중요한 사례에 해당한다. 그런 점에서는 자명하지 않다고 말할 수 있을 것이다.

아인슈타인이 《우주론적 고찰》 논문을 출판한 지 9개월이 지났을 때, 그의 동료 더시터르는 수정된 장 방정식이 또 다른 해, 즉 물질이 없고 우주상수가 양수인 우주를 서술하는 해를 허용한다는 사실을 증명했다. 아인슈타인은 동료의 연구가 못마땅했다. 왜냐하면 자신의 방정식이 물질 없는 우주에 대한 해를 허용하지 않는다고 믿었기 때문이다. 그는 더시터르에게 보낸 편지에서 견해를 밝혔다. "제 생각으로는 물질이 없는 세계가 존재할 수 있다면 불만족스러울 겁니다." 그리고 더시터르의 우주 모형이 시공간 특이점을 포함하고 있어서 "그 해는 물리적 가능성에 부합하지 않습니다"라고 말하기도 했다.[11] 심지어 1918년에 출판한 논문에서 비판을 공론화하기까지 했지만, 나중에 수학자 펠릭스 클라인과 대화를 나눈 후 자신의 비판이 타당하지 않음을 인정했다. 비록 그 비판을 공식적으로 철회하지는 않았지만 말이다.[12]

더시터르의 모형은 처음에는 정적인 우주를 서술한다고 여겨졌다. 물질이 없다면 팽창할 것도 없다는 생각 때문이었을 것이다. 하지만 헤르만 바일과 아서 에딩턴은 1923년에 이론 연구를 통해 다음과 같은 사실을 밝혀냈다. 더시터르 우주에 소량의 물질 또는 시험 입자를 뿌려두면 그 즉시 서로 멀어진다는 것이었다.[13]

에딩턴은 이렇게 적었다. "처음에는 정지해 있던 입자들이 흩어진다. [반면에] 아인슈타인의 세계에서 그러한 경향이 없다는 점은 쉽게 확인할 수 있다. [아인슈타인의 우주에서는] 입자를 어느 곳에 놓아두든 정지한 상태로 남아 있다. …… 더시터르의 세계는 물질이 들어오는 순간 정적이지 않은 상태가 된다는 비판을 받기도 한다. 그러나 이 성질은 더시터르 이론이 틀렸다는 근거라기보다 옳다는 근거에 더 가깝다."[14]

다시 말해, 더시터르 모형은 아주 작은 물질 부스러기만 주입해도 모든 곳에서 팽창하는 우주를 서술한다. 팽창은 기하급수적으로, 최대 허용 속력으로 진행된다. 왜냐하면 진공 상태에서는 중력으로 서로 끌어당기는 물질이 없어서 우주상수가 부여하는 추진력(반중력)을 상쇄할 수 없기 때문이다.

에딩턴의 설명을 좀 더 들어보자. "아인슈타인의 우주는 물질은 있지만 운동이 없고, 더시터르의 우주는 운동은 있지만 물질은 없다. 물질과 운동을 모두 포함하는 실제 우주가 이 두 모형과 정확히 일치하지 않는다는 점은 분명하다." 하지만 좋은 소식도 있다. "우리는 두 극단에 한정되어 있지 않다. 운동 없는 물질과 물질 없는 운동 사이에서도 일련의 해를 얻어낼 수 있기 때문이다. 그중에서 관측과 일치하는 물질과 운동의 적정 비율을 가진 해를 골라내면 된다." 다시 말해, 더시터르의 해는 움직이지 않고 변하지 않는 우주라는 선입견에 얽매일 필요가 없다는 점을 연구자들에게 보여줌으로써 우주론에 자유를 선사한 셈이다. 에딩턴은 더시터르의 해가 "정적이지 않은 다른 해들의 선구적 전신"이었다고 주장했다. 실제로도 그 후로 다른 해들이 등장하기 시작했다.[15]

우주 모형의 목록에서 무엇보다 중요한 항목은 러시아의 물리학자 겸 수학자 알렉산드르 프리드만Alexander Friedmann이 1922년에 제안한 방정식이었다. 그는 일반상대성이론 장 방정식의 우주론 해가 유일하지 않다는 점을 일찍이 알아챘다. 팽창하거나 수축하는 우주부터 두 상태가 번갈아 나타나는 우주까지 다양한 해가 존재하리라 주장했던 것이다. 또 프리드만은 정적이지 않은 동적 해를 찾아내고자 결심한 끝에 성공적으로 그 해를 발견했던 최초의 인물이었다.[16]

스티븐 호킹은 이렇게 논평했다. "아인슈타인과 다른 물리학자들이 일반상대성이론의 정적이지 않은 우주 예측을 모면할 방법을 찾는 동안 프리드만은 일반상대성이론을 곧이곧대로 받아들이려 했던 것으로 보인다."[17]

일반상대성이론 장 방정식에서 도출된 프리드만 방정식은 우주의 크기가 시간에 따라 반드시 어떻게 변해야 하는지를 서술한다. 그 방식은 물질 및 에너지의 총량과 우주항의 값(양수, 음수 또는 0)에 따라 달라진다. 프리드만은 우주가 기본적으로 (완벽하진 않지만) 균일한 물질 분포를 가지고 있으며, 따라서 모든 방향에서 거의 동일하게 보일 뿐만 아니라 서로 다른 위치에 있는 모든 관찰자에게도 똑같이 보일 것이라고 가정했다. 하지만 아인슈타인과 달리 우주가 불변한다고 가정하지는 않았다. 그런 연유로 프리드만 방정식은 이전에는 부족했던 예측력을 확보할 수 있었다. 특정 시점의 우주 팽창 속도와 물질의 양을 알면 시간이 지나면서 우주가 어떻게 변화할지 예측할 수 있기 때문이다.

아인슈타인의 초기 반응은 프리드만의 결과에 대한 거부였다. 아인슈타인은 처음에는 프리드만의 수학 논증에 오류가 있다고 단언했고, 그의 연구가 물리적으로 현실적이지 않으며 우리 우주와 무관하다고 주장했다. 하지만 8개월 후, 아인슈타인은 프리드만이 아니라 본인이 계산 실수를 했다고 인정하면서 첫 번째 비판을 철회했다.[18]

프리드만 방정식은 우주가 기하급수적으로 팽창하거나 수축하거나 진동할 수 있는(즉, 팽창과 수축을 반복할 수 있는) 다양한 우주론 시나리오가 실제로 가능함을 보여주었다. 하지만 관련된 천문 관측 자료가 부족했기에 프리드만은 다소 이상적인 조건에서 우주가 팽창하고 수축하는 수학적 해를 찾는 데 집중했다. 그중에서 어떤 선택지가 실제 우주에 가장 근접한지 결정하는 작업은 시도해볼 만한 일이라고 생각하지 않았다. 그는 1922년에 다음과 같이 말했다. "수치 계산을 하고 우리 우주가 어떤 세계인지 결정하기에는 우리의 지식이 너무나 불충분하다."[19]

그러나 우주에 대한 지식은 프리드만의 생각보다 빠르게 발전했다. 1920년대 후반에 이르자 팽창하는 동적 우주를 뒷받침하는 중요한 정보가 입수되었다. 프리드만의 모형과 일치하는 자료였다. 아쉽게도 프리드만은 그 결과를 접할 수 없었는데, 1925년 서른일곱에 장티푸스로 사망했기 때문이다. 수학자 존 조지프 오코너John Joseph O'Connor와 에드먼드 F. 로버트슨Edmund F. Robertson에 따르면, 그럼에도 프리드만은 수 세기 동안 이어진 금과옥조, 즉

"우주는 영원하며 또 영원히 변하지 않는다"는 학설을 거부함으로써 "과학에서 진정한 혁명"을 이루었다. "코페르니쿠스가 지구를 돌게 만들었던 것처럼 …… 프리드만은 우주를 팽창하게 만들었다."[20]

미국의 천문학자 베스토 슬라이퍼Vesto Slipher는 1925년에 은하 41개의 시선속도Radial velocity를 측정했다. 다시 말해 은하들이 우리로부터 얼마나 빠르게 멀어지는지를 관측했다. 이것은 우주가 실제로 팽창한다는 초기 단서였다.[21] 1929년에는 천문학자 에드윈 허블Edwin Hubble이 밀턴 휴메이슨Milton Humason과 함께 슬라이퍼의 결과를 토대로 지구에서 은하까지의 거리와 은하의 적색편이Redshift, 즉 후퇴속도 사이의 비례 관계를 확립했다. 거리가 먼 은하일수록 지구로부터 더 빨리 멀어지고 따라서 은하에서 방출되는 빛을 지구에서 관측했을 때 색이 붉어지는 정도도 더 심해진다(적색편이란, 관찰자에게서 멀어지는 물체의 색이 원래보다 붉게 관찰되는 현상이다. 멀어지는 속력이 빠를수록 더 붉게 관찰된다). '허블의 법칙Hubble's law'으로 알려진 이 관계는 우주가 팽창하고 있다는 거의 명백한 증거를 제공했다. 그리하여 벨기에의 우주론학자이자 예수회 사제였던 조르주 르메트르Georges Lemaître가 2년 전에 예측한 내용을 확인해주었다. 많은 물리학자들은 허블과 휴메이슨의 증거가 매우 설득력 있다고 보았다. 결국 아인슈타인을 비롯한 많은 이들은 정적인 모형을 버리고 보다 동적인 우주 서술 방식을 선호하게 되었다.

일반상대성이론 중력장 방정식에서 프리드만이 이끌어낸 정확한 해는 1920년대 후반에는 르메트르에 의해, 1930년대에는 하워드 로버트슨Howard Robertson과 아서 워커Arthur Walker에 의해 독자적으로 도출되었다. 프리드만-르메트르-로버트슨-워커 모형FLRW model(프리드만-로버트슨-워커 모형FRW model이라고 불리기도 한다)은 일반적으로 표준우주모형Standard model of cosmology으로 간주된다. 우리 우주처럼 팽창하고 물질로 가득 차 있으며 균질하고 등방성Isotropy(동일한 성질을 모든 방향에서 일관적으로 갖는 특징)을 가진 우주를 서술하는 모형이다.

기존의 프리드만 방정식과 그 이후 버전들(FLRW 모형으로 통합된 버전들)은 적용력이 놀라울 만큼 뛰어난 것으로 입증되었다. 이 우주 모형들은 물질이 균일하게 퍼져 있는 우주를 토대로 하고 있지만, 대규모 천체 구조(은하와 은하단 그리고 은하단이 모인 초은하단)가 어떻게 물질 밀도의 미세한 비균질성에서 비롯되는지 설명할 수 있다. 또한 방정식들에 포함된 우주상수 람다도 최근 수십 년 동안 밝혀진 다양한 증거를 통해 새로운 의미를 갖게 되었다. 그중에서도 먼 곳에서 관측되는 특정한 종류의 항성 폭발(1a형 초신성)을 살펴본 결과, 우주가 그냥 팽창하는 게 아니라 가속하면서 팽창하고 있다는 증거가 드러났다. 오늘날 가속팽창Accelerated expansion이라 불리는 이 현상은 암흑에너지Dark energy가 초래하는 것으로 알려져 있다(아직 내부 작동 메커니즘이 밝혀지지 않았기 때문에 '암흑'이라는 이름이 붙었다).

아인슈타인과 프리드만 그리고 다른 이들이 발전시킨 일반상대성이론 방정식의 우주상수는 어쩌면 암흑에너지를 의미하는 것일지도 모른다. 또는 일부 이론가들의 주장처럼 암흑에너지는 상수가 아니라 시간에 따라 변하는 '제5원소Quintessence'라는 양으로 밝혀질 수도 있다.

그 정체가 무엇이든 간에 암흑에너지는 이미 우주 전체에서 단연코 가장 양이 많은 형태의 에너지 및 질량으로 여겨지고 있다. 아인슈타인은 오랫동안 우주상수를 제거하고 싶어 했고, 방정식에 람다를 도입한 것을 후회한 적도 많았다. 하지만 역설적으로 지금은 우주적 관점에서 가장 중요한 요소로 보인다. 우주상수는 점점 더 빠르게 아직은 불확실한 운명으로 우리를 몰아가고 있다.*

존 휠러John Wheeler는 우주 팽창을 두고 "과학이 이끌어낸 가장 극적인 예측"이라고 말했다.[22] 여기에 더해 물리학자 압하이 아쉬테카르Abhay Ashtekar는 일반상대성이론의 "가장 심오한 예측"이 다음과 같은 사실에서 기인한다고 주장했다. 일반상대성이론에서는 시공간 기하 구조가 "동적인 실체가 되고, 물리학은 그 실체의 성질로 부호화된다"는 사실이다. "기하가 변함없이 단단한 구조

---

* 우리 우주의 운명이 우주상수의 값에 달려 있다는 뜻이다. 만일 우주상수가 의미하는 것이 암흑에너지고 가속팽창의 원인이 암흑에너지가 맞다면 우리 우주는 앞으로도 계속 팽창하게 된다. 만일 지구가 오랜 시간이 지나도 살아남는다면 다른 천체들과 수십억 광년 떨어진 채로 얼어붙게 될 것이다. 다만 이 결과는 암흑에너지의 효과가 시간에 따라 변하지 않고 우주의 운명에 관여하는 요인이 암흑에너지뿐이라는 전제하에 도출된 것이므로 우주의 운명은 아직 불확실하다.

에서 벗어난 덕분에 우주는 팽창할 수 있고, 블랙홀이 존재할 수 있으며, 곡률의 잔물결〔중력파〕이 우주적 거리를 가로지르며 에너지와 운동량을 전달할 수 있다."[23]

앞서 살펴보았듯이, 우주 팽창에 대한 예측은 수학에서 출발하여 나중에 실험으로 검증되었다. 하지만 물론 이것이 이야기의 끝은 아니다. 몇 가지 분명한 의문점이 제기되었기 때문이다. 우주가 팽창하는 이유는 무엇일까? 그리고 우주는 정확히 무엇으로부터 팽창하고 있었을까?

르메트르는 이 질문을 진지하게 받아들인 초창기 과학자 중 한 명이었다. 그는 우주가 실제로 팽창하고 있다면 과거에는 반드시 더 작았어야 한다고 추측했다. 더 나아가 시간을 거슬러 올라가면 우주 전체는 하나의 입자 또는 "순수한 에너지의 양자" 속에 꽉 들어차 있었을 수밖에 없다고 짐작했다. 르메트르는 그것을 "원시원자Primeval atom"라고 불렀는데, 훗날 그 입자가 더 작은 조각으로 나뉘어 널리 퍼져나갔을 것이라고 보았다. 르메트르가 1931년에 적은 바에 따르면, 원시입자는 "파편으로 쪼개지고, 파편들은 더 작은 조각으로 나뉘었다. …… 세계의 변화는 이제 막 끝난 불꽃놀이에 비유할 수 있다. 몇 가닥 붉은 빛줄기, 재, 연기가 남아 있는 것이다." 그리고 그는 이 잔해에서 출발하여 "점차 사라져가는 세계 기원의 광채를 돌이켜보고자 한다"고 덧붙였다.[24] 르메트르가 제시한 아이디어는 오늘날 빅뱅 우주론으로 불리는 우주 모형의 초기 이론적 토대를 제공했다.

확실한 경험적 증거는 수십 년 후에나 등장했다. 1964년, 천문학자 아노 펜지어스Arno Penzias와 로버트 윌슨Robert Wilson은 빅뱅에서 유래하여 우주의 배경을 이루는 복사를 발견했다. 물리학자 랠프 앨퍼Ralph Alpher와 로버트 허먼Robert Herman이 1948년에 예측한 것과 비슷한 신호였다. 빅뱅의 흔적으로 남은 이 빛은 우주배경복사Cosmic background radiation라고 불리는데, 이에 대한 후속 연구는 1989년 우주배경탐사선Cosmic Background Explorer, COBE 임무를 계기로 본격화되었다. 우주배경복사 연구 덕분에 우리는 빅뱅과 그에 따른 물질 분포 및 우주 구조의 변화에 대해 훨씬 더 자세히 이해할 수 있게 되었다.

1965년, 물리학자 로버트 디키와 동료들은 펜지어스와 윌슨이 감지한 신비스러운 전파 신호가 사실 빅뱅에서 비롯된 복사라는 것을 확인했다. 원시적인 폭발 이후로 온도가 절대온도 3도쯤으로 떨어진 빛이었다. 그해에 로저 펜로즈는 특이점 정리를 내놓았고, 스티븐 호킹은 특이점 정리를 빅뱅에 연결하면서 프리드만의 팽창하는 우주 아이디어를 통합할 방법을 모색했다. 호킹은 또한 "세계 기원"에 대한 르메트르의 초기 생각들을 훨씬 더 확고한 수학적 토대 위에 올려놓았다.

호킹은 설명했다. "머지않아 나는 펜로즈의 정리에서 시간의 방향을 거꾸로 돌려 붕괴가 팽창으로 바뀌어도 정리의 조건들이 유지된다는 사실을 깨달았다. 현재 거시적인 규모에서 보았을 때 우주가 프리드만 모형과 대략이나마 비슷하다면 말이다. 펜로즈의 정리에 따르면, 붕괴하는 별은 **반드시** 특이점으로 끝나야 한다. 이와 반대로 시간을 역전시킨 논증에 따르면, 프리드만 부류의 팽창하는 우주는 **반드시** 특이점에서 시작되었어야 한다."[25] 이 논증은 1970년에 출판된 호킹-펜로즈 공동 논문에서 정식화를 거쳤다. 호킹-펜로즈 논문은 일반상대성이론이 옳다는 가정하에 우리 우주처럼 팽창하는 우주의 기원은 불가피하게 초기 특이점까지 거슬러 올라갈 수밖에 없다는 주장을 펼쳤다.[26]

하지만 호킹은 훗날 그와 같은 단정적인 진술에서 한발 물러섰다. 특이점과 관련된 상황을 고려할 때는, 미시적인 공간 규모에서 더욱 중요해지는 양자 효과까지 반드시 설명에 포함해야 한다는 점을 깨달았기 때문이다. 호킹은 아직 개발되지 않은 양자중력 이론이 필요하다는 결론을 내렸다(양자중력은 일반상대성이론과 양자론을 성공적으로 통합하는 이론이다). 우리 우주 태초의 순간과 그 밖의 범상치 않은 현상들을 완전하고 정확하게 설명하려면 양자중력 이론이 필요했다.

그러나 오늘날 중력 문제에서 주도권을 쥐고 있는 것은 여전히 일반상대성이론이다. 호킹이 그토록 한탄한 이유, 즉 일반상대성이론과 양자역학이 양립하지 않는 것처럼 보인다는 사실은 나중에 다뤄볼 것이다. 그 전에 더 시급하다고 볼 수 있는 문제부터 살펴보자. 우리가 숙고해야 했던 무수한 함의의 근원인 아인슈타인의 이론이 100년이 넘는 세월 동안 맞닥뜨린 문제를 말이다.

7장

물질의 질량

| 양수 질량 추측과
질량의 정의

지금까지 충분히 논의했듯이, 알베르트 아인슈타인이 주창한 이론의 핵심은 질량이 있으면(그리고 질량과 등가인 에너지가 있으면) 시공간이 휜다는 것이다. 그럼에도 놀라울 만큼 오랫동안 의문으로 남은 문제가 하나 있었다. 우주가 과연 그 곡률을 형성하는 데 필요한 질량을 가졌는지이다. 더 정확하게 말해서, 우리 우주의 총질량은 양수일까 하는 의문이다. 이것은 걱정하거나 고려하기에는 좀 이상한 문제처럼 들릴지도 모른다. 하지만 우주의 총질량이 양수라는 명제는 일반상대성이론이 등장한 이래로 그저 참이라고 가정되었을 뿐이다. 일반상대성이론의 방정식이 자체적으로 모순되지 않으려면, 방정식에서 정의된 총질량이 양수이거나 적어도 음수는 아니어야 한다. 그렇지 않다면 대대적인 수정이 가해져야 한다. 질량이 양수라고 가정하는 것과 질량이 양수임을 증명하는 것은 전혀 다른 문제이다.

이것 말고도 더욱 근본적인 문제 하나가 해결되지 않은 채 남아 있었다. 알고 보니 아인슈타인이 이론을 처음 발표했을 당시에는 질량 자체의 의미조차 충분히 이해되지 않았다. 이는 오늘날까지도 완전히 해결되지 않고 있다. 그럼에도 기하학은 질량의 의미가 무엇인가 하는 질문에 답하고 우주의 총질량 문제를 해결하는 과정에서 중요한 역할을 했다.

로저 펜로즈의 말에 따르면, 질량이 양수인지에 대한 의문은 1979년까지 일반상대성이론에서 "중요한 미해결 문제 중 하나"였다.[1] 물리학자들이 오랫동안 문제를 풀지 못하자 로버트 게로치는 1973년에 스탠퍼드대학교 학술대회에서 기하학자들에게 이 추측을 정식으로 증명해보라고 권유했다. 그것은 고립된 (따라서 닫힌) 물리계의 질량과 에너지는 반드시 양수여야 한다는 명제였다. 우주를 고립된 물리계로 생각할 수 있으므로 그와 같은 추측은 우주 전체에 적용될 수 있었다. 게로치가 기하학자들의 관심을 촉구하려 했던 이유는 일반상대성이론에서 기하학과 중력이 근본적으로 연결되어 있었기 때문이다.

이 '양수 질량 추측Positive mass conjecture'의 핵심 전제는 국소적인 물질 밀도가 양수라는 (또는 적어도 음수는 아니라는) 주장인데, 이는 공간상 모든 점에서의 평균 곡률은 반드시 양수여야 한다는 기하학 명제와 동일하다. 개별적인 점 근방의 작은 영역에서 물질 밀도가 양수라는 주장은 일반상대성이론에서 일반적으로 받아들여지는 가정이다. 그리고 지금까지 이루어진 신뢰할 만한 관측과 모두 일치한다는 점에서 전적으로 개연성 있는 가정이기도 하다. 그런데 문제는, 양수 조건이 고립계의 **총에너지**(물질과 중력의 기여가 둘 다 포함된 총에너지)에 **대역적으로** 적용될 수 있느냐는 것이었다. 다시 말해 '공간 무한대Spatial infinity'라고 불리는 아주 먼 곳에서 볼 때에도 양수 조건이 적용 가능한가 하는 문제였다.

게로치의 강연은 학술대회에서 다른 주제로 강연을 하도록 초청받은 야우싱퉁에게 깊은 인상을 남겼다. 야우싱퉁은 게로치가 제기한 문제를 염두에 두었지만 몇 년이 지나서야 본격적으로 연구에 착수했다. 그 무렵 야우싱퉁과 그의 동료 리처드 쇼언은 양의 스칼라 곡률을 갖는 3차원 다양체에 대한 일련의 논문을 완성한 참이었다. 그러한 다양체 또는 시공간을 '점근적 평탄 다양체Asymptotically flat manifold'라고 부른다. 공교롭게도 점근적 평탄 다양체는 양수 질량 추측이 설정되었던 배경과 동일한 시공간으로 밝혀졌다. 이 시공간은 물질이 포함되어 있어서 곡률을 갖는데, 무한대를 향해 서서히(그리고 점근적으로) 이동할수록 곡률이 점점 더 평탄해지는 특징이 있다. 이때 곡률은 유클리드 공간처럼 완전히 평탄해지진 않지만 바깥 방향으로 나아갈수록 점차 평탄해진다.

더 나아가 야우싱퉁과 쇼언은 최소곡면과 관련된 일련의 증명도 완료한 상태였다. 최소곡면은 비눗방울을 떠올리면 되는데, 닫힌 곡선의 경계를 가장 작은 면적으로 메우는 곡면을 의미한다. 두 사람은 최소곡면 이론을 양수 질량 추측에 성공적으로 적용할 수 있는지 알아보기로 했다. 그때까지 물리학자들은 최소곡면 이론을 해결책으로 고려해본 적이 없었다. 그들에게 생소한 수학적 기법이었다는 것이 부분적인 이유였다.

이 접근법은 실제로 효과가 있었다. 1979년에 출판한 논문에서 야우싱퉁과 쇼언은 모순 증명법(귀류법) 전략을 사용했다. 우선 질량이 양수가 아니라 가정하고, 그로부터 3차원 공간 또는 다양체 내부에서 무한하게 뻗어 있는 2차원 최소곡면의 존재를 증명했다. 이 최소곡면에는 몇 가지 특이한 성질이 있다. 그중에서도 야우싱퉁과 쇼언의 관점에서 볼 때 가장 중요한 특징은 이 특정한 곡면이 양수 질량 추측의 설정 배경, 즉 양의 스칼라 곡률을 갖는 3차원 다양체에서는 존재할 수 없다는 점이다. 모순이 생겨난 것이다. 그렇다면 질량은 양수가 아니라는 원래의 주장이 틀렸다는 뜻이 된다. 더 명확하게 말하자면, 야우싱퉁과 쇼언은 그와 같은 고립계의 질량은 반드시 **음수가 아니어야 한다**는 사실을 증명했다. 다시 말해 질량 밀도가 모든 곳에서 0인 '바닥상태Ground state', 즉 평탄한 민코프스키 시공간을 제외한 모든 곳에서 질량은 양수이다.[2]

야우싱퉁과 쇼언이 최초로 증명한 것은 **시간 대칭적인 경우**였다. 동적이지 않은(이른바 공간꼴Spacelike인) 3차원 배경, 다시 말해 시간이 흐르지 않고 아무것도 시간에 따라 변하지 않는 배경하에 설정된 추측을 증명해냈다. 물론 우리 우주는 정적이지 않다. 많은 물리학자는 시간이 자유롭게 흐르는 상황까지 증명이 확장될 수 있을지 의심했다(그중에는 일반상대성이론 발전에 기여한 공로로 아인슈타인메달을 수상한 스탠리 데서Stanley Deser가 있었다). 그럼에도 두 번째 공격에 나선 야우싱퉁과 쇼언은 **시간이 변하는** 더욱 일반적인 경우를 증명하는 데 성공했다. 그 일반적인 경우가 그들이 이미 증명한 특수한(정적인) 경우로 환원될 수 있다는 사실을 보여주었던 것이다. 그들의 증명에서 핵심 단계는 게로치의 전 제자 장봉수가 제안한 방정식을 푸는 것이었다. 장봉수는 그 방정식의 해가 없다고 생각했지만, 야우싱퉁과 쇼언은 한 가지 핵심 가정을 세움으로써 해를 찾을 수 있다는 사실을 발견했다.[3]

쇼언은 '양수 에너지 정리Positive energy theorem'*를 활용하여 '야마베 문제Yamabe problem'에서 해결되지 않은 모든 경우를 푸는 데 성공했다. 야마베 문제는 1960년 야마베 히데히코Hidehiko Yamabe가 정식화한 중요한 수학 문제로 리만 다양체의 스칼라 곡률과 관련된 것이다. 양수 에너지 정리는 '리만 펜로즈 추측Riemannian Penrose conjecture'을 해결하는 데에도 사용되었다. 이 추측은 1973년에 펜로즈가 제안했고, 25여 년 후 수학자 게르하르트르 후이스켄Gerhard Huisken과 톰 일마넨Tom Ilmanen이 증명했으며, 얼마 후 휴버트 브레이Hubert Bray가 더욱 일반적인 조건에서 증명한 명제이다. 리만 펜로즈 추측의 내용은 이렇다. 점근적으로 평탄하며 스칼라 곡률이

---

* '양수 에너지 정리'는 양수 질량 정리의 다른 이름이다. 명칭이 추측에서 정리로 바뀐 이유는 리처드 쇼언과 야우싱퉁이 증명했기 때문이다.

음수가 아닌 3차원 리만 다양체(양수 질량 추측에서 가정한 조건과 동일하다)의 총질량은 반드시 해당 공간 내부에 있는 블랙홀들의 질량보다 크거나 같아야 한다.[4]

총질량 및 에너지가 음수인 시공간 또는 우주는 계의 총에너지에 최저한도가 없어서 에너지가 무한정 계속 떨어질 수 있으므로 어떤 상황에서는 불안정할 수 있다. 그렇게 터무니없는 우려는 아닌 것이, 중력장은 실제로 음의 에너지를 갖기 때문이다. 반대로 전기장은 양의 에너지를 갖는다(그렇기 때문에 전기 회로와 전원 공급 장치에 주로 쓰이는 축전기 같은 장치가 에너지를 저장할 수 있는 것이다). 이러한 부호의 차이(전기장은 양의 에너지를 갖고 중력장은 음의 에너지를 갖는 이유)는, 전기전하는 부호가 반대될 때 서로를 끌어당기는 반면 질량은 부호가 같더라도 서로를 끌어당기기 때문이다. 양수 질량 정리는 우리 우주의 에너지가 끊임없이 감소하고 있을지 모른다는 우려를 어느 정도 덜어준다.

하지만 양수 질량 정리를 근거로 우리 우주가 안정적이라고 단정할 수는 없다. 왜냐하면 이 정리는 접근적으로 평탄한 시공간에만 적용할 수 있고, 우리 우주가 과연 이 기준을 충족하는지는 알지 못하기 때문이다. 그리고 우리 우주가 어떤 종류의 경계를 가졌는지, 더 나아가 경계 자체가 있긴 한지도 알지 못한다. 더군다나 우주의 총질량 및 에너지에 대해 일반적으로 받아들여지는 정의도 없다. 우리가 우주 경계의 본질을 이해한다면 상황은 달라지겠지만 말이다. 결론적으로 양수 질량 추측의 증명은 우리 우주가 안정적이라는 희망을 어느 정도 선사해주지만, 우주의 안정성 문제가 해결되었다고 단정지을 수는 없다.

1981년, 물리학자 에드워드 위튼Edward Witten은 물리학자들이 더욱 수월하게 받아들일 만한 접근법을 사용하여 양수 질량 정리를 증명했다. 그는 야우싱퉁과 쇼언이 사용한 비선형 방정식보다 이해하기 쉬운 선형 방정식에 기초하여 논증을 전개했다. 위튼의 논문은 또한 민코프스키 시공간의 안정성을 뒷받침하는 데에도 도움이 되었다. 그가 논문에서 말했듯이 민코프스키 시공간은 "최저 에너지를 가진 유일한 공간"이며, 따라서 "민코프스키 공간이 에너지적으로 붕괴할 수 있는 상태는 없다."[5] 1990년, 위튼은 부분적으로 양수 질량 정리에 대한 연구 덕분에 물리학자로는 최초로 수학계에서 가장 권위 있는 상인 필즈상을 수상했다.

1981년에는 야우싱퉁과 쇼언이 기존의 양수 질량 정리를 바탕으로 '본디 질량Bondi mass'이 양수임을 증명했다. 본디 질량은 고립된 물리계에서 중력복사로 인해 질량과 에너지가 손실되고 남은 총질량을 의미한다.[6] 2017년에는 또 하나의 기념비적인 성과를 이루었다. 앞서 언급한 위튼의 연구는 스핀*과 관련된 한 가지 조건 때문에 4차원이 넘는 시공간에는 적용되지 않았는데(그

---

* 엄밀히 말하면 여기서 스핀이란 흔히 입자물리학에서 쓰이는 용어(가령 전자가 가진 1/2 스핀)가 아닌 '스핀 다양체Spin manifold'라는 미분위상수학 용어를 의미한다. 미주 7번으로 인용된 논문에서 야우싱퉁과 쇼언은 이렇게 말한다. "에드워드 위튼은 디랙 연산자 방법을 사용하여 스핀 다양체의 양수 질량 정리를 증명했다. …… 이 논문에서 우리는 …… 스핀 [다양체라는] 가정을 제거한다."

조건은 위튼의 증명에서 핵심 역할을 한다), 야우싱퉁과 쇼언이 위튼의 작업을 확장했던 것이다. 그들은 위튼의 가정을 제거함으로써 4차원이 넘는 시공간에 대한 양수 질량 정리의 증명을 완성했다. 이제 남은 조건은 문제의 시공간 또는 다양체가 점근적으로 평탄하다는 것뿐이다.[7]

• • •

이처럼 질량이 양수라는 사실은 40여 년 전에 수학적으로 확립되었다. 하지만 따로 강조해둘 것이 있다. 일반상대성이론에서 널리 받아들여지는 단 하나의 질량 개념, 즉 전부는 아니더라도 대부분의 상황에 적용할 수 있는 표준 질량 개념은 심지어 현재까지도 등장하지 않았다. 오늘날 우리가 질량을 이해하고 있는 방식은 아인슈타인이 초기에 정립한 개념까지 거슬러 올라간다. 중력이 없는 텅 빈 공간에 어떤 고립계가 있다고 해보자. 아인슈타인의 방식에 기반한 우리의 질량 개념은 무한하게 멀리 떨어진 곳에서 그 고립계의 질량과 에너지를 결정하는 경우에 한정되어 있다. 이러한 공간을 떠올려볼 방법이 하나 있다. 텅 빈 구형 공간의 중심에 블랙홀이 있다고 상상해보자. 이제 그 구형 공간의 반지름을 무한대까지 확장하자. 무한대로 멀어진 곳에는 물질이 없고 공간도 거의 완벽하게 평탄하다. 바로 그곳에 일반상대성이론을 좋아하는 사람 한 명을 배치한다고 생각해보자. 그 사람에게는 구형 공간 내부에 있는 조밀한 천체의 질량을 알아내는 도구가 있다. 다행히도 가상의 구 중심에 있는 가상의 블랙홀의 질량을 꽤 정확하게 추정하기 위해 무한대까지 갈 필요는 없다. 실질적으로 구의 반지름은 슈바르츠실트 반지름에 비해 충분히 크기만 하면 된다. 그쯤으로도 우리가 확인하고자 하는 질량을 가진 블랙홀이 시공간에 일으키는 국소적 혼란으로부터 우리의 충실한 관측자를 보호하기엔 충분하다.

쇼언-야우와 위튼의 양수 질량 정리 증명에는 'ADM 질량ADM mass' 정의가 사용되었다. 이 정의는 물리학자 리처드 아노윗Richard Arnowitt, 스탠리 데서, 찰스 미스너Charles Misner가 1959년부터 연달아 출판한 논문에서 도입되었는데, 이름의 머리글자를 따서 ADM이라는 이름이 붙었다. 그들은 초기값 문제의 맥락에서 일반상대성이론 방정식을 적어 내려갔다. 다시 말해 몇 가지 특정한 초기조건에서 시작하여 시간이 흐름에 따라 방정식을 전개했다. 세 물리학자의 정의는 이본 쇼케-브뤼아가 개척한 3+1 수식 체계를 채택한 덕분에 기존의 정의보다 좀 더 명확해졌다. 특정한 시점의 질량을 정확하게 결정하기 위해 4차원 시공간에서 시간 성분을 분리했던 것이다. 시공간 혼합체에서 시간을 떼어내는 방식은 이 사례에서 전적으로 허용된다. 왜냐하면 질량과 에너지는 보존량이므로 시간에 따라 값이 변하지 않기 때문이다.

ADM 질량은 기존의 아인슈타인 개념을 여러 면에서 개선한, 질량을 더욱 정확하게 정식화한 개념이다. 하지만 이번에도 이 접근법은 (시간 방향이 아니라) 공간 방향으로 매우 멀리 떨어진 곳에서 바라본 고립계의 질량을 다루는 방법에 국한된다(공간 무한대라고 불리는 그 관찰 영역에서는 시공간 기하가 평탄한 민코프스키 시공간에 가까워진다).

하지만 더 자세한 관점으로 들여다보고 질량을 더 세밀하게 계산하고 싶다면 어떻게 해야 할까? 문제의 계가 고립되어 있지도 않고 무한히 멀리 떨어져 있지도 않다고 가정해보자. 유한한 부피의 좁은 영역에 한정된 질량을 알아내고 싶다면 어떻게 해야 할까? 예를 들어 그 영역에 하나가 아닌 둘 이상의 블랙홀이 포함되어 있는 경우, 해당 계의 질량값을 총체적으로 알아내는 대신 블랙홀의 개별적인 질량에 대해 말할 수 있다면 좋을 것이다.

연구자들이 오랫동안 찾아 헤맨 이러한 정의를 '준국소 질량Quasilocal mass'이라고 한다. 완전히 국소적이지 않고 준국소적인 이유는, '국소'가 시공간의 한 점을 의미하기 때문이다. 잠깐 펜로즈의 말을 들어보자. "중력장 자체에서 비롯되는 에너지까지 포함하여" 질량 및 에너지의 모든 가능한 원천을 "전부 포괄하는 **국소적인 질량-에너지 정의**는 일반상대성이론에서 존재하지 않는다."[8] 그렇다면 차선책을 시도할 수 있다. (한 점의 질량이 아니라) 꽤 작은 공간에 들어 있는 질량을 결정하는 것이다. 어쩌면 특정한 영역의 개별적인 구성요소를 하나하나 살펴볼 수 있을지도 모른다. 그 계를 멀리 떨어져 있는 불분명한 하나의 덩어리로 보고 전체 질량을 알아내는 것 대신 말이다.

이것은 수십 년 동안 물리학자들과 수학자들이 추구한 목표였다. 하지만 특정한 계 내부의 준국소 질량을 정의하기 전에 먼저 총질량이 실제로 양수라는 사실을 기준선으로 설정할 필요가 있었다. 앞서 논의했듯이, 이는 1979년에 달성된 목표였다. 펜로즈는 그해 말 프린스턴고등연구소에서 열린 세미나에서 바로 이 지점을 언급했다. "공간 무한대에서 측정한" 질량이 양수임을 확증한 최근의 연구를 고려하면 "일반상대성이론의 [다른] 고전적인 문제들도 그리 머지않은 미래에 해결되리라고 보는 것이 합리적입니다." 그리고 다음과 같이 덧붙였다. "일반상대성이론이 최근 몇 년간 실험적으로 잘 검증된 이론이 되었다"는 점을 감안하면, 그러한 시간 투자는 충분히 가치가 있다고 말이다. "이 고전적인 이론[일반상대성이론]에 대한 중요한 수학적 결과는 물리학에서 영속적인 위치를 차지할 것입니다."[9]

펜로즈의 희망 사항 목록에서 첫 번째 항목은 "에너지 개념을 유의미하게 정의하기 위해 '무한대까지' 갈 필요가 없는 일종의 **준국소** 에너지 정의"였다.[10] 이 목표를 달성하기 위해서 여러 정식화 방법이 제시되었다. 특정한 상황에 적합한 정의들도 있었지만, 모든 정의에는 몇 가지 결점이 있었다. 모든 면에서 완벽한 정의는 없었다.

스티븐 호킹이 1968년에 제안한 비교적 단순한 준국소 질량 정의는 현재까지도 일부 연구자들이 사용하고 있다. 그는 2차원 구면 내부의 질량을 계산하는 공식을 제시했다. 구면에 수직으로 들어오고 나가는 광선이 구면 내부의 질량 및 에너지에 의해 휘어지는 정도를 알아냄으로써 그렇게 할 수 있었다. 이 '호킹 질량Hawking mass'의 장점은 비교적 계산하기가 쉽다는 것이다. 하지만 특수한 경우에만 잘 작동하므로 한계는 있다. 다시 말해, 구대칭 시공간(완벽하게 둥근 물체는 현실 세계에 없으므로 이상화된 것에 불과하다) 또는 아무런 동적 변화도 없는 정적인 시공간에서만 유효하다.[11]

호킹의 정의에는 훨씬 더 심각한 결점이 있다. 우리가 알고 있는 민코프스키 시공간 내부의 거의 모든 영역에서 호킹 질량의 값이 음수로 드러난 것이다. 이는 양수 질량 정리(질량의 값은 음수일 수 없음) 그리고 우주에 대한 기초적인 이해와 정면충돌하는 결과였다. 호킹 질량은 유용한 개념이지만, 민코프스키 시공간이라는 조건에서는 결코 질량으로 해석될 수 없다. 일반상대성이론에서 음의 질량이라는 개념은 의미를 갖지 않기 때문이다.

오스트레일리아의 수학자 로버트 바트닉은 1989년에 준국소 질량의 새로운 정의를 제안했다. 이 정의는 양수 질량 추측의 국소화된 버전이라고 할 수 있다.[12] 바트닉의 아이디어는 다음과 같다. 우선 어떤 곡면으로 둘러싸인 유한한 크기의 영역을 생각해 보자. 그리고 갈수록 면적이 더 넓은 곡면으로 그 영역을 겹겹이 둘러쌈으로써 유한한 영역을 무한한 크기까지 확장한다. ADM 질량을 계산할 수 있도록 말이다. 그런데 영역을 확장하는 방법은 다양하다. 풍선의 표면을 균일하게 부풀리거나 여러 방향으로 잡아 늘일 수 있는 것과 같다. 각각의 방법은 제각기 다른 ADM

질량을 산출한다. 바트닉에 따르면, 이 방식으로 얻을 수 있는 가장 작은 ADM 질량값이 바로 준국소 질량이다. 수학자 왕무타오는 우리에게 다음과 같이 설명했다. "양수 질량 정리가 없었더라면 이 논증은 불가능했을 겁니다. 질량이 음의 무한대까지 갈 수도 있으니까요." 그렇다면 최소 질량을 결코 찾아낼 수 없었을 것이다.[13]

바트닉의 질량 정의는 우아하고 간결했으므로 그의 논문은 일부 수학자들 사이에서 화젯거리가 되었다. 얼마나 간결한지, 단세 쪽에 불과했다. 하지만 그의 접근법에는 실질적인 결점이 있었다. 수학자 황란쉬안Lan-Hsuan Huang이 우리에게 설명한 바에 따르면, 바트닉의 방식으로 최소 질량을 찾는 것은 극도로 어려운 일이다. "준국소 질량의 값을 실제로 계산하는 것은 불가능에 가깝습니다."[14] 바트닉 질량의 정의는 아직 충분히 확증되지 않은 어떤 추측들의 타당성에 달려 있다고 왕무타오는 덧붙였다.[15]

2003년과 2004년, 야우싱퉁과 그의 수학자 동료 멀리사 류Melissa Liu는 또 하나의 준국소 질량 개념을 제안했다. 1979년의 양수 질량 정리 그리고 물리학자 데이비드 브라운David Brown과 제임스 요크James York가 1990년대 초에 진행한 연구에 기반한 결과였다. 브라운과 요크 접근법의 첫 번째 단계는 측정하고자 하는 물리계를 2차원 곡면으로 감싸는 것이다. 그 곡면의 기하를 분석하고 그것이 시공간에서 어떻게 휘어져 있는지 분석하면 적어도 이론상으로는 내부에 포함된 질량을 알아낼 수 있다.

브라운과 요크의 방법은 곡면의 **내재** 기하와 **외재** 기하 둘 다에 의존한다. 내재 기하는 곡면 위의 곡선을 따라 측정되는 두 점 사이의 거리로 정해지는데, 곡면이 어느 방향으로 어떻게 형성되어 있는지와 무관하게 변하지 않는 특성이다. 예를 들어 종이 한 장에 점을 두 개 찍는다고 생각해보자. 종이를 평탄하게 펼쳐놓든 돌돌 말아서 원기둥을 만들든, 곡면을 따라 측정한 두 점 사이의 최단거리는 변하지 않는다. 개미 한 마리가 한 점에서 다른 점까지 기어간다고 했을 때, 그 개미는 두 경우의 차이를 구별하지 못할지도 모른다. 하지만 그 곡면을 외부에서 본다면, 평탄한 종이는 관 모양(원기둥)으로 말린 종이와는 다르게 보일 것이다. 이는 전적으로 외재 기하의 차이다.

브라운과 요크는 우선 '자연적인' 배경(물리계가 실제로 놓여 있는 시공간)에서 곡면(물리계를 둘러싼 곡면)의 기하 구조를 측정했다. 그런 다음 3차원의 평탄한 유클리드 공간을 '기준시공간Reference spacetime'으로 선택해서 동일한 곡면을 측정했다. 내재 기하의 관점에서 두 곡면은 구별되지 않는다(내재 기하는 어떤 공간에 놓여 있는지에 따라 달라지지 않기 때문이다). 하지만 브라운과 요크의 추론에 따르면, 서로 다른 시공간을 배경으로 하는 외재 기하의 관점에서는 두 곡면이 서로 다르다고 볼 수 있으며 이 차이는 중력장 때문에 발생한다(평탄한 유클리드 공간의 중력장은 정의상 0이다). 결과적으로 그 중력장을 살펴보면 곡면으로 둘러싸인 질량 및 에너지의 측정값, 즉 준국소 질량을 알아낼 수 있다.[16]

그러나 브라운-요크의 준국소 질량 정의에는 몇 가지 결점이 있다. 준국소 질량이 0이어야 하는 평탄한 민코프스키 시공간에서도 양수가 될 수 있기 때문이다. 그러므로 그와 같은 상황에서는 잘못된 답이 나온다. 더군다나 브라운-요크의 정의는 정적이고 시간 대칭적인 경우에만 유효하다. 그리고 질량의 계산값은 법선틀Normal frame을 어떻게 선택하느냐에 따라 달라진다. 왕무타오는 법선틀이라는 개념을 다음과 같이 생각해보길 권한다. 가느다란 선로, 사실상 철사에 가까운 선로를 달리는 특이한 롤러코스터가 있다고 상상해보자. 선로의 어느 지점에서든 접선Tangent line을 그릴 수 있다. 접선이란 선로의 한 점에만 닿아있는 선을 의미한다. 이제 롤러코스터에서 정면을 바라보고 있는 탑승객이 어느 지점에서 일어나 양팔을 좌우로 쭉 뻗는다고 해보자. 탑승객의 머리는 접선과 수직인 방향을 가리킬 텐데, 양쪽으로 뻗은 팔도 마찬가지로 접선과 수직이다. 이는 선택 가능한 법선틀 가운데 하나에 해당한다. 두 방향(머리와 팔)이 서로 수직이고 둘 다 접선과도 수직인 틀이다.

이번에는 탑승객이 롤러코스터 차체가 아니라 두 발 사이에 놓인 관에 묶인 채로 선로와 연결되어 있다고 생각해보자. 속이 빈 관 모양 파스타 면이 줄에 매달려 있고 작은 레고 인형의 두 발이 파스타 면에 붙어 있는 모습을 떠올리면 된다. 탑승객은 똑바로 설 수 있을뿐더러 거꾸로 매달릴 때까지 회전할 수도 있고 다시 원래의 수직 방향 위치로 돌아올 수도 있다. 회전하는 동안 탑승객이 양팔을 계속 뻗고 있다면 방향이 바뀌는 매 각도마다 다른 법선틀이 설정될 것이다. 기존의 수직 자세에서 거꾸로 된 자세로, 또다시 원래 수직 자세로 빙빙 도는 동안 말이다. 이렇게 방향이 달라질 때마다, 즉 법선틀이 다르게 선택될 때마다 브라운-요크의 질량값은 달라질 수 있다.[17]

멀리사 류와 야우싱퉁의 질량 정의는 이런 문제가 생기지 않는다는 점에서 발전했다고 볼 수 있다. 다시 말해 법선틀 선택과 무관하다고 하거나 전문 용어로는 '게이지와 무관하다Gauge independent'고 말할 수 있다. 또 멀리사 류와 야우싱퉁은 준국소 질량이 양수라는 명제를 처음으로 일반적인 조건에서 증명하기도 했다. 그들의 연구는 수학자 시유광Yuguang Shi과 탐룬후이Luen-Fai Tam가 2002년 논문에서 시간 대칭적인 경우에 한정하여 브라운-요크 질량이 양수임을 증명한 연구를 확장한 것이었다.[18] 류-야우 준국소 질량은 시간 대칭적인 경우에 국한되지 않았지만, 두 사람의 정의도 브라운-요크 질량을 괴롭히던 또 하나의 문제를 여전히 겪고 있었다. (준국소 질량이 0이어야 하는) 평탄한 민코프스키 시공간에서도 질량이 양수를 유지하고 있었던 것이다.

왕무타오와 야우싱퉁은 이 결점을 해결하기 위해 2008년에 힘을 합쳤다. 두 사람은 (브라운과 요크처럼 3차원 유클리드 공간 대신) 4차원 민코프스키 시공간을 기준시공간으로 설정했다. 이 접근법은 왕-야우 수식체계의 준국소 질량이 항상 양수임을 보장하는 데 도움이 되었다. 곡면의 배경이 되는 시공간(즉, 물리계가 놓인 물리적인 시공간)도 기준시공간과 똑같이 민코프스키 시공간인 경우는 제외하고 말이다. 이때는 (민코프스키 시공간이라면 당연히 만족해야 하듯) 준국소 질량이 0이 된다. 위에서 언급한 문제가 해결된 것이다. 이러한 조건(물리적인 시공간이 민코프스키 시공간일 때 질량이 0이 된다는 조건)이 충족되는 이유는 다음과 같다. 곡면이 물리적인 시공간에 있을 때와 기준시공간에 있을 때 (두 배경 모두 민코프스키 시공간으로 똑같으므로) 곡면의 외재 기하가 동일하기 때문이다. 왕무타오와 야우싱퉁은 준국소 질량의 정의가 만족해야 하고 그들의 정의가 실제로도 만족하는 다른 조건들도 상세히 설명했다. 우선 물리계를 구면으로 둘러쌌을 때, 구면의 반지름이 무한대로 갈수록 물리계의 질량이 ADM 질량에 가까워져야 한다. 이 조건은 왕-야우 정의에 의해 자동으로 충족된다.

왕무타오와 야우싱퉁이 제안한 또 하나의 조건은 "[물리계를 둘러싸는] 곡면이 한 점으로 수렴할 때 타당한 극한값Correct limit이 얻어져야 한다"는 것이었다.[19] 이 조건 역시 왕-야우 정의에 의해 충족된다. (0이 아닌 극한값을 얻기 위해 정규화Normalization라는 절차를 거친 후) 한 점에서 얻어지는 "타당한 극한값"은 사실 그 점에서의 응력-에너지 텐서값이다. 아인슈타인 방정식의 우변에 있는 응력-에너지 텐서 말이다. 이 텐서는 한 점으로 수렴할 때 어떤 일이 벌어지는지 서술한다고 볼 수 있다. 왜냐하면 텐서 T_{ij}가 시공간상 한 점에서의 운동량과 질량뿐만 아니라 에너지(전자기장과 그 밖에도 중력과 무관한 다른 장들에서 비롯되는 에너지와 암흑에너지까지 모두 포함한 양) 또한 나타내기 때문이다. 우리가 바라는 정보, 즉 준국소 질량의 정의가 시공간상 한 점의 근방에서 제공하길 바라는 정보가 바로 이러한 것이었다.

왕무타오와 야우싱퉁은 2008년 논문에서 자신들의 정의가 "준국소 질량을 타당하게 정의하는 데 필요한 모든 요건을 충족하며, 요구되는 모든 특성을 만족하는 유일한 정의가 될 것"이라는 믿음을 표명했다.[20] 그러나 왕무타오는 한편으로 그들의 접근법에도 골칫거리가 있음을 인정했다. "우리의 정의는 몹시 엄밀하지만, 항상 매우 어려운 비선형 계산을 여럿 수행해야 한다"고 말했던 것이다.[21]

2015년, 왕무타오와 야우싱퉁은 수학자 천포닝의 도움을 받아 그들의 준국소 질량 정의를 사용하여 '준국소 각운동량Quasilocal angular momentum'을 정의했다. 이것은 일반상대성이론이 나타난 후 1세기 동안 해결책을 찾지 못했던 난제였다.[22] 실제로 이 문제는 로저 펜로즈가 작성한 일반상대성이론의 고전적인 주요 미해결 문제 목록에서 2위에 오르기도 했다. 준국소 각운동량을 정의하려면 먼저 준국소 질량과 회전을 정의해야 한다(왕무타오와 야우싱퉁이 보기에 준국소 질량은 이미 만족스럽게 정의되었다). 그런데 일반적인 4차원 시공간에서 준국소 각운동량의 정의는 좌표계를 어떻게 정하느냐에 따라 달라진다. 다시 말해 좌표계를 다르게 정하면 각운동량값도 달라질 수 있다. 바로 이것이 해결해야 할 문제였다.

천포닝과 왕무타오 그리고 야우싱퉁은 이번에도 민코프스키 시공간을 기준시공간으로 사용하여 이 문제를 회피할 수 있었다. 어떠한 대상 또는 곡면의 회전은 민코프스키 시공간에서 쉽게 정의되는데, 시공간의 평탄성에서 비롯되는 회전 대칭성 덕분이다. 다음과 같이 상상해보면 이해하는 데 도움이 된다. 뉴욕시 타임스퀘어처럼 붐비는 도시 한가운데에 서 있다고 생각해보자. 360도 전체를 도는 동안 보이는 대상(사람들, 차량, 도로 표지판, 건물, 상점 등)은 계속해서 바뀔 것이다. 그 장소에서는 회전 대칭성이 없기 때문이다. 반면 북아메리카 대평원이나 모하비 사막처럼 완벽하게 평탄하고 단조로운 곳에 서서 주위를 둘러본다면, 회전 대칭성이 있으므로 모두 똑같은 풍경처럼 보일 것이다. 물질이 전혀 없는 평탄한 시공간에서도 똑같은 대칭성 논변을 적용할 수 있다. 세 사람은 이 사실을 활용함으로써 민코프스키 시공간에서 준국소 각운동량이 좌표계 선택에 따라 달라지지 않는다는 것을 보여주었다.

그런 다음 기존에 확립되어 있던 어떤 수학 정리를 사용하여 자연적인 시공간(물리계가 놓인 물리적인 시공간)에 있는 곡면의 점들과 기준시공간(민코프스키 시공간)에 있는 동일한 곡면의 점들을 서로 일대일 대응시켰다. 민코프스키 시공간 자체에 내재한 회전 대칭성 덕분에 민코프스키 시공간에서 회전이 어떻게 이루어지는지 이해할 수 있으므로, 이 일대일 대응 관계를 통해 실제 물리적 곡면에서 회전이 어떻게 성립하는지 파악할 수 있다.

2022년, 천포닝과 왕무타오 그리고 야우싱퉁은 1960년대 초까지 거슬러 올라가는 또 다른 오랜 문제를 수학자 왕예카이Ye-Kai Wang와 함께 해결했다. 중력파가 전달하는 각운동량과 관련된 문제인데, 두 블랙홀이 병합되는 동안 방출되는 중력파의 경우가 한 예시이다. 안타깝게도 그들은 2015년에 정의한 준국소 각운동량을 사용할 수 없었다. 왜냐하면 시공간이 극도로 휘어 있고 중력복사 패턴이 복잡하게 얽힌 강렬한 사건의 근처에서는 정밀한 측정이 불가능하기 때문이다.[23]

그래도 블랙홀과 상관없는 보다 친숙한 상황을 고려하면 어느 정도 성과를 거둘 수 있다. 예를 들어 사방으로 전파를 송출하는 대형 무선방송 안테나를 생각해보자.[24] 전파가 나르는 에너지를 송신기 바로 옆에서 측정하려고 하면 전파가 복잡한 방식으로 서로 간섭을 일으켜서 측정이 어려워진다. 그러나 전파원에서 멀리 떨어진 곳에서 보면 전파가 빛의 속력으로 곧장 바깥쪽을 향해, 즉 방사 방향으로Radially 이동하고 서로 전혀 상호작용하지 않는다. 전파의 세기, 다시 말해 단위 면적당 전파에 의해 전달되는 일률Power*은 $1/r^2$의 비율로 계속해서 감소한다. 여기서 r은 파원(이 경우 무선방송 안테나)으로부터의 거리를 의미한다. 빛과 모든 형태의 전자기복사가 나아가는 방향은 '영방향Null direction'이라고

---

* 일률이란 단위 시간당 일의 양이다. 단위 시간당 얼마나 많은 에너지가 흐르는지를 나타내는 양이라고 볼 수 있다. 요컨대 전파의 세기는 전파의 에너지가 단위 면적을 단위 시간당 얼마나 많이 통과하는지를 의미한다.

하는데, (시공간 도표에서) 모두 빛원뿔 모양으로 퍼져나간다. 만약 당신이 영방향을 따라 최대한 멀리 계속해서 이동한다면 결국 영무한대Null infinity에 도달하게 된다. 영무한대는 펜로즈가 1964년에 도입한 개념으로, 물리학자들은 그곳을 블랙홀을 관측하기 위한 최적의 장소로 간주한다.

적어도 가상적으로는 빛원뿔의 가장자리를 따라 여러 지점에 관찰자들을 배치할 수 있다. 관찰자들은 그곳에서 전파의 에너지를 측정하고 결과를 취합한 다음 안테나에서 전송되는 총에너지를 결정한다. 이론적으로 말하자면, 이와 동일한 접근법을 사용하여 중력파의 형태로 전달되는 에너지를 측정할 수 있다(중력파 또한 빛의 속력으로 이동하므로 시공간 도표에서 빛원뿔 모양으로 퍼져나간다). 중력파가 에너지를 운반한 후에 남은 '본디 질량'도 영무한대에서 정의되고 측정된다(본디 질량은 241쪽을 참고하라). 물론 실제로 무한히 멀리 떨어진 곳에 인간 관찰자를 배치할 수는 없다. 그 대신 물리학자들과 수학자들은 영무한대에서의 극한까지 계산을 수행하면서 문제와 씨름한다.

하지만 중력파가 전달하는 각운동량을 결정하려고 하면 여전히 복잡한 문제가 발생한다. 압하이 아쉬테카르가 우리에게 지적한 것처럼, "중력파는 측정이 수행되는 시공간을 왜곡하는데, 그러한 왜곡은 모든 방향에서 균일하지 않기" 때문이다.[25] 이는 중력파가 시공간을 이동하면서 영구적인 흔적을 남긴다는 '중력파 기억효과'의 결과이다.

우리가 논의하는 맥락에서 이 문제가 의미하는 바는 다음과 같다. 원점을 한 점에서 다른 점으로 옮기는 식으로 좌표계를 이동시키면 각운동량의 계산값도 달라질 수 있다는 것이다. 질량과 선운동량Linear momentum*은 원점으로부터 해당 위치까지의 각도(방향)에 따라 값이 달라지지 않으므로 좌표계 이동의 영향을 받지 않는다. 반면 각운동량 L은 원점으로부터의 거리 r과 선운동량 p의 곱(엄밀히 말하면 벡터곱Vector product**)으로 정의되는데, 방금 설명한 중력복사의 영향 때문에 r의 값이 원점으로부터의 각도에 따라 변하기도 한다. 다시 말해 길이 또는 '시공간 간격'은 중력파에 의해 바뀔 수 있고, 이 때문에 좌표계 모호성(이른바 초병진Supertranslation)이 발생한다.

이러한 모호성 때문에 펜로즈는 1982년에 출판한 논문에서 이렇게 지적했다. "이런 상황에서는 중력복사가 운반하는 각운동량의 문제를 어떻게 엄밀하게 논의할 수 있는지 알기가 어렵다."[26] (초병진 문제 또한 일반상대성이론의 상위 미해결 문제 목록에서 한자리를 차지했다.)

---

* 선운동량은 물체의 질량과 속도의 곱으로 정의되는 양으로, 흔히 '운동량'이라 하면 선운동량을 가리킨다.

** 벡터곱에 대해 몰라도 논의를 따라가는 데 전혀 지장이 없지만 간단하게 설명하면 다음과 같다. 흔히 우리가 알고 있는 곱셈은 하나의 수와 또 하나의 수 사이의 연산이다(가령 6×22). 하지만 벡터는 하나 이상의 수로 이루어질 수 있으므로 두 벡터를 곱하려면 기존의 곱셈과는 다른 연산 방법이 필요하다. 벡터를 곱하는 방법은 크게 두 가지로 스칼라곱과 벡터곱이 있다. 스칼라곱은 두 벡터를 곱하면 스칼라(하나의 수)가 나오는 연산이고, 벡터곱은 두 벡터를 곱하면 벡터가 나오는 연산이다.

물론 각운동량과 같은 보존량은 우리가 어떻게 표현하느냐에 따라 달라지거나 달라지는 것처럼 보여서는 안 된다. 천포닝, 왕무타오, 왕예카이, 야우싱퉁은 바로 이러한 상황을 바로잡고자 했다. 앞서 언급한 2022년 논문에서 그들은 '초병진 불변Supertranslation-invariant' 각운동량의 정의를 제시했는데, 좌표계 이동에 따라 값이 변하지 않는 최초의 각운동량 정의였다. 이 정의는 천포닝과 왕무타오 그리고 야우싱퉁이 2015년에 제안한 준국소 각운동량의 정의에서 도출한 것이다. 왕무타오는 이 접근법을 우리에게 다음과 같이 설명했다. "먼저 [기존의 정의를 사용하여] 유한한 반지름[원점으로부터의 거리]에서의 준국소 각운동량을 결정한 다음, 반지름을 무한대로 보내서 각운동량의 극한을 구했습니다."[27]

수학자 데메트리오스 크리스토둘루에 따르면, 그들의 논문은 "일반상대성이론의 중요한 문제, 즉 미래의 영무한대에서 각운동량을 어떻게 적절하게 정의할지를 본질적으로 해결했다."[28] 이것은 처음으로 알려진 지 60년 만에 해결된 문제였다.

LIGO와 비르고를 운용하는 과학자들은 블랙홀 병합에서 기원한 중력파를 벌써 100여 번이나 관측했다. 그리고 지금도 중력파에서 최대한 많은 정보를 추출하고자 항상 노력하고 있다. 이런 상황을 고려하면 "매우 기본적인 개념에 대한 명확한 정의와 견고한 수학적 수식체계를 갖추는 것"이 필수라고 리디아 비에리는 우리에게 말했다.[29] 야우싱퉁과 그의 동료들이 제시한 정의 같은 것들 말이다.

비에리가 지적한 말의 의미를 좀 더 자세히 살펴보자. LIGO의 과학자들이 크게 의존하는 수치상대론은 아인슈타인 방정식을 풀기 위해 고안된 근사법을 바탕으로 한다. 따라서 근사법을 적용하려 하는 상황과 개념의 실제 의미를 깊이 있게 파악하는 것이 중요하다. 물리학자이자 LIGO의 공동 연구자인 비자이 바르마는 실질적인 측면에서 현재 중력파 천문학에서 이루어지고 있는 관측은 초병진으로 인한 미묘한 차이가 드러날 만큼 정확하진 않다고 우리에게 지적했다. "하지만 관측의 정확도가 10배 향상되면 [초병진과 같은] 문제가 더 중요해질 겁니다." 그 정도의 개선은 그리 멀지 않았으며 향후 10년 내에 실현되리라고 바르마는 전망한다.[30]

그러는 동안 보통 사람들은 각운동량 정의의 좌표계 모호성 따위를 걱정하며 잠 못 이루지는 않을 것이다. 하지만 천포닝과 왕무타오, 왕예카이, 야우싱통이 얻은 결과, 즉 비에리의 표현을 빌려 다시 말하자면 "수년에 걸친 복잡한 수학적 탐구의 결정체"는 그저 추상적이고 심원한 지식만은 아니다.[31] 그러한 탐구는 광막한 캔버스에서 펼쳐지는 장관에 관한 것이며, 그 탐사를 통하여 우리는 경관을 총천연색으로 관조할 수 있는 수단을 갖추게 되었다. 궁극적으로 우리는 그로부터 혜택을 얻게 될 것이다. 중력이 강한 블랙홀과 같은 두 천체가 시공간에서 만나 격렬하게 결합할 때, 그 운명적인 접선의 증거가 너울거리며 우주를 가로지를 때,

그 사건에서 무슨 일이 일어나는지에 관심이 있다면 말이다. 안목과 채비를 갖춘 구경꾼이라면 그로부터 뭔가를 배우기를 희망할 것이다.

8장

통일을 위한 탐구

| 통일 이론과 양자중력
  그리고 끈이론

모험담의 마지막을 앞둔 지금, 우리가 어디에 있는지 그리고 일반상대성이론 탐구가 우리를 어디로 데리고 왔는지 되돌아보는 것도 유익할 듯하다. 알베르트 아인슈타인이 중력에 관한 지식을 단 한 줄로 요약하여 장 방정식을 선보인 지 정확히 100년이 되는 날인 2015년 9월 14일, LIGO는 중력파가 실재함을 확증했다. 2015년의 중력파 검출은 블랙홀이 실제로 존재한다는 가장 강력하고 직접적인 증거이기도 했다. 카를 슈바르츠실트가 1916년에 제시한 아인슈타인 방정식 해는 반세기 후 로이 커와 로저 펜로즈의 수학 정리로 뒷받침되면서 블랙홀이 내부에 특이점을 품고 있다는 생각을 강화했다. 특이점은 우리의 시공간 개념이 무너지고 아인슈타인 이론의 예측이 신뢰성을 잃는 곳이다. 다시 말해 LIGO의 발견은 일반상대성이론의 놀라운 승리를 의미함과 동시에 바로 그 이론이 (일부 측면에서 불충분할 뿐만 아니라)

불완전하다는 부정하기 힘든 징후를 보여주었다.

그런 연유로 물리학자들은 시공간을 더욱 근본적인 수준에서 서술하는 새롭고 광범위한 이론이 필요하다고 주장한다. 일반상대성이론이 뉴턴 중력의 성공을 지켜왔듯이 새로운 이론은 일반상대성이론의 성공을 지켜야 한다. 그뿐 아니라 블랙홀의 내부 또는 스티븐 호킹의 깨달음대로 일반상대성이론이 힘을 잃는 빅뱅 특이점 근처와 같은 극단적인 상황에서도 신뢰할 만하게 잘 작동해야 한다. 연구자들이 오랫동안 찾아 헤맨 통일 이론은 **양자중력**Quantum gravity이라고 불리는데, 양자역학의 법칙들과 일반상대성이론을 결합해야 한다는 의미이다. 양자역학과 일반상대성이론 둘 다 그 자체로 성공적인 이론이지만 불행히도 양립하지 않는다는 문제점을 안고 있다.

아인슈타인도 유명한 장 방정식을 발표한 지 불과 몇 년 만에 더 광범위한 통일 이론을 찾기 시작했다. 그가 통일 이론을 추구한 동기는 양자중력의 경우와 달랐지만 설득력은 충분했다. 앞서 살펴보았듯이 아인슈타인은 특이점을 포함한 천체의 존재 가능성을 그리 심각하게 생각하지 않았다. 그러한 천체가 실제로 존재할 리 없다고 믿었기 때문이다. 물리적 실재성의 측면에서는 아무런 근거도 없는 수학적 구조에 불과하다고 여긴 것이다. 아인슈타인을 성가시게 한 것은 다음과 같은 상황이었다. 20세기 초 당시의 물리학에는 전자기학과 일반상대성이론이라는 서로 다른 두 이론이 있었고, 두 이론은 우주에서 물체와 입자가 보이는 행동의 특정 측면을 제각기 따로 지배하고 있었다. 그리고 두 이론이 서술하는 힘은 무한대까지 영향을 미치는데, 거리가 멀어질수록 똑같이 역제곱 관계에 따라 감소한다. 아인슈타인을 비롯한 많은 연구자는 이 모든 것이 하나의 정합적인 틀 안에서 이루어진다면 더 자연스럽고 미적으로도 더 만족스러울 것이라고 생각했다. 게다가 전자기학에서 성립하는 전기전하 보존은 일반상대성이론과 고전역학에서 발견되는 에너지 보존과 운동량 보존과도 유사했다. 그렇지만 두 이론은 서로 독립적으로 작동하는 것처럼 보였고 심지어 서로 다른 원리들을 따르고 있었다. 예를 들어 중력의 근간에는 기하학적 해석이 놓여 있었던 반면 전자기학은 아직 그러한 방식으로 해석되지 않았다.

아인슈타인은 이렇게 양분된 상황이 마음에 들지 않았다. 그는 전자기력과 중력을 단 하나의 이론으로 매끄럽게 통합하여 공통의 법칙 아래 두겠다고 다짐했다. 1923년 노벨상 수상자 강연에서 아인슈타인은 말했다. "이론의 통일을 추구하는 사람이라면 두 분야가 본질상 매우 독립적으로 존재한다는 사실에 만족할 리가 없습니다. 우리가 지금 찾고자 하는 것은 수학적으로 통일된 장 이론입니다. 이 이론에서 중력장과 전자기장은 동일한 장의 다른 성분이나 표현으로만 해석될 겁니다."[1]

아인슈타인은 남은 생애 동안 사실상 다른 모든 것은 내팽개친 채 통일 이론 연구에만 전념했다. 그 과정에서 그의 주변에서 일어나고 있던 중요한 발전, 특히 양자물리학의 성장은 눈여겨보지 못했다. 여러모로 볼 때 결코 성공적인 작업은 아니었다. 아인슈타인의 전기 작가 월터 아이작슨Walter Isaacson에 따르면, "대체로 아인슈타인의 탐구는 일련의 실책으로 이루어졌다. 수학은 점점 더 복잡해져만 갔다. 그의 실수는 다른 사람들의 실책에 반응하면서 시작되었다."[2] 노벨상을 수상한 물리학자 데이비드 그로스David Gross는 아인슈타인이 "물리학의 통일 이론을 향한 헛된 탐색"에 뛰어들었다고 말했다.[3] 미국물리학회는 아인슈타인이 따른 경력의 궤적을 비슷한 논조로 요약했다. "아인슈타인은 브라운 운동, 광전효과, 특수 및 일반상대성이론을 비롯하여 물리학에서 몇 가지 뛰어난 획기적인 발견으로 유명해졌다. 하지만 그 후로는 중력과 전자기력을 단 하나의 우아한 이론으로 결합하는 방법을 찾기 위해 결실 없는 탐구를 수행하며 생애 마지막 30년을 보냈다."[4] 이는 합리적으로 정확한 표현이지만, **결실 없다**는 표현에 이의를 제기하는 것 역시 합리적이다.

아인슈타인이 30년 이상의 노력을 쏟아부었음에도 성공하지 못한 것은 사실이다. 또 현재 존재하는 것으로 알려진 다른 세 가지 기본 힘(전자기력, 약한 핵력, 강한 핵력)과 중력을 아직 완전히 통합하지 못한 것도 사실이다. 그럼에도 아인슈타인이 촉진하는 데 크게 일조한 현재 진행형인 현대의 통일 이론 탐구는 사실 상당한 "결실"을 거두었다고 주장하는 것 역시 설득력이 있다.

아인슈타인의 첫 번째 통일장이론Unified field theory 논문은 1922년에 출판되었다. 하지만 그는 이미 몇 년 전부터 이 문제에 관해 생각하고 있었다. 첫 번째 논문이 큰 성공을 거두었다고 말하기는 어렵다. 아브라함 파이스가 훗날 평가했듯이, "통일의 시기는 아직 오지 않았던 것이다."[5] 당시에는 네 가지 기본 힘 중에서 오직 두 가지, 중력과 전자기력만 알려져 있었다. 약한 핵력과 강한 핵력을 서술하는 이론은 10년 이상 지난 뒤에야 등장했다. 알지도 못하고 상상조차 할 수 없는 것을 어찌 확실하게 통일할 수 있겠는가.

그럼에도 아인슈타인이 설정한 목표는 분명 추구할 가치가 있었다. 비록 불운하게도 타이밍이 맞지 않았고 (지금 우리는 알고 있듯이) 다소 시기상조였지만 말이다. 파이스는 이렇게 덧붙였다. "힘의 통일은 이제 물리학에서 매우 중요한 과제로 손꼽힌다. 아마도 가장 중요한 목표일 것이다."[6] 그로스의 말처럼, 중력을 다른 힘들과 통일하는 목표는 실제로 "오늘날 기본 물리학의 핵심 문제"이다. 아인슈타인이 성공하지 못했더라도 그의 영향력은 이보다 클 수 없었다고 그로스는 첨언했다. "모든 물리학자, 특히 이론 분야에서 일하는 연구자들에게 아인슈타인의 선견지명과 불굴의 결단력 그리고 용기는 여전히 영감의 원천이다."[7]

아인슈타인이 응한 도전은 과학을 추동하는 주된 동력이기도 했다. 그의 표현을 빌리자면 그것은 다양한 현상을 단일한 원리로 설명하는 "사고 체계"를 고안하려는 지속적인 노력의 일환이었다. 그 기원은 훨씬 과거까지 거슬러 올라간다.[8] 예를 들어 1660년대에 아이작 뉴턴은 중력 이론을 고안하기 시작했다. 사과를 나무에서 땅으로 떨어뜨리는 지상계의 힘이 달을 지구의 궤도에, 그리고 태양계 행성들을 태양의 궤도에 붙잡아두는 천상계의 힘과 같다는 사실을 보여주는 이론이었다. 1700년대 후반에는 조제프 루이 라그랑주가 (뉴턴의 중력 이론이 도출된) 뉴턴의 운동 법칙을 포함한 다양한 물리 법칙이 '작용 원리'라는 단 하나의 통일 원리에서 비롯될 수 있음을 보여주었다(작용 원리는 3장에서 논의했다). 그리고 1860년대에 제임스 클러크 맥스웰James Clerk Maxwell은 (마이클 패러데이Michael Faraday의 실험을 바탕으로) 전자기 이론을 만들었다. 그것은 전기력과 자기력의 작용은 물론이거니와 모든 진동수 범위에서 다양한 현상으로 나타나는 빛의 행동까지 서술하는 이론이었다.

아인슈타인도 그 전통에 참여하여 더욱더 광범위한 현상을 설명하는 원리를 찾으려 했다. 아인슈타인은 이미 1917년부터 그러한 생각을 하고 있었다. 수학자 펠릭스 클라인에게 보낸 편지에서 그는 이렇게 말했다. 일반상대성이론의 중력 서술은 "현재로서는 아직 짐작할 수 없는 이유로 다른 서술로 대체되어야 할 것"이라고 말이다. 그리고 "이론을 심화시키는 과정에는 한계가 없다고 믿습니다"라고 덧붙였다.[9]

몇 년 후 아인슈타인은 컬럼비아대학교 강연에서 다음과 같이 상세하게 설명했다. "우리는 관찰된 사실들을 하나로 묶을 수 있는 가장 단순한 사고 체계를 찾고 있습니다. 여기서 '가장 단순한' 체계라는 것은 학생들이 별다른 노력을 기울이지 않고도 완벽하게 이해할 수 있다는 뜻이 아닙니다. 상호 독립적인 공준이

나 공리를 가장 적게 포함한다는 뜻이지요."¹⁰

근거로 삼을 만한 실험 데이터가 없었던 터라 아인슈타인은 수학에 의존하여 통일장이론을 찾기 위해 노력했다. 일반상대성이론 방정식을 도출하기 위해 힐베르트와 치열하게 경쟁하던 당시의 관점을 180도 뒤집은 태도였다. 아인슈타인은 1933년에 옥스퍼드대학교 강연에서 자신의 새로운 접근 방식을 설명했다. "지금까지의 경험을 돌이켜보면, 수학적 단순성이라는 이상이 자연에서 실현되리라는 확신이 생깁니다. 순수한 수학적 구조를 통해 개념들을 발견할 수 있다고, 또 그 개념들을 서로 연결함으로써 자연 현상을 이해하는 열쇠를 제공해주는 법칙을 발견할 수 있다고 저는 확신합니다. 물론 경험도 우리를 인도해줄 수 있지만 …… 진정한 의미에서 창조적인 원리는 수학에 있지요. 그러므로 어떤 의미에서는, 순수한 사유가 실재를 이해할 능력을 지닌다는 고대인들이 이상이 옳다고 생각합니다."¹¹

그로부터 4년 전, 물리학자 볼프강 파울리Wolfgang Pauli는 아인슈타인에게 편지를 보냈다. 최근 변화된 아인슈타인의 세계관에 관해 자신을 비롯한 물리학자들이 느낀 실망감을 내비친 것이다. "이제 그 사람들에게 남은 것이라곤 선생님이 순수 수학자로 전향한 것을 축하하는 일뿐입니다(아니면 '애도를 표하는 일' 뿐이라고 해야 할까요?)."¹²

아인슈타인이 수행한 통일장이론 연구는 또 다른 면에서 예전과 달랐다. 일반상대성이론을 정식화할 때와는 달리, 통일장이론을 확립하기 위한 주된 혁신은 아인슈타인이 다른 이들의 도움을 받아 이루어낸 것이 아니었다. 오히려 아인슈타인의 부차적인 자문 역할에 힘입어 다른 사람들이 일군 것이었다. 그런 방식으로 통일장이론 분야에서 처음으로 큰 진전을 이룬 인물은 수학자 헤르만 바일과 테오도어 칼루차Theodor Kaluza였다.

기존의 방식으로 정식화된 일반상대성이론의 수학으로는 전자기력을 적절하게 기하학화할 수가 없었다. 1918년에 출판된 논문에서 바일은 리만 기하학이 4차원 시공간의 맥락에서 중력만이 아니라 전자기력까지 서술하도록 확장될 수 있다는 사실을 보여주었다. 바일에 따르면 전자기력은 시공간의 성질로 간주되어야 했다. 마치 일반상대성이론에서 중력이 시공간의 성질로 여겨진 것처럼 말이다. 그는 일반상대성이론에서 시공간 곡률을 서술하는 아인슈타인 텐서 G_{ij} 안에 '전자기 퍼텐셜Electromagnetic potential'이라는 추가적인 항 하나를 통합하여 두 힘을 합치려 했다.[13]

물리학자 로클란 오라프러티Lochlainn O'Raifeartaigh에 따르면, 바일의 1918년 논문은 "전자기장에 기하학적인 의미를 부여하는 방법을 처음으로 보여주었다."[14] 바일은 중력 이론의 '좌표 불변성Coordinate invariance' (좌표계가 변해도 물리 법칙은 변하지 않는 성질)에 '척도 불변성Scale invariance' 이라는 대응 개념이 있다고 주장했는데, 이는 전자기력과 관련이 있다. '게이지 불변성Gauge invariance' 이라고도 불리는 척도 불변성은 간단히 말해서 게이지(측정 단위 또는 눈금자의 단위)가 똑같은 비율로 균일하게 변하더라도 물리 법칙과 물리학 자체는 변하지 않는다는 개념이다.

물리학자 후안 말다세나Juan Maldacena는 다음과 같은 예시를 제안했다. 미국 달러를 아르헨티나 페소로 환전하려 하는데 환율이 달러당 3000페소라고 해보자. 그리고 아르헨티나가 1000페소의 가치가 있는 '아우스트랄'이라는 새로운 화폐 단위를 도입한다고 가정해보자(실제로 1980년대 후반에 일어난 일이다). 이제 미국 달러로 환전하려는 사람은 3000페소 대신에 3아우스트랄을 받게 된다. 말다세나의 설명에 따르면, 이와 같은 화폐 교환은 물리학자들이 '게이지 변환Gauge transformation' 또는 '게이지 대칭Gauge symmetry'이라고 부르는 개념과 비슷하다. 변환이 일어나도 "바뀌는 것은 아무것도 없기" 때문이다. "누구도 더 부유해지거나 더 가난해지지 않으며, 이러한 변화가 새로운 경제적 기회를 선사하지도 않는다. …… 그 어떤 물리적인 변화도 일어나지 않는다. 봉급으로 살 수 있는 바나나의 개수가 그대로인 것처럼 말이다."[15]

물론 물리학에서도 이와 같은 변환의 수많은 사례가 있다. 화폐 교환은 우선 '자기 퍼텐셜Magnetic potential'과 비슷하다. 자기 퍼텐셜은 자기장 내부에서 각 지점마다 변화한다. 따라서 자기 퍼텐셜은 대전입자(전기전하를 띠는 입자)가 자기장 안에서 움직일 때 그 입자에 작용되는 가변적인 힘(자기력)과 관련이 있다. 하지만 자기 퍼텐셜은 딱 하나로 결정되지 않고 게이지 변환에 따라 다양한 값을 가질 수 있다. 그 변환 과정에서 자기장(또는 자기력)은 변하지 않는다. 화폐(자기 퍼텐셜)가 교환되어도 돈의 가치(자기장)

는 그대로인 셈이다. 또 다른 사례도 있다. 어떤 계의 전위(V)에 상수(C)를 추가해서 전위를 변화시켜도 전기장과 자기장은 아무런 영향도 받지 않는다. 예를 들어보자. 어떤 회로에서 한쪽 끝의 전위(전기 퍼텐셜)가 110볼트고 다른 쪽 끝의 전위가 100볼트라고 하자. 여기서 양쪽에 10볼트를 더한다고 해도 두 전위의 차이는 여전히 10볼트로 변하지 않는다. 게다가 V가 맥스웰의 전자기 방정식의 해라면 $V+C$도 똑같은 방정식의 해가 된다. 왜 그럴까? V는 기준점(기준전위ground)과 비교하여 상대적으로 정해지는데, 이때 기준점 자체가 임의적이기 때문이다. 전위는 절대적인 척도가 없으므로 게이지 불변성을 나타내는 성질로 분류된다.

바일은 게이지 불변성의 두 가지 다른 표현 사이에 수학적인 관계가 있다는 사실을 알아냈다. 하나는 눈금자 또는 측정 막대와 관련된 기하학적인 표현인데, 눈금자의 길이는 시공간에서 각 지점마다 달라질 수 있다. 다른 하나는 전자기장의 고유한 성질과 관련된 표현이다. 바일은 추측했다. 둘 사이의 수학적인 관계를 활용하는 전략을 통하여 전자기력을 기하학화할 수 있다고. 또 그리하여 전자기력을 이미 기하학화된 중력과 연결할 수 있다고.

하지만 물리학자들은 바일의 논증에서 명백한 결함을 찾아냈다. 아인슈타인은 1918년 9월에 바일에게 보낸 편지에서 이렇게 말했다. "선생께서 착수한 방법이 옳은 길이라는 생각은 들지 않습니다. 아무리 세심하게 심사숙고했을지라도 말입니다." 그러고는 "신께서 우리에게 쉬운 길을 마련해주셨을 리 없지요!"라면서 한탄했다.[16] 아인슈타인의 비판은 구체적이었다. 바일의 논변에 따르면, 수소 원자가 방출하는 전자기복사 스펙트럼은 원자의 과거 역사에 따라 달라진다. 여기서 **역사**란, 원자가 시공간을 통과한 과거의 특정한 경로를 의미한다. 하지만 지구에서 수행된 실험과 먼 별을 대상으로 한 천체 관측은 바일의 명제를 뒷받침하지 않았다.

바일은 아인슈타인의 논평에 마음이 상했다. 몇 달 후에는 아인슈타인에게 다음과 같이 말하기도 했다. "[선생님의 비판은] 무척 당혹스럽군요. 경험상 우리는 직관을 따를 수 있다는 걸 알고 있었으니 말입니다."[17] 하지만 바일은 포기하지 않고 연구에 박차를 가했다. 수학자 마이클 아티야Michael Atiyah는 "계속해서 앞으로 나아갈 수 있었던 자신감과 수학적 통찰에 찬사를 보낸다. 버리기에는 너무나 아름다운 발상이었다"고 말했다.[18]

바일은 자연법칙이 수학적으로 우아한 형태로 표현되어야 한다는 신념을 확고히 했다. "나는 연구를 통해 항상 진리와 아름다움을 결합하려 했다. 하지만 둘 중 하나를 골라야 할 때는 보통 아름다움을 선택했다."[19]

1929년, 바일은 아인슈타인이 제기한 문제를 해결했다. 시공간을 통과하는 수소 원자의 운동이 그로부터 방출되는 전자기복사의 스펙트럼 또는 진동수에 영향을 미치지 않고 전자기파의 **위상**Phase에만 영향을 미친다는 것을 보여줌으로써 아인슈타인의 비판을 피했던 것이다. 여기서 위상이란 어떤 파동이 반복적이고 주기적으로 진동하면서 나아갈 때 파동이 그 주기적인 과정 속에서 어디에 위치해 있는지를 나타내는 양이다. 이로써 경험적 증거와의 충돌이 사라졌고, 그 덕분에 바일은 그의 새로운 게이지 이론 접근법을 전자기학에 성공적으로 적용할 수 있었다.[20] 바일이 고안한 이론은 중력과 전자기력 그리고 물질을 하나로 엮었다. 하지만 그 의미는 그보다 훨씬 더 광범위했다. 그는 게이지 이론(또는 바일의 표현대로 게이지 불변성)이 자연법칙의 일반적인 특징이라고 주장했다.[21]

훗날 역사는 바일의 주장을 뒷받침해주었다. 물리학의 네 가지 기본 힘 또는 다른 말로 기본 상호작용 중에서 세 가지(전자기력, 약한 핵력, 강한 핵력)가 게이지 이론으로 설명된 것이다. 하지만 중력은 다소 예외적인 힘으로 남아 있으며, 현재로서는 등가원리를 통해 가장 잘 이해되고 있다.

오클란 오라프르터는 "물리학의 기본 원리인" 포괄적인 게이지 원리의 발견은 "60년 이상 걸린 느리고 지난한 과정이었다"고 말하면서 그 과정을 세 단계로 나누었다. "첫 번째 단계에서는 전자기학의 전통적인 게이지 불변성이 중력 이론의 좌표 불변성과 관련이 있다는 사실이 주로 헤르만 바일에 의해 밝혀졌다."[22]

"두 번째 단계는 전자기학에서 사용되던 게이지 불변성을 핵 상호작용(핵력)에도 사용될 수 있도록 일반화하는 작업이었다." 바일의 연구로 시작된 이 작업은 오늘날 '양-밀스 게이지 이론Yang-Mills gauge theory'으로 이어졌다.[23] 이 이론은 수학자들의 선행 연구에 기반을 두고 있다는 점도 언급하는 것이 좋겠다. 헤르만 바일, 엘리 카르탕Élie Cartan, 천싱선Shiing-Shen Chern, 앙드레 베유André Weil 등이 기여한 바 있다. 물리학자 양천닝은 천싱선에게 "당신과 같은 수학자들이 난데없이 이런 개념을 떠올렸다는 사실이 놀랍기도 하고 의아하기도 하다"면서 양-밀스 게이지 이론의 수학적 토대에 익숙하지 않았음을 인정했다(양천닝은 '양-밀스'의 '양'으로, 물리학자 로버트 밀스Robert Mills와 팀을 이뤄서 이론을 만들었다). 천싱선의 반응은 어땠을까? 그는 수학에서 이러한 개념의 발전은 갑자기 이루어진 것이 아니라 그 개념과 관련된 오랜 역사에서 비롯된 것이라고 답했다.[24]

오라프러티가 언급한 세 번째 단계에서는 약한 핵력과 강한 핵력을 둘 다 서술할 수 있는 형태로 게이지 이론을 변형할 수 있다는 사실이 밝혀졌다.[25] 어쩌면 네 번째 단계를 더할 수 있을지도 모른다. 왜냐하면 게이지 이론은 아인슈타인의 목표인 대통일을 실현하기 위한 최근의 발전에도 기여했기 때문이다(물론 대통일은 아직 달성되지 않았다).

이야기는 여기서 끝나지 않는다. 아티야의 주장에 따르면, "[게이지 이론]은 현대 물리학의 바탕틀일 뿐만 아니라 현대 수학에서 매우 새롭고 흥미로운 분야로 손꼽힌다." 게이지 이론은 다양한 수학 분야와 관련되어 있다. 평행운송Parallel transport이라는 기하학적 개념과 올다발Fiber bundle이라는 광범위한 부류의 기하학적 대상에 대한 연구를 예로 들 수 있겠다(수학에서 중요한 주제이지만 자세히 설명할 시간과 지면이 부족하니 넘어가기로 하자). 아티야는 물리학의 주요 이론이 수학에서도 중요해진 주목할 만한 여러 사례 중 하나로 수학자 사이먼 도널드슨Simon Donaldson의 연구를 꼽았다. "사이먼 도널드슨의 4차원 다양체 이론은 …… 물리학에서 나왔지만 기하학에서도 매우 중요한 것으로 밝혀졌다."[26]

훗날의 수학자들 및 물리학자들과 마찬가지로, 테오도어 칼루차는 바일의 연구에 깊은 영감을 받았다. 하지만 칼루차와 그의 뒤를 따른 학자들은 바일과 완전히 다른 길을 걸었다. 1919년에 집필되어 2년 후 출판된 한 논문에서 칼루차는 이렇게 적었다. "중력과 전자기력의 이원성[서로 다른 두 근본 원리가 있다는 뜻]이 남아 있다고 해서 이 이론[일반상대성이론]의 아름다움이 줄어들지는 않지만, 그럼에도 완전히 통일된 이론으로 대체될 필요가 있다." 더 나아가 "헤르만 바일의 심오한 이론"에서 제시된 것보다 "훨씬 더 완벽하게 통일을 실현할 방법"을 자신의 논문에서 제안했다고 보았다.[27]

칼루차가 제시한 방법의 핵심에는 4차원에서 중력의 작용을 정확하게 서술하는 데 필요한 10개의 장 또는 함수가 놓여 있었다. 4차원 시공간의 곡률을 결정하려면 그 함수들의 (1계 및 2계) 도함수Derivative*를 찾아야 한다. 앞서 살펴보았듯이, 중력은 계량

---

* 도함수란 어떤 함수를 미분하여 얻은 함수를 말한다. 1계 도함수는 한 번 미분한 함수이고, 2계 도함수는 두 번 미분한 함수이다.

텐서라는 조밀한 수학적 형식으로 표현될 수 있다. 계량텐서는 항이 총 16개인 4×4 배열로, 그중에서 10개만 서로 독립적이다. 만약 당신이 칼루차처럼 이 배열에 전자기력을 추가하고 싶다면 어디에 넣겠는가? 결론적으로 말해서 4×4 배열에는 전자기력을 넣을 수가 없다. 이유는 간단하다. 전자기력을 삽입할 만한 공간이 없기 때문이다. 칼루차는 다섯 번째 차원을 도입해서 추가적인 공간을 확보했고, 그 결과 배열은 자연스럽게 5×5가 되었다. 이제 16개의 중력 방정식을 포함하면서도 전자기력을 나타낼 만큼 텐서의 공간이 넓어졌다. 텐서의 항은 총 25개로, 그중에서 15개만 서로 독립적이다.

차원을 하나 더 추가해서 통일 이론이 마술을 부리는 환경을 넓힌다는 생각이 물리학자가 아닌 수학자에게서 나왔다는 사실은 어쩌면 놀라운 일이 아닐지 모른다. 왜냐하면 수학자들이 더 높은 차원, 심지어 무한 차원의 공간에 대해 생각하는 것은 오늘날 일반적인 일이며 한 세기 전에도 그랬기 때문이다. 하지만 수학자가 제안한 다섯 번째 차원과 관련된 세부 내용을 정성적으로 또 정량적으로 채워 넣는 것은 물리학자의 몫이었다. 이 경우 그 물리학자는 오스카 클라인Oskar Klein이었다. 1926년, 클라인은 충분히 제기될 만한 의문에 답을 제시했다. (칼루차가 추가한 5차원과 같은) 여분차원Extra dimension이 실제로 존재한다면, 왜 지금까지 아무도 보지 못했을까?[28]

클라인은 다섯 번째 차원이 극도로 조밀한 데다가 매우 작은 원 모양으로 말려 있어서 지금까지 단 한 번도 관찰되지 않았다고 주장했다. 이 아이디어를 머릿속에 그려볼 방법이 있다. 두 기둥 사이에서 수평 방향으로 팽팽하게 연결된 전선을 상상해보자. 멀리서 보면 직선 경로를 따라서만(즉 오른쪽이나 왼쪽으로만) 움직일 수 있는 1차원 선처럼 보일 것이다. 하지만 확대해서 자세히 살펴보면 전선의 표면이 사실 2차원 원기둥이라는 사실이 드러난다. 만일 작은 생명체, 가령 개미 한 마리가 전선 위에 있다면, 개미는 직선 경로를 따라 (한 전신주에서 다른 전신주로) 움직일 뿐만 아니라 전선의 둘레를 돌면서 다시 처음 지점으로 돌아올 수도 있다.

클라인의 생각도 이와 비슷하다. 시공간의 다섯 번째 차원을 서술하기 위해서 그는 숨겨진 원형 방향을 도입했다. 클라인의 계산에 따르면 다섯 번째 차원의 원형 공간은 원주가 10^{-30}센티미터 정도로 터무니없이 작아야 했다. 오늘날 '플랑크 길이Planck length'라고 불리는 규모에 가까운 길이이다. 현재 물리학 이론에 의하면 플랑크 길이는 우리가 (이론적으로) 접근할 수 있는 가장 작은 규모이다. 바로 이런 방식으로 여분차원은 눈에 띄지 않고 존재할 수 있다고 여겨졌다.

아인슈타인은 4차원을 넘어서는 차원의 가능성에 흥미를 느꼈다. 그리고 수년에 걸쳐 그 생각을 실현할 방법을 직접 모색했다. 1919년, 그는 칼루차에게 다음과 같이 말했다. "5차원의 원통형 세계로 통일을 이루겠다는 생각은 미처 해본 적이 없습니다.

……매우 매력적으로 느껴집니다. 이제 모든 것은 선생의 발상이 물리적 검증을 견뎌내느냐에 달려 있겠군요."[29]

바로 그것이 문제였다. 칼루차와 클라인의 접근법이 알려진 후로 '칼루차-클라인 이론Kaluza-Klein theory'은 결국 면밀한 물리적 검증을 견뎌내지 못했다. 우선 그들의 이론은 결코 존재했던 적이 없는 입자를 예측했다. 더군다나 이 이론에 기반하여 전자의 질량과 전기전하의 비율을 계산해봤더니 심각하게 부정확한 결과가 나오기도 했다.

그럼에도 칼루차-클라인 이론의 아이디어는 완전히 폐기되지 않았다. 그렇기는커녕 지금도 아주 중요하다. 왜냐하면 칼루차가 처음으로 제시하고 클라인이 정교하게 발전시킨 일반적인 제안, 즉 여태껏 보이지 않았던 차원의 존재로 우리 우주의 신비가 설명될지 모른다는 주장 때문이다. 이러한 견해는 실제로 끈이론String theory의 핵심 전제이기도 하다. 전도유망하지만 아직 증명되지 않은 통일 접근법인 끈이론은 시공간, 즉 우주 자체가 10차원 또는 11차원 다양체라는 생각에 기초를 둔다. (참고로 현재 끈이론에는 주요한 두 가지 이론이 있다. 하나는 10차원 이론이고, 다른 하나는 11차원을 토대로 하는 M-이론M-theory이다. 물리학자들은 두 이론이 서로 경쟁하기보다는 공존하는 것으로 보고 있다. 어떤 끈이론학자들은 심지어 우주가 10차원인 동시에 11차원일 수 있다고 말하기도 한다.) 끈이론의 이론적 틀에 따르면, 시공간은 시간과 더불어 우리에게 친숙한 (무한히 큰) 세 공간 차원과 예닐곱 개의 작은 공간 차원으로 이루어져 있다. 작은 공간 차원들은 고리 모양으로 빽빽하게 말려 있어서 우리에게 보이지 않는다. 물리학자 브라이언 그린Brian Greene의 설명에 의하면, "끈이론은 칼루차와 클라인 그리고 그들의 옹호자들처럼 단순히 여분차원의 존재를 가정하지 않는다. 끈이론은 여분차원의 존재를 **필요로 한다.**"[30]

20세기의 가장 성공적인 두 물리 이론, 양자역학과 일반상대성이론을 결합하려는 끈이론은 정확하게 양자중력의 부류에 속한다. 끈이론의 주된 혁신은 입자물리학에서 다루는 점 같은 대상을 '끈'이라는 연장된 대상(연장되어 있지만 여전히 아주 작은 대상)으로 치환한 것이다. 힘과 입자는 고차원 공간에서 꿈틀거리는 끈의 다양한 진동 모드Vibrational mode(쉽게 말해 어떻게 진동하는지)에 대응된다. 칼루차와 클라인의 노력이 없었더라면 결코 진지하게 받아들여지지 않았을 생각이다.

끈이론은 끈이 진동할 수 있는 여분차원 이외에도 다른 조건이 필요하다. 끈이론에서 비롯되는 방정식들은 여분차원이 취할 수 있는 기하학적 형태에 심각한 제약을 가한다. 여분차원의 정확한 크기와 모양은 우리가 살고 있는 우주가 과연 어떤 유형인지와 관련이 있다. 그리고 자연에서 관찰되는 입자와 힘의 물리적 성질, 심지어 존재할 가능성이 있지만 아직 관찰되지 않은 입자와 힘의 성질까지 결정한다.

1984년, 한 물리학자 집단이 숨겨진 차원 6개의 기하 구조, 즉 정확한 모양을 알아내려고 애쓰고 있었다. 우리가 실제로 살고 있는 세계를 서술하는 10차원 이론을 고안하기 위해서였다. 그 연구자들 중 한 명인 앤드루 스트로민저Andrew Strominger는 야우싱퉁에게 연락을 취해 그러한 공간의 특성에 대해 문의했다. 머지않아 해당 공간은 '칼라비-야우 다양체Calabi-Yau manifold'라고 불리게 되었다. 이 명칭은 수학자 에우제니오 칼라비가 1954년에 제기한 추측을 23년 후 야우싱퉁이 증명한 데서 비롯되었다. 간단히 설명하자면, 칼라비는 어떠한 일반적인 모양(위상)에 부합하는 특정한 종류의 다양체가 매우 구체적이고 까다로운 기하학적 조건을 만족할 수 있는지 알고 싶었다. 칼라비는 우리에게 다음과 같이 말했다. "[추측을 발표할 당시만 해도] 물리학과 아무런 관련도 없었습니다. 전적으로 기하학에 대한 것이었죠."[31]

야우싱퉁의 생각은 달랐다. 칼라비 추측의 근간에는 리치 곡률 텐서가 있었는데, 이 텐서는 특정한 공간 내부의 물질 분포와 관련되어 있다. 따라서 야우싱퉁은 칼라비 추측의 특수한 경우를 증명하는 것이 일반상대성이론에 대한 어떤 질문에 답하는 것과 똑같다는 점을 깨달았다. 그 질문은 이랬다. 물질이 전혀 없는 시공간(또는 우주), 다시 말해 리치 곡률텐서가 0인 시공간에도 중력이 존재할 수 있을까? 수년에 걸쳐 증명한 끝에 야우싱퉁이 얻어 낸 답은 긍정적이었다. 이 과정에서 그는 칼라비가 전적으로 수학적인 계기에서 가정한 다차원 모양의 존재를 증명했다.

스트로민저와 대화를 나누던 야우싱퉁은 6차원 칼라비-야우 다양체의 성질을 설명했다. 알고 보니 그 다양체는 물리학자들(특히 필립 칸델라스Philip Candelas, 게리 호로비츠, 앤드루 스트로민저, 에드워드 위튼)이 찾아 헤매던 구체적인 특징을 갖고 있었다. 그들은 끈이론이 가정하는 6개의 여분차원을 말아올릴 방법, 전문 용어로 '축소화Compactification'할 방법이 필요했다. 그럼으로써 여분차원을 극도로 작게 만들고 그 규모를 유한하게 유지해야 했다. 칼라비-야우 다양체는 그러한 작업을 이상적으로 수행하기에 적합한 대상처럼 보였다.

칼라비-야우 다양체는 1984년에 물리학자들에게 받아들여진 후로 끈이론의 핵심 구성요소가 되었다. 끈 자체만큼이나 끈이론을 작동시키는 기본 요소가 되었던 것이다. 물리학자 제임스 하틀James Hartle이 "중력은 기하학이다"라고 선언했듯이,[32] (끈이론이 옳다고 가정하면) "물리학은 기하학이다"라는 더욱 대담한 주장을 할 수 있을지도 모른다. 이는 훨씬 과거에 제기된 "신은 기하학자이다"라는 플라톤의 주장과 맥을 같이한다.[33] 물리학은 기하학이라는 견해는 끈이론 학설에 동의하는 사람들에게는 그리 터무니없게 들리지 않는다. 그 학설은 (10차원 버전의 끈이론에 따르면) 칼라비-야우 다양체의 기하 구조가 자연에 존재하는 모든 입자와 힘의 성질을 결정한다고 말하기 때문이다.

하지만 앞서 언급했듯이 끈이론은 실험으로 입증되지 않았다. 어느 모로 보나 실험적으로 검증하기는 매우 어려울 것이다. 물리학자들이 오랫동안 찾아 헤매던 **바로 그** 자연 이론이 과연 끈이론일지는 아직 알 수 없다. 오히려 많은 학자들은 궁극적인 이론을 향한 한 걸음으로만 간주한다. 물리학자이자 끈이론의 선구자인 레너드 서스킨드Leonard Susskind의 말처럼 "아직 갈 길이 멀다"고 말이다.[34]

그러나 끈이론의 지위가 불확실하다고 해서 지금까지 아무것도 성취하지 못했다는 뜻으로 받아들여선 곤란하다. 그렇기는커녕 서스킨드의 말대로 끈이론은 "중력과 양자역학이 어떻게 서로 들어맞을 수 있는지에 대한 많은 것을 가르쳐주었다."[35] 1996년, 스트로민저와 그의 동료 캄란 바파는 끈이론을 사용하여 블랙홀의 내부 구조에 대한 상세한 그림을 제공했다. 그로부터 20여 년 전, 물리학자 제이컵 베켄슈타인Jacob Bekenstein과 스티븐 호킹은 불가해하게도 블랙홀의 엔트로피가 예상외로 높다는 사실을 입증했다(여기서 엔트로피는 블랙홀 내부의 모든 입자와 물질이 미시적 수준에서 배열될 수 있는 경우의 수와 관련된 개념이다). 스트로민저와 바파는 끈이론이라는 도구를 이용하여 이 수수께끼의 실마리를 찾아냈다. 블랙홀 내부의 복잡성이 어디서 비롯되는지를 처음으로 정확하게 보여주었던 것이다.[36]

주목할 만한 또 다른 사례는 이미 6년 전에 나타났다. 브라이언 그린(당시 야우싱퉁의 박사후 연구원)과 로넨 플레세르Ronen Plesser(당시 바파의 박사과정 학생)는 서로 다른 모양(기하)을 가진 두 부류의 칼라비-야우 다양체가 동일한 물리학으로 귀결된다는 사실을 발견했다. 이 현상에는 훗날 '거울대칭Mirror symmetry'이라는 이름이 붙었다.[37] 이것은 그저 기묘한 우연의 일치가 아니었다. 1991년, 네 물리학자로 구성된 어느 연구팀은 수학자 헤르만 슈베르트Hermann Schubert가 1800년대 후반에 처음 정식화한 문제의 한 가지 형태를 거울대칭으로 증명했다. 대략적으로 말해서 슈베르트의 문제는 6차원 칼라비-야우 다양체에 딱 들어맞는 구의 개수를 계산하는 문제로 해석될 수 있다. 네 물리학자가 찾아낸 수 317,206,375는 기존의 수학적 기법으로 도출된 수와 정확히 일치했다.[38]

이 놀라운 결과는 수학자들에게 기하학의 다양한 문제를 해결할 수 있는 새로운 전략을 가져다주었다. 모양이 서로 다른 두 칼라비-야우 다양체의 기묘한 대응 관계를 활용하는 것이었다. 어느 하나의 칼라비-야우 다양체로 문제를 풀기가 너무 어렵다면, 그 대신 짝(거울 짝)에 해당하는 다양체를 통해 문제에 접근할 수 있었다.

1996년, 스트로민저와 야우싱퉁 그리고 에릭 재슬로Eric Zaslow는 거울대칭에 대한 최초의 (그리고 아마도 유일한) 유용한 설명을 제공했다.[39] 세 연구자의 이름을 따서 명명한 SYZ 추측에 따르면, 거울다양체Mirror manifold(한 다양체의 거울 짝)는 6차원 칼라비-야우 다양체를 3차원 부분다양체Submanifold 2개로 쪼개서 만들 수 있다. 두 부분다양체를 (일종의 수학적 조작을 가해서) 약간 수정하고 구조를 뒤집은 다음에 다른 방식으로 조립하면 **짜잔!** 하고 거울다양체가 탄생한다.

SYZ 추측은 수학계와 물리학계에서 계속 반향을 일으키고 있는 거울대칭에 대한 훨씬 더 깊은 이해로 이어졌다. 거울대칭은 정체되어 있던 열거기하학Enumerative geometry에 다시 활기를 불어 넣었다. 열거기하학이란 다양한 고차원 곡면 안에 (또는 그 위에) 딱 들어맞는 여러 유형의 곡선 수를 세는 분야이다. 거울대칭은 대수기하학에도 상당한 영향을 미쳤다. 대수기하학은 대수방정식(특히 다항방정식)의 해가 되는 기하학적 대상을 연구하는 분야이다. 간단한 예를 들면, $x^2 + y^2 = 1$과 같은 방정식의 해는 원이라는 식이다.

수학자 마크 그로스Mark Gross와 베른트 지베르트Bernd Siebert는 SYZ 추측을 바탕으로 대수기하학의 쌍대성Duality 이론이라는 생산적인 이론을 발전시켰다. 여기서 쌍대성이란 동일한 대상이나 현상을 서로 완전히 다른 두 바탕틀 또는 렌즈로 바라본다는 개념이다. 수학과 물리학에서 나타나는 쌍대성에 대한 관심은 거울대칭이 발견된 이후 상당히 높아졌다고 봐도 과언이 아니다.

여전히 활발한 연구 분야인 거울대칭의 기원이 무엇인지 이해하는 과정에서 수학자들은 대수기하학과 사교기하학Symplectic geometry 사이에서 이전에는 상상하지 못했던 새로운 연관성을 발견하고 있다. 대략적으로 말해서, 사교기하학은 공간의 모양을 휘어지지 않는 딱딱한 구조로 규정하지 않고 더 유연한 실체로 보는 접근 방식이다. 입자나 행성 같은 물체가 그 속에서 어떻게 움직이는지에 따라 공간의 특징이 정해진다. 어떤 상황에서 대수기하학과 사교기하학 사이의 대칭이 나타난다면, 동일한 문제를 대수기하학적 방법이나 사교기하학적 방법 중에서 더 쉬운 방식으로 해결할 수 있다. 수학자들이 의존할 만한 새롭고 효과적인 선택지가 생긴 것이다.

• • •

끈이론의 수학적 파급 효과는 계속해서 이어지고 있고, 물리학에서도 진전은 이루어지는 중이다. 물론 물리학자들이 오랫동안 추구해온 통일은 아직 달성되지 않았다. 근래에 완수될 것 같지도 않다. 하지만 끈이론은 빅뱅 이후 100만분의 1초가 지났을 때 존재했을 것으로 추정되는 조건에 대해 지금까지 가장 훌륭한 설명을 제공했다. 그 시기에는 우주가 쿼크와 글루온으로 이루어진 뜨거운 고밀도 입자 수프로 가득 차 있었다. 끈이론은 또한 응집물질물리학에서도 효과적으로 활용되고 있다. 고온 초전도체 내부의 전자는 당혹스러운 방식으로 행동하는데, 이전에는 이해되지 않았던 그 행동을 끈이론은 정확하게 예측한다.

끈이론이 일반상대성이론과 양자역학을 정합적인 하나의 이론으로 결합하여 30년 전의 원대한 예측을 실현하지 못한 것은 사실이다. 하지만 그런 상황에서도 긍정적인 측면은 있다. 끈이론은 수학과 물리학의 통일, 또는 적어도 훨씬 더 긴밀한 동맹으로 간주될 수 있기 때문이다. 과학사학자 피터 갤리슨Peter Galison은 우리에게 다음과 같이 말했다. "물론 끈이론은 아직 처음에 기대

했던 목표를 달성하지 못했습니다. 하지만 수학에서 새로운 영역을 열어젖혔죠."⁴⁰

갤리슨의 말에는 약간의 아이러니가 담겨 있다. 일반상대성이론 그리고 이를 전자기학과 융합하려는 시도는 게이지 이론의 출현으로 이어졌고 또 간접적으로는 끈이론의 발판을 마련했다. 두 이론 모두 수학에서 광범위하고 지속적인 연구를 촉진했다. 하지만 수학과 물리학은 때로 경쟁으로 얼룩지기도 (그리고 훼손되기도) 한다. 어떤 수학자들은 본인의 연구가 물리학자들보다 더 순수하고 엄밀하다고 여기지만, 물리학자들은 수학적 땜질이 너무 추상적이고 비현실적이라 실재와의 연관성이 크지 않다고 주장하기도 한다.

아인슈타인은 한때 물리학자 진영의 일원이었다. 경력 초기에는 "수학을 믿지 않는다"고 말하기도 했다.⁴¹ 특히 수학자들이 자신의 연구 분야에 진출(또는 침범)하는 모습에 불신의 눈길을 보냈다. 민코프스키가 특수상대성이론을 기하학화하려는 시도를 의심스러워하는 한편, 힐베르트가 중력 이론을 정식화하기 위해 수학을 우선시하는 공리적 접근법을 사용하는 것을 보고 "현실의 세상이 얼마나 어려운지 모르는" 어린아이의 분투에 비유하기도 했다.⁴² 물론 힐베르트는 "물리학은 물리학자에게 너무 어려운 학문이다"라고 응수했다.⁴³

앞서 살펴보았듯이 아인슈타인은 결국 생각을 바꾸었다. 말년에 그는 "물리학의 기본 원리에 대한 보다 심오한 지식은 가장 복잡한 수학적 방법과 연관되어 있다"는 사실을 알게 되었다. "수년에 걸쳐 독립적으로 과학 연구를 하는 동안 서서히" 분명해진 깨달음이었다.[44] 그렇다고 해서 동료 물리학자들의 책망을 피할 수 있었던 것은 아니다. 물리학을 등지고 어두운 쪽으로 넘어갔다고 은유적으로 비판한 파울리의 일침을 떠올려보라.

그러나 새로운 물리학 연구가 수학의 발전에서 영감을 얻지는 못하며 그 반대도 마찬가지라고 주장할 수는 없을 것이다. 또 학문의 경계 너머로 아이디어가 끊임없이 교환되고 흘러넘치는 것은 끈이론에만 국한되는 현상도 아니다. 거울대칭과 끈이론이 수학의 발전을 추동한 것처럼 일반상대성이론도 똑같은 영향을 미치고 있다. 이 책의 마지막 장에 이르렀으니, 이러한 생각은 지금쯤이면 충분히 자리 잡혔으리라 본다. 일반상대성이론을 정립하고 다양한 함의를 밝혀낸 수학자들의 공헌을 우리가 강조하긴 했지만 일반상대성이론 또한 수학자들에게 충분히 보답했다.

아인슈타인이 그로스만의 도움을 받아 리만 기하학과 리치 및 레비-치비타의 텐서미적분학(일반상대성이론의 근간이 되는 수학적 발판)을 만난 것은 주목할 만한 적절한 사례이다. 일반상대성이론은 리만 기하학에 대한 새로운 관심을 불러일으켰다. 수학자 미할리스 다페르모스가 우리에게 말한 바에 따르면, 리만 기하학은 그때까지 "수학의 불모지"였다. "리만 기하학이 수학에서 중요한 분야로 떠오른 것은 전적으로 일반상대성이론 덕분이었습니다."[45]

일반상대성이론의 영향은 더 심오했다. 수학자 우훙시Hung-Hsi Wu에 따르면, 아인슈타인은 베른하르트 리만이 도입한 고차원의 휘어진 공간을 받아들이면서 더욱 근본적인 깨달음을 얻었다. 알고 보니 그 공간은 "수학자들이 만들어낸 상상의 개념이 아니라 우주를 이해하기 위해서 필요한 개념"이었던 것이다.[46]

텐서미적분학 또한 아인슈타인의 중력 이론 덕분에 물리학과 수학 모두에서 두각을 나타냈다(텐서미적분학은 리치가 절대미분학으로 처음 도입하고 훗날 레비-치비타가 개선한 수학 도구이다). 과학사학자 주디스 굿스타인Judith Goodstein에 의하면, "아인슈타인의 일반상대성이론은 리치가 도입한 방법(절대미분학)의 킬러 애플리케이션*이었다."[47]

하지만 일반상대성이론은 단순히 수학의 모호한 분야에 목적을 부여한 것 이상의 의미를 지닌다. 일반상대성이론이 탄생하기 20여 년 전에 고안된 리치 곡률텐서는 1915년에 장 방정식이 등장함에 따라 수학에서 새로운 삶을 얻게 되었다. 수학자 리처드 해밀턴Richard Hamilton은 리치 곡률텐서를 다루는 '리치 흐름Ricci flow'이라는 기법을 창안했는데, 이는 수학자 그리고리 페렐만Grigori Perelman의 탐구 대상이기도 했다. 리치 흐름은 2002년과 2003년에 세 차례로 나뉘어 발표된 페렐만의 푸앵카레 추측 증명에서 핵심적인 역할을 했다. 페렐만은 푸앵카레 추측 가운데

---

* 등장하자마자 시장을 완전히 재편할 만큼 인기를 누리는 상품이나 서비스를 뜻한다.

(가장 어려운) 3차원 버전을 증명했고, 3차원 구면이란 과연 무엇인가에 대한 새로운 통찰을 제공해주었다.

이처럼 일반상대성이론이 4차원 공간(시공간)에 초점을 맞춘 결과, 기하학자들과 위상수학자들은 중요한 발견을 이루어낼 수 있었다. 동시에 4차원 공간에 대한 관심으로 새로운 질문이 제기되기도 했다. 수학자들이 4차원에 주목할 것이라고 예상한 물리학자가 있었는데, 바로 폴 디랙이다. 그는 4차원에 반드시 무언가 특별한 성질이 있으리라 보았다. 1924년, 디랙은 케임브리지 대학교 대학원생 시절에 진행한 강연에서 자신의 견해를 전달했다. "현재 기하학자들은 다른 차원의 공간보다 4차원 공간에 딱히 더 큰 관심을 갖지 않습니다. 하지만 실제 우주가 4차원인 근본적인 이유가 반드시 있을 겁니다. 그 이유가 밝혀진다면 4차원 공간은 그 어떤 것보다 기하학자들의 관심을 사로잡으리라 확신합니다."[48]

1982년부터 4차원 공간의 구조에 대한 획기적인 논문을 연달아 출판한 사이먼 도널드슨은 디랙의 1920년대 발언이 "상당히 선견지명이 있었다"고 생각한다. 도널드슨은 우리에게 말했다. "게이지 이론의 결과 중 하나는 4차원 공간에 특별한 특징이 있다는 겁니다. 사실 차원의 수야 어떻든 간에 수학적으로 많은 작업을 할 수 있습니다. 예를 들어 아인슈타인의 방정식은 아무 차원에서나 작동하죠. 하지만 어떤 것들은 오직 4차원에서만 작동합니다."[49] 도널드슨은 전기장과 자기장의 사례를 들었다. "전기장과 자기장은 [4차원 시공간에서] 비슷해 보입니다. 하지만 다른 차원에서는 기하학적으로 별개의 대상이 되죠. 하나는 텐서가 되고, 다른 하나는 벡터가 됩니다. 그러면 사실상 둘을 비교할 수가 없어요. 그런데 4차원이라는 특수한 경우에서는 전기장과 자기장이 둘 다 벡터가 됩니다. 다른 차원에서는 볼 수 없는 대칭성이 나타나는 겁니다."[50]

명실상부 해당 분야의 최고 권위자인 도널드슨조차 왜 그런지 완전하게 설명하지 못한다. 다시 말해 4차원은 도대체 뭐가 그렇게 독특한 것인지 해명하지 못한다. 그의 동료들도 마찬가지다. 도널드슨은 이렇게 덧붙였다. "저희는 근본적인 수준에서 이해하지 못하고 있어요. 앞으로 탐구해야 할 미스터리죠."[51]

수학은 일반상대성이론 자체만이 아니라 그 이론을 다른 물리학 분야와 통일하려는 시도에도 막대한 자극을 받았다. 수학과 물리학이라는 두 분야 사이에는 서로가 서로를 먹여 살리는 시너지 효과가 있을 수 있고 실제로도 그러했다. 때로는 그런 효과가 지속적으로 일어나지 않고 가끔씩 창의적인 상호작용이 폭발하면서 발생할 수도 있지만, 그래도 일어난다는 것은 사실이다.

물론 '경계선'의 양측에는 두 분야의 협력을 중요하게 생각하지 않거나 그렇게 생각하지 않았던 저명한 과학자들도 있다. 가령 노벨상을 수상한 물리학자 리처드 파인먼은 분과를 넘나드는 모험을 그다지 좋아하지 않았다. 그는 심지어 "오늘날 수학자들이 전부 사라진다고 해도 물리학은 정확히 일주일만 뒤쳐질 것이다"라고 말하기도 했다. 마이클 아티야는 파인먼의 발언에 완벽하게 응수했다. "바로 그 일주일 동안 신은 세상을 창조했다."[52] 하지만 아티야의 발언이 아무리 신랄하다고 하더라도 우리 저자들은 그 말을 마지막으로 책을 끝내고 싶지는 않다. 이 논쟁에서 어쨌든 수학이 우세하다는 인상을 주고 싶지 않기 때문이다. 오히려 과학은 다양한 능력과 관점을 가진 사람들의 공헌에 의존할 때 가장 빠르고 확실하게 발전한다는 점을 강조하고 싶다.

일반상대성이론은 처음부터, 또 어떤 의미에서는 이 분야가 '공식적으로' 출범하기 전부터 수학자와 물리학자의 협력을 바탕으로 발전했다. 이것은 20세기 초만이 아니라 오늘날도 마찬가지다. 때로는 따로따로 발전하기도 한다. 한쪽 진영에서는 물리학자들이, 다른 쪽 진영에서는 수학자들이 연구를 수행하면서 말이다. 그러나 이러한 노력이 얽히고설켜 서로를 보강할 때, 우주와 그 내부의 불가사의한 대상을 이해하려는 탐구가 더욱 확실한 토대 위에 놓일 것이라고 우리는 확신한다. 설령 그 토대가 시공간이라는 언뜻 비현실적으로 보이는 4차원 혼합체로 드러나더라도 말이다.

파인먼의 생각이야 어떻든, 우주를 이해하기 위해서는 물리학과 수학이 모두 필요하며 이는 인류의 고귀한 업적 가운데 하나임이 분명하다. 아인슈타인이 수학의 가치에 대한 판단을 망설이다가 점차 깨닫게 된 교훈이 바로 그것이었다. 과학 공동체의 일원인 우리는 여전히 그 교훈의 혜택을 누리고 있다. 아인슈타인의 인도를 따라 우리는 한 손에는 수학을, 다른 손에는 물리학을 들고 이 고귀한 탐구를 이어가고 있다.

후주곡

진정한 '미스터리 스폿'이 숨겨진 곳

미국 미시간주 어퍼반도 곳곳에는 방문객을 어느 관광 명소로 안내하는 도로 표지판이 있다. 그 명소는 '미스터리 스폿Mystery Spot'이다. 미스터리 스폿은 세인트이그니스 마을에서 서쪽으로 불과 8킬로미터만 가면 나오는(일직선으로는 더 가깝다) 지름 100미터가량의 원형 영역이다. 1950년대에 측량사들이 발견한 것으로 알려져 있다. 믿을 만한 출처 《아틀라스 옵스큐라Atlas Obscura》에 따르면, 그곳에서는 "중력이 이상한 짓을 벌인다"고 한다.[1] 그 밖에도 물리 및 자연 법칙과 상식을 거스르는 듯한 현상이 일상적으로 목격되거나 발생한다고 여겨진다.

하지만 미시간 북부에서 6500제곱미터에 달하는 지역과 똑같이 이상한 특징이 있다고 홍보하는 다른 장소가 몇몇 군데 있다고 해서 당신이 앞서 읽은 모든 내용이 모조리 틀렸다는 걱정은

하지 않아도 된다.² 지난 세기에 걸쳐 입증된 사실들은 그렇지 않다고 분명하게 말하고 있으니 말이다. 자격을 갖춘 지구의 과학자들이 우주 전역에서 확인한 모든 관측 데이터는 알베르트 아인슈타인이 1915년 11월에 제시한 일반상대성이론과 실제로 일치한다.

아인슈타인이 유명한 장 방정식을 발표한 후 100년이 넘는 세월 동안 일반상대성이론은 점점 더 엄격해진 시험을 거쳤고 모두 통과했다. 특히 우리 모두가 GPS와 스마트폰으로 세상을 탐색하고 서로 통신하면서 매일 수백만 번, 수십억 번 증명되고 있다.

일상과 동떨어진 학계에서도 활발한 연구가 계속되고 있다. 단순히 이론을 입증하기 위한 시험이 새롭게 고안되고 있다는 뜻이 아니다. 일반상대성이론 분야는 끊임없이 발전하고 있으며, 예상치 못한 방향으로 불쑥 전진할 때가 많다. 마치 아인슈타인이 1915년에 심어놓은 나무가 성장을 멈추지 않고 꾸준히 더 넓게 뻗어나가면서 이전에는 연결되지 않고 아무런 관계도 없었던 인근 나무의 가지로 가닿는 것과 같다.

최근에 실험과 수학의 최전선에서 이루어진 몇 가지 성과만 보더라도 일반상대성이론 분야가 얼마나 꾸준히 발전하고 있는지 짐작할 수 있다(물론 그 성과들이 결코 완전한 것은 아니다). 주목할 만한 예시는 '중력 탐사선 B Gravity Probe B'의 실험이다. 중력 탐사선 B는 45년간의 준비를 마치고 2004년에 발사되었는데, 탐사선에서 수행한 실험 결과가 2011년 5월 4일 NASA 기자회견에서 발표되었다. 17개월간의 데이터 수집과 5년간의 데이터 분석 끝에 프로젝트 참여 과학자들은 일반상대성이론의 두 가지 중요한 예측을 확인했다. 우선 과학자들은 측지효과Geodetic effect를 측정했다. 측지효과는 지구의 질량으로 인해 시공간이 미세하게 뒤틀리는 현상으로, 그 결과 지구의 둘레가 '2π×지구 반지름'보다 약간 작아진다. 이는 아인슈타인이 특히 놀랄 것 없다고 강조한 경이로운 비유클리드적 현상이다. 매우 놀랍긴 하지만 예상했던 결과였다. 두 번째로는 '틀 끌림Frame dragging'이 관측되었다. 틀 끌림은 지구가 자전축을 중심으로 회전하면서 시공간을 함께 끌고 가는 현상이다. 물리학자 클리퍼드 윌Clifford Will은 이 실험을 "위대하다"고 표현했다. "언젠가 이 실험은 물리학의 역사에서 고전적인 실험으로 교과서에 실릴 것이다."[3]

월의 말을 더 들어보자. "대중은 흔히 아인슈타인이 옳았다고 단언하곤 한다. 하지만 과학에서 완전히 닫힌 책은 존재하지 않는다. 우주가 가속팽창을 한다는 1998년의 발견에서 알 수 있듯이 기존의 정설에 반하는 현상을 측정하면 완전히 새로운 이해, 새로운 신비의 세계로 향하는 문이 열릴 수 있다." 중력 탐사선 B의 실험 결과는 아인슈타인의 이론을 뒷받침하지만 "언제나 그럴 필요는 없다"고 윌은 덧붙였다. "물리학자들은 '일반적으로 받아들여지는' 그림 너머에 새로운 물리학이 존재할지 모른다는 호기심 때문에 기본 이론을 시험하길 멈추지 않을 것이다."[4]

실제로 시험은 멈추지 않았다. 다만 아인슈타인의 이론은 모든 도전을 묵묵히 견뎌냈다. 한 국제 연구팀이 2020년에 발표한 천체물리학 논문은 등가원리를 높은 정밀도로 뒷받침했다. 아인슈타인이 환희에 찬 깨달음을 얻은 지 오랜 시간이 지난 후였다.[5] 무게가 다른 두 공을 탑에서 동시에 떨어뜨리면 (또는 경사면 꼭대기에서 동시에 굴리면) 똑같이 동시에 지상에 도달한다는 사실을 갈릴레오가 증명했던 것처럼, 연구자들은 질량과 조성이 현저히 다른 두 별이 또 다른 별의 중력을 받아 동일한 가속도로 우주를 통과한다는 사실을 100만분의 2의 정확도로 증명했다. 이 연구를 공동으로 진행한 막스플랑크 전파천문학연구소 천문학자 파울루 프레이르Paulo Freire는 다음과 같이 결론지었다. "이 결과야말로 아인슈타인의 가장 운 좋은 생각이 자연의 내부 작동과 중력의 근본 성질을 잘 포착함을 보여준다. 이전에 수행된 그 어떤 시험보다도 말이다."[6]

한편 칠레의 유럽남방천문대European Southern Observatory는 27년간의 관측 끝에 또 다른 중요한 사실을 발견하여 마찬가지로 2020년에 발표했다. 연구자들은 우리은하 중심부의 거대 블랙홀 주변을 돌고 있는 별 S2의 움직임을 기록했다. 그 과정에서 S2의 궤도가 마치 태양을 도는 수성처럼 세차운동을 한다는 사실이 밝혀졌다. 일반상대성이론의 예측과 거의 일치하는 결과였다.[7]

더 최근인 2023년 6월, 국제 연구 협력단 나노그래브NANOGrav는 우리 우주가 저주파에 해당하는 중력파 배경복사로 가득 차 있음을 시사하는 증거를 발표했다.[8] 나노그래브는 15년 동안 우리은하에서 초고속으로 회전하는 중성자별(일명 '밀리초 펄서Millisecond pulsar'을 조사하고 있었다. 나노그래브 연구팀의 추정에 따르면, 그들이 포착한 신호는 단 한 번의 장대한 충돌에서 비롯된 것일 리가 없다. 그보다는 2022년 인기리에 상영된 영화 제목처럼 "모든 것이 모든 곳에서 한꺼번에Everything Everywhere All at Once" 신호를 방출하고 있다는 추측이 더 타당하다. 공동 연구팀의 일원인 예일대학교의 천체물리학자 키아라 밍거렐리Chiara Mingarelli의 설명에 따르면, 지금까지 검출된 사방에서 들려오는 웅성임은 "초대질량 블랙홀 쌍성*의 우주적 병합 역사에서 생겨난 수십만, 또는 수백만 신호가 중첩된 결과일 수 있다."[9] 과거의 중력파 관측들은 서로 관련이 없는 분리된 사건이었다. 때로는 몇 주 또는 몇 달 간격으로 목격되기도 했다. 하지만 이제는 하늘의 영속적인 특징이자 지속적이고 보편적인 우주 소음의 일부인 것으로 보인다.

  실험은 끝이 보이지 않을 정도로 계속되고 있다. 2023년 9월 28일 《네이처》에 실린 논문에 따르면, 유럽입자물리연구소CERN에서 측정한 결과, 수소 원자는 중력장 안에서 반물질 짝, 즉 반수소 원자와 정확히 똑같이 행동했다. 반수소 원자는 반양성자와 반전자(양전자)가 결합된 반물질 원자이다. 이 결과는 중력의 영향을 받는 물체의 운동은 그 내부 구조에 따라 달라지지 않는

---

* 블랙홀 쌍성은 짝을 이뤄 공전하는 두 블랙홀을 말한다.

다는 일반상대성이론의 '약한 등가원리Weak equivalence principle'와 일치한다. 약한 등가원리는 여태껏 물질에 대해서는 매우 높은 정밀도로 검증되었지만 반물질에 대해서는 직접 시험된 적이 없었다.[10]

• • •

관측이 수행되고 더욱 엄밀한 시험이 이루어지는 동안 수리상대론도 나란히 발전하고 있었다. 예를 들어 질량의 기본 정의, 특히 준국소 질량과 각운동량의 정의에 대한 연구는 계속해서 나아가고 있다. 안정성 문제 또한 여전히 중요한 연구 주제이다. 수학자들은 아인슈타인 진공 장 방정식의 두 가지 해(더시터르 시공간과 민코프스키 시공간)가 안정적이라는 사실을 각각 1986년[11]과 1993년[12]에 증명했다. 그렇다는 것은, 두 시공간이 조금만 교란되어도 정확하게 원래 상태로 또는 원래와 비슷한 상태로 빠르게 되돌아간다는 뜻이다. 반면 2017년에 출판된 논문에 따르면, 진공 장 방정식의 또 다른 해 '반더시터르 시공간Anti-de Sitter spacetime'은 불안정하다.[13] 또 2020년에 발표된 논문(야우싱퉁이 공동으로 집필했다)은 끈이론의 여섯 가지 여분차원을 감지 불가능할 정도로 작게 유지하는 칼라비-야우 다양체 축소화의 안정성을 입증했다(앞서 살펴보았듯이 축소화는 칼루차-클라인 이론의 메커니즘과 어느 정도 유사한 방법이다).[14] 이것은 물리학자들이 이른바 제1차 초끈이론* 혁명의 일환으로 축소화 개념을 도입한 후 40여 년 만에 이루어진 증명이다. 하지만 주의할 점이 있다. 2020년의 논문으로 입증된 칼라비-야우 축소화의 안정성은 23차원보다 많은 차원에서만 증명되었다. 끈이론의 실제 차원인 10차원에서는 안정성이 확립되지 않았으므로 추가적인 연구가 필요한 상황이다.

2023년에는 두 수학자가 온갖 특이한 모양으로 생긴 무한한 종류의 블랙홀이 4차원을 넘는 모든 차원에서 존재한다는 사실을 증명했다.[15] 같은 해, 또 다른 수학자들은 1983년에 발표된 쇼언-야우 블랙홀 존재 증명을 고차원으로 일반화했다.[16] 물론 수학적 존재는 실제적 존재의 전제 조건, 즉 실재로 향하는 첫 단계일 뿐이다. 이러한 공상적인 사물이 자연에서 발견될 수 있는지는 또 다른 문제로, 현재로서는 미결정 상태이다.

바로 이 영역, 길거리의 호기심이 아닌 과학적 탐구와 수학적

---

* 끈이론은 1960년대에 보손(전자기력과 핵력을 매개하는 입자처럼 스핀이 정수인 입자)만을 다루는 '보손 끈이론'으로 시작되었다. 그런데 1970년대에 스핀이 1/2만큼 차이 나는 입자들 사이에 '초대칭 Supersymmetry'이라는 대칭성이 존재함이 이론적으로 증명되었다. 초대칭 이론에 따르면 스핀이 1인 입자를 그것과 질량이 같고 스핀이 1/2인 다른 입자(초대칭짝)로 변환할 수 있다. 스핀이 반정수(1/2, 3/2, …)인 입자를 페르미온이라고 하는데, 전자와 양성자 및 중성자 등이 여기에 속한다. 이러한 초대칭을 통합해 보손과 페르미온을 모두 다루게 된 끈이론을 '초끈이론'이라고 한다. 한편 축소화를 통해 여분차원을 말아올리는 방법을 찾아낸 시기(1980~1990년대)를 제1차 초끈이론 혁명이라고 부르고, 다섯 가지로 구분되는 끈이론 유형을 하나의 M-이론으로 통합하고 블랙홀 내부의 복잡성을 설명한 시기(1990~2000년대)를 제2차 초끈이론 혁명이라고 부른다.

엄밀함의 영역에 진정한 미스터리 스폿이 자리하고 있다. 도로 표지판이나 여행 안내서가 없으므로 발견하려면 약간의 지혜가 필요하다. 물론 우리는 이미 그곳에서 당황스럽고 낯선 세계와 마주한 적이 있다. 우주를 이해하기 위해서는 수학과 물리학 모두에 특화된 새로운 도구를 개발해야 한다. 아인슈타인이 우주를 떠올리며 말한 "닫힌 상자"를 열 수 있도록 말이다. 연습으로 갈고 닦은 도구를 손에 넣는 순간, (상대성이론의 아버지가 말한 표현을 다시 한 번 빌리자면) 우리는 은유적인 상자 속을 들여다볼 수단을 얻게 될 것이다. 그리고 마침내 그 안에 무엇이 있고 무엇이 없는지 알게 될 것이다. 상자 안의 내용물을 만족스러울 만큼 조사한다면, 이제 훨씬 더 까다로운 과제로 넘어갈 수 있다. 인식할 수 있는 모든 지식을 담고 있다고 여겨지는 그 상자 바깥에 (무언가 있긴 하다면) 무엇이 있는지 파악하고, 그 상자가 애초에 어떻게 그곳에 있게 되었는지 알아내는 것이다.

나가며

일반상대성이론의 지난 반세기를 돌아보며

야우싱통

다소 긴 이 글의 서두에서 언급했듯이 나는 알베르트 아인슈타인의 일반상대성이론에 놀랍도록 무지했다. 1969년 가을이었다. 수학과 대학원 과정에 진학하기 위해 캘리포니아대학교 버클리 캠퍼스에 막 도착한 참이었다. 당시에 나는 순진하고 잘못된 생각을 품고 있었다. '순수 수학'이라고 여긴 것에만 관심이 있었지, 다른 분야는 거들떠보지도 않았다. 더군다나 가장 순수하고 심오한 지식은 최고로 추상적인 주제에서만 찾을 수 있다고 믿었다. 소위 현실 세계에서 멀어질수록 더 좋다고 생각했다. 하지만 버클리에 도착한 후로 나의 태도는 빠르게 바뀌었다. 닥치는 대로 이곳저곳 뻗어나가는 지적 활동의 중심지, 버클리에서 만난 사람들은 엄격한 경계 없이 흥미로운 주제를 광범위하게 탐구했다. 나는 정식으로 등록한 수업 외에도 하루 24시간을 꽉꽉 채워서 최대한 많은 강의를 청강하고 되도록 많은 강연을 들었다.

1970년 초, 수학과 사무실에서 복사를 하다가 우연히 아서 피셔Arthur Fischer와 마주쳤다. 프린스턴대학교의 저명한 일반상대론자 존 휠러의 가르침을 받은 피셔는 수리물리학 박사학위를 갓 취득하고 수학과에서 강사로 일하고 있었다. 그는 내가 복사하는 논문(겨울방학에 캠퍼스가 한산할 때 쓴 것이었다)을 흘끗 보더니 말했다. 곡면이나 다양체 같은 대상의 기하 구조 또는 곡률을 그 대상의 일반적인 모양이나 위상과 연관시키는 모든 원리는 물리학에서도 중요할 수 있다고 말이다.

내가 먼저 묻지는 않았지만 피셔의 답변에 흥미가 동했다. 하지만 약간의 경계심이 들었던 것도 사실이다. 피셔는 어딘가 히피 같은 면이 있어서 그의 말을 얼마나 믿어야 할지 확신하지 못했다(히피는 '힙'과는 거리가 멀었던 나의 홍콩 시절에는 사실상 접해본 적 없는 하위문화였다). 그럼에도 나는 봄 학기에 열린 피셔의 일반상대성이론 강의에 몇 번 참석했다. 드디어 일반상대성이론에 대해 무언가를 배울 수 있길 희망했다. 바로 그 강의실이었다. 중력 작용의 핵심은 곡률이라는 사실을 깨달은 곳이. 곡률은 내가 한창 공부하고 있던 기하학에서만 중요한 것이 아니었다. 또 놀랍게도 기하학은 일반상대성이론을 훌쩍 넘어서 다른 물리학에서도 매우 중요한 역할을 맡고 있었다.

피셔의 강의를 듣다가 문득 물질이 없는 시공간 영역의 중력에 대해 생각하기 시작했다. 그러면서 칼라비 추측을 알게 되었고, 결국 끈이론학자들과 '모든 것의 이론'을 만들려는 노력과의 랑데부에 이르렀다(적어도 당시 열광적인 끈이론 옹호자들에게는 끈이론이 모든 것의 이론의 후보처럼 보였다). 끈이론은 이후 물리학과 수학에서 중요한 성공을 많이 거두었다. 물론 '모든 것'에 도달하기까지는 아직 갈 길이 멀다.

1973년에는 스탠퍼드대학교에서 중요한 기하학 학술대회가 열렸다. 그곳에서 물리학자 로버트 게로치는 수학자들이 오랫동안 해결되지 않은 '양수 질량 추측'을 연구하도록 관심을 끌었다. 게로치의 강연을 들으면서 나는 일반상대성이론의 궤도 속으로 한층 더 깊이 빠져들었다. 그 후로 단 한 번도 이탈하지 않았던, 이탈할 생각도 없었던 그 궤도 속으로. 그때 깨달았다. 수학자들, 어쩌면 나 자신도 물리학의 핵심 문제에 실질적으로 기여할 수 있을지 모른다는 생각이 들었다. 게로치가 제기한 문제는 한동안 내 주위를 맴돌았다. 10년이 지나 마침내 꼭 필요한 수학적 능력을 쌓았을 때, 친구이자 동료인 리처드 쇼언과 함께 도전에 응했다.

수학과 물리학의 경계에 걸쳐 있는 문제는 그 이후로도 나를 줄곧 끌어당겼다. 정말이지 흥미로운 접점이었다. 물리학자들은 이전에는 생각지도 못한 아이디어를 수학자들에게 건네준다. 수학자들은 그 아이디어를 엄밀한 수학적 용어로 재구성하고, 바라건대 영원토록 지속될 명제를 증명한다. 이것은 물리학자들이 관심을 두지 않거나 하기 어려운 일이다.

물론 일반상대성이론 학계에서 나는 수많은 연구자로 이루어진 대규모 기계의 톱니 하나에 지나지 않는다. 물리학자와 천문학자, 우주론학자, 수학자, 컴퓨터과학자, 우주공학자 모두가 지난 세기 동안 지식 축적에 이바지했다. 내가 경력을 쌓은 기간만 따져봐도 이 분야는 극적으로 발전했다. 내가 일반상대성이론을 고려하기 시작한 50여 년 전만 해도 블랙홀의 존재를 믿는 사람은 거의 없었다. 당시에 블랙홀의 존재를 수학적으로 증명한다거나 하면서 블랙홀을 진지하게 받아들였다면(쇼언과 내가 그랬다), 당신은 대다수에게 미친 사람으로 취급당했을 것이다.

하지만 이제 블랙홀의 경험적 증거는 사실상 이론의 여지가 없다. 한때 SF의 영역에 국한되어 있던 블랙홀은 오늘날 이론물리학자와 수학자 모두에게 중요한 시험장이 되고 있다. 양자중력으로 향하는 다양한 접근법의 실행 가능성을 평가하고 일반상대성이론의 한계를 탐구하는 시험장 말이다. 더 나아가 블랙홀과 관련해서 수학자들이 관여할 수 있고 그래야 하는 중요한 문제들이 많이 남아 있다. 털없음 정리, 우주검열 가설, 커 블랙홀 안정성 문제에 대한 완전한 풀이(각운동량이 작지 않은 경우에도 적용할 수 있는 해법)는 주목할 만한 몇 가지 사례에 불과하다.

수학자들이 바쁘게 지낼 이유는 여전히 많다. 나는 계속해서 일반상대성이론과 연관된 수학적 성격의 문제를 다루고 있다. 능력이 닿는 한 오랫동안 연구를 이어가고 싶지만, 언젠가는 나의 역할이 가끔씩 조언을 해주는 관중으로 변할지도 모를 일이다. 그러나 이 얼마나 멋진 광경인가! 놀라움을 금할 수 없다. 일반상대성이론과 관련된 문제가 반세기 동안 나를 사로잡았다니, 또한 세기를 훌쩍 넘는 세월 동안 수많은 이들을 매료시켰다니.

놀랍게도 일반상대성이론을 향한 열의는 꺾일 줄을 모르고 오히려 더 높아져간다. 해당 분야에서 존경받는 학자 중 하나가 아인슈타인을 "타고난 게으름뱅이"라고 불렀지만 그 게으름뱅이는 큰일을 모색했다. 다른 협력자들과 관찰자들도 마찬가지겠지만 나에게 정말 흥미로운 점은 이 끊임없이 부글대는 활동이 궁극적으로 우리를 어디로 데려갈지 아무도 모른다는 것이다. 지구라는 우주선의 승객들이여, 안전벨트를 단단히 매기를. 시공간을 가로지르는 여정은 흥미롭고 예측 불가능한, 단언컨대 우여곡절이 많은 여정일 테니.

기하학에 바치는 송가

광막하고 아름다운 천상의 풍요로움.
기적과 같은 광경에 놀라지 않을 자 누가 있을까?

과거의 사상가들이 고안한 이론은 여전히 건재하다.
현자들은 세상을 떠났어도 그들의 방법은 아직도 견고하다.

형상과 아름다움은 기꺼이 마주하며 완벽하게 한 점에서 만난다.
정신과 물질이 서로 어우러지듯, 종종 그러하듯.

새로운 세기의 동이 트며 새로운 희망과 꿈이 태어난다.
우리 모두는 힘을 모아 어떻게든 진리를 찾는다.

언덕 꼭대기에 망원경을 설치하고 또 궤도선에 망원경을 탑재해놓았으니,
빅뱅을 헤아리는 시도는 이제 더 이상 미친 짓이 아니다.

우리의 탐구는 다름 아닌 바로 그것,
모든 것의 기원과 그로부터 비롯된 것들에 대한 탐사.

사과는 땅으로 떨어지고, 행성들은 타원을 그리며 태양 주변을 돌고.
이 모든 것은 결국 공간과 시간의 통합과 그 통일체가 휘어지는 무수한 방식.

점근적으로 멀리 떨어진, 사방이 평탄하고 평온한 곳에 고요함이.
다른 극단에는 탐욕스러운 블랙홀의 격렬하고 무한한 뒤틀림이.

어둠으로 가려진 탓에 헤아릴 수 없는 불가사의한 것일지라도
이윽고 제 비밀을 드러낸다. 기하학의 강력한 힘으로.

수 세기에 걸쳐 연마된, 수천 년을 견뎌온,
기하학이라는 도구와 정리는 우리를 실망시킨 적이 없다.

진리는 늘 달아난다. 역사가 낳은 최고의 지성을 따돌리면서.
그러나 단순한 수학적 증명은 우리를 가차없이 인도한다. 불멸의 진리를 향하여.

옮긴이의 말

1919년 12월 14일 《베를린 삽화 주간지*Berliner Illustrirte Zeitung*》 표지에 한 남자의 얼굴 사진이 실렸다. 언뜻 평온한 듯하면서도 한 손에 턱을 괴고 고뇌에 찬 모습이다. 대문짝만하게 실린 사진 아래쪽에 작은 글씨로 적힌 몇 줄의 문장은, 남자를 "세계 역사의 새로운 거인"이라 칭하면서 그의 연구가 "코페르니쿠스와 케플러, 뉴턴의 통찰에 견줄 정도로 자연관을 완전히 뒤엎었다"고 극찬했다. 표지를 넘겨 뒷장으로 시선을 옮기면 더 자세한 설명을 읽을 수 있다. "그의 이론에 따라 공간과 시간에 대한 관념을 반드시 수정해야 한다. 코페르니쿠스의 시대와 마찬가지로 우리의 세계관은 또 한 번 변혁을 겪었다. 새롭게 도래한 인류 역사의 시대는 그의 이름과 불가분의 관계를 맺고 있다."* 당시 독일에서 새롭게

---

* David E. Rowe, "Einstein and Relativity: What Price Fame?", *Science in Context* 25:2 (2012), 221-222의 영문 번역을 인용.

나가며 309

부상한 사진 중심 대중매체의 선두주자 《베를린 삽화 주간지》는 이처럼 신문을 손에 쥔 사람들의 마음속 코페르니쿠스 옆에 나란히 한 사람의 이미지를 새겨 넣었다. '새로운 코페르니쿠스'로 자리매김한 그의 이름은 바로 알베르트 아인슈타인이었다.

아마도 독자들 또한 아인슈타인에 대한 이미지 하나쯤은 품고 있을 것이다. 앞서 언급한 주간지 표지의 사진처럼 잠시 한 손에 턱을 괴고 '나의 아인슈타인'을 들여다보자. 그는 누구인가? 답은 제각기 다르겠으나 100년 전 주간지가 전달한 인상은 오늘날까지도 널리 퍼져 아인슈타인 이미지를 형성하는 주된 재료로 남아 있다. 타고난 창조력을 발휘해 공간과 시간에 대한 인식을 혼자서 송두리째 뒤바꾼 혁명가라는 인상이다. 특히 아인슈타인이 고안한 중력 이론인 일반상대성이론은 이 책의 서문에서 지적하듯 천재 물리학자의 "순수한 창조 행위"이자 "단 하나의 인간 지성이 이루어낸 가장 위대한 성취"로 묘사되곤 한다.

《수학의 중력》은 일반상대성이론이 확립되고 심화되는 과정을 따라가며 '고독한 혁명가 아인슈타인'이라는 신화에 의문을 던진다. 내용상 1부에 해당하는 1장부터 3장은 아인슈타인이 일반상대성이론과 중력장 방정식을 고안한 배경과 경로에 초점을 맞춘다. 연구에 본격적으로 착수한 이래로 아인슈타인은 탁월한 직관을 발휘해 일반상대성이론의 물리적 귀결을 먼저 손에 넣었지만, 그 모든 통찰을 하나의 중력장 방정식으로 담아내기까지는 험난한 길이 기다리고 있었다. 아인슈타인은 그 혹독한 여정을 두고

"어둠 속에서 불안하게 헤매이고, 갈망에 휩싸였다가 자신감과 탈진이 번갈아 찾아드는 세월, 그리고 마침내 빛을 목격하는 순간"이었다고 회상했다.

하지만 통념과는 달리 아인슈타인은 탈진이 반복되는 세월 동안 결코 혼자가 아니었다. 정상으로 향하는 매 고비에 이르러 숨을 헐떡일 때마다 헤르만 민코프스키, 마르셀 그로스만, 툴리오 레비-치비타 같은 수학자들이 그의 등을 떠밀어주었다. 민코프스키가 도입한 4차원 시공간 개념, 그로스만이 알려준 리만 기하학, 레비-치비타가 발전시킨 텐서해석학 등 수학자들의 원조가 없었다면 아인슈타인이 마침내 빛을 목격할 수 있었을지 장담하기 어렵다. 《수학의 중력》 1부는 아인슈타인이 수학자들의 도움을 받아 중력장 방정식에 도달한 복잡다단한 과정과 그 과정에서 등장하는 난해한 기하학 개념들을 마치 공리에서 참된 명제를 도출하듯 차근차근 알기 쉽게 설명해준다.

수학자들의 지원은 중력장 방정식이 완성된 후에도 끊이지 않았다. 중력장 방정식은 물론 위대한 성취이지만 사실상 도착점이 아닌 출발점이었다. 방정식을 실제로 적용하고 그 결과의 함의를 탐구하는 것은 후학들의 몫이었다. 아인슈타인의 미완성 교향곡을 완성하는 역할을 떠맡은 수학자들의 대서사시가 2부에 해당하는 나머지 장들의 주제이다. 빛조차 빠져나가지 못하는 블랙홀과 시공간을 물결치며 가로지르는 중력파는 관측 결과가 나오기도 전에 수학자들의 펜 아래에서 그 존재의 실마리를 드러냈다.

수학자들은 종이 위에 개별적인 천체나 현상만이 아닌 우주 전체의 그림을 그리기도 했다. 우주의 총질량이 양수인지, 또 중력 이론을 양자역학과 통일할 수 있는지 같은 문제도 일반상대성이론 교향곡 완성을 위해 반드시 던져야 하는 질문이었다. 독자들은 2부에서 그동안 알지 못했을 수많은 수학자들의 공로를 접하면서 일반상대성이론이라는 위대한 지식의 업적은 단 한 사람에게만 돌릴 수 없음을, 그 어떤 혁명도 단 한 사람이나 단 한 사건에 의해 완료되지 않음을 온전히 알게 될 것이다.

이처럼 《수학의 중력》은 100여 년 전 독일 주간지의 언급과 달리 공간과 시간의 관념이 전복된 시대와 "불가분의 관계"를 맺고 있는 인물은 아인슈타인만이 아니었다는 사실을 잘 보여준다. 그 인물은 중력장 방정식으로 향하는 길을 함께 질주한 민코프스키와 그로스만, 다비트 힐베르트이기도 했고, 중력장 방정식이라는 출발점에서 각기 다른 도착점을 향해 걸음을 재촉한 로저 펜로즈, 이본 쇼케-브뤼아, 헤르만 바일 그리고 이 책의 저자 야우싱퉁이기도 했다. 물리학과 수학이라는 두 가닥이 맞물린 중력의 이중나선이 오늘날도 후대에 유전되고 있는 것은 그들 모두의 덕분이다. 오랜 세월이 흘러도 거뜬히 살아남아 풍요로운 지식 생태계를 일구어낸 유전자 한 토막, 인류 지식의 역사상 어쩌면 가장 심원할지 모를 그 통찰을 되새기길 원하는 모든 독자들에게 이 책을 강력하게 권한다.

박초월

미주

전주곡 원뿔을 자르는 방법은 하나만이 아니다

1. G. B. M., "Apollonius of Perga," *Nature* 54 (August 6, 1896), 314~315.
2. Robbert Dijkgraaf, "The Two Forms of Mathematical Beauty," *Quanta*, June 16, 2020, https://www.quantamagazine.org/how-is-math-beautiful-20200616/.
3. Chen Ning Yang, "Albert Einstein: Opportunity and Perception," *International Journal of Modern Physics A* 21:15 (2006), 3031~3038.
4. Robbert Dijkgraaf, "Without Albert Einstein, We'd All Be Lost," *Wall Street Journal*, November 5, 2015.
5. Albert Einstein, "The Mechanics of Newton and Their Influence on the Development of Theoretical Physics," in *Ideas and Opinions* (New York: Wing Books, 1954), 253. (알베르트 아인슈타인, 《아인슈타인의 나의 세계관》, 구자현·홍수원 옮김, 중심, 2003)
6. Dan Falk, "A Debate over the Physics of Time," *Quanta*, July 19, 2016, https://www.quantamagazine.org/a-debate-over-the-physics-of-time-20160719/.

1장 낙하하는 물체, 패러다임의 전환

1. Charles W. Misner, Kip S. Thorne, and John Archibald Wheeler, *Gravitation* (Princeton, NJ: Princeton University Press, 2017), 3.
2. R. G. Keesing, "The History of Newton's Apple Tree," *Contemporary Physics* 39:5

(1998), 377~395.
3   Arthur Rosenthal, "The History of Calculus," *American Mathematical Monthly* 58:2 (February 1951), 75~86.
4   Stephen Hawking, *A Brief History of Time* (New York: Bantam Books, 1988), 181. (스티븐 호킹 지음, 《그림으로 보는 시간의 역사》, 김동광 옮김, 까치, 2021)
5   Ofer Gal and Raz Chen-Morris, "The Archaeology of the Inverse Square Law (1)," *History of Science* 43:4 (2005), 391~414.
6   D. T. Whiteside, "Newton's Marvellous Year: 1666 and All That," *Notes and Records of the Royal Society of London* 21:1 (June 1966), 32~41.
7   Stephen Hawking, "Newton's Principia," in Stephen Hawking and Werner Israel, eds., *Three Hundred Years of Gravitation* (Cambridge, UK: Cambridge University Press, 1987), 1.
8   Steven Weinberg, "Newtonianism and Today's Physics," in Stephen Hawking and Werner Israel, eds., *Three Hundred Years of Gravitation* (Cambridge, UK: Cambridge University Press, 1987), 7.
9   W. David Woods and Frank O'Brien, "Apollo 8: Day 5: The Green Team," *Apollo Flight Journal*, updated February 27, 2021, https://history.nasa.gov/afj/ap08fj/24day5_green.html.
10 "Original Letter from Isaac Newton to Richard Bentley, Dated 17 January 1692/3," *The Newton Project*, October 2007, http://www.newtonproject.ox.ac.uk/view/texts/normalized/THEM00255.
11 George Smith, "Newton's Philosophiae Naturalis Principia Mathematica," *Stanford Encyclopedia of Philosophy*, December 20, 2007, https://plato.stanford.edu/entries/newton-principia/#OveImpWor.
12 Michael Seeds, *The Solar System*, Sixth Edition (Belmont, CA: Thomson/Brooks Cole, 2008), 94.
13 Steven Weinberg, *Gravitation and Cosmology* (New York: John Wiley & Sons, 1972), 14.
14 David Bodanis, *E=mc2: A Biography of the World's Most Famous Equation* (New York: Berkley Publishing Group, 2005), 5. (데이비드 보더니스 지음, 《E=mc²》, 김희봉 옮김, 웅진지식하우스, 2014)
15 Albert Einstein, "Über einen die Erzeugung und Verwandlung des Lichtes betreffenden heuristischen Gesichtspunkt" (On a Heuristic Point of View About the Creation and Conversion of Light), Annalen der Physik 322:6 (1905), 132~148.
16 Albert Einstein, "Über die von der molekularkinetischen Theorie der Wärme geforderte

Bewegung von in ruhenden Flüssigkeiten suspendierten Teilchen" (Investigations on the Theory of Brownian Motion), Annalen der Physik 322:8 (1905), 549~560.

17　Albert Einstein, "Zur Elektrodynamik bewegter Körper" (On the Electrodynamics of Moving Bodies), Annalen der Physik 322:10 (1905), 891~921.

18　Albert Einstein, "Ist die Trägheit eines Körpers von seinem Energieinhalt abhängig?" (Does the Inertia of a Body Depend Upon Its Energy Content?), Annalen der Physik 323:13 (1905), 639~641.

19　Albert Einstein, *Autobiographical Notes*, ed. Paul Arthur Schilpp (Peru, IL: Open Court Publishing Company, 1999), 49~51.

20　Albert Einstein, "What Is the Theory of Relativity?," in *Ideas and Opinions* (New York: Wing Books, 1954), 229~230. (알베르트 아인슈타인 지음, 《아인슈타인의 나의 세계관》, 구자현·홍수원 옮김, 중심, 2003)

21　같은 책.

22　같은 책.

23　Galileo Gallilei, *Dialogue Concerning the Two Chief World Systems*, trans. Stillman Drake (New York: Modern Library, 2001), 216~217. (갈릴레오 갈릴레이 지음, 《두 새로운 과학》, 이승준, 이경룡 옮김, GS인터비전, 2014)

24　Albert Einstein, "How I Created the Theory of Relativity," trans. Yoshimasa A. Ono, *Physics Today* 35:8 (August 1982), 47.

25　같은 책.

26　Anna M. Nobili, "Testing the Weak Equivalence Principle with Macroscopic Proof Masses on Ground and in Space: A Brief Review," *International Journal of Modern Physics: Conference Series* 30 (May 2014), 1460254.

27　Ivan T. Todorov, "Einstein and Hilbert: The Creation of General Relativity," arXiv:physics/0504179v1, April 25, 2005.

28　John Gribbin, *Einstein's Masterwork: 1915 and the General Theory of Relativity* (New York: Pegasus Books, 2016), 16.

29　Vesselin Petkov, ed., *Space and Time: Minkowski's Papers on Relativity* (Montreal: Minkowski Institute Press, 2012), 55 and 111.

30　Anthony Zee, *Einstein Gravity in a Nutshell* (Princeton, NJ: Princeton University Press, 2013), 175.

31　Richard Garfinkle and David Garfinkle, *X Marks the Spot* (Boca Raton, FL: CRC Press, 2021).

32　왕무타오(콜롬비아대학교)와의 인터뷰(2019년 5월 5일).

33 Peter Galison, "Minkowski's Space-Time: From Visual Thinking to the Absolute World," *Historical Studies in the Physical Sciences* 10 (1979), 95.

34 Abraham Pais, *Subtle Is the Lord: The Science and the Life of Albert Einstein* (New York: Oxford University Press, 2008), 152.

35 Petkov, *Space and Time*, 2.

36 Matsatsugu Sei Suzuki, "Minkowski Space-Time Diagram in the Special Relativity," Lecture Notes on Modern Physics, Department of Physics, SUNY at Binghamton, January 13, 2012.

37 C. Lanczos, "Einstein's Path from Special to General Relativity," in L. O'Raifeartaigh, ed., *General Relativity: Papers in Honor of J. L. Synge* (New York: Oxford University Press, 1972), 5~19.

38 Jürgen Renn and Hanoch Gutfreund, *Einstein on Einstein* (Princeton, NJ: Princeton University Press, 2020), 84.

39 Albert Einstein, "Minkowski's Four-Dimensional Space," trans. Robert W. Lawson, in *Relativity: The Special and the General Theory* (New York: Crown, 1961); reprinted in Ann M. Hentschel, trans., The Collected Papers of Albert Einstein, vol. 6, *The Berlin Years: Writings, 1914~1917, English translation supplement* (Princeton, NJ: Princeton University Press, 1997), 306~308. (알베르트 아인슈타인 지음, 《상대성이론》, 장현영 옮김, 지만지, 2012)

40 Leo Corry, "Einstein Meets Hilbert on the Way to General Relativity," presented at Harvard Black Hole Initiative, October 12, 2020.

41 레오 코리(텔아비브대학교)가 보내준 이메일(2021년 5월 21일).

42 Anthony Zee, *On Gravity: A Brief Tour of a Weighty Subject* (Princeton, NJ: Princeton University Press, 2018), 62.

43 Einstein, "What Is the Theory of Relativity?," 231.

44 Judith R. Goodstein, *Einstein's Italian Mathematicians: Ricci, Levi-Civita, and the Birth of General Relativity* (Providence, RI: American Mathematical Society, 2018), 90.

45 Michel Janssen and Jürgen Renn, "Einstein Was No Lone Genius," *Nature* 527 (November 19, 2015), 298.

2장 일반적인 길로 향하는 여정

1. Bernhard Riemann, *On the Hypotheses Which Lie at the Bases of Geometry*, ed. Jürgen Jost (Switzerland: Birkhauser, 2016), v.

2. Gerrit van Dijk and Masato Wakayama, eds., *Casimir Force, Casimir Operators and the Riemann Hypothesis: Mathematics for Innovation in Industry and Science* (Berlin: De Gruyter, 2010), v.

3. Riemann, *On the Hypotheses Which Lie*, v.

4. Steven Weinberg, *Gravitation and Cosmology* (New York: John Wiley & Sons, 1972), 5.

5. Ruth Farwell and Christopher Knee, "The Missing Link: Riemann's 'Commentatio,' Differential Geometry and Tensor Analysis," *Historia Mathematica* 17 (1990), 224.

6. Bernhard Riemann, *Bernhard Riemann, Collected Papers*, trans. R. Baker, C. Cristenson, and H. Order (Heber City, UT: Kendrick Press, 2004), 257~270.

7. Marcia Bartusiak, *Einstein's Unfinished Symphony: Listening to the Sounds of Space-Time* (New Haven, CT: Yale University Press, 2017), 24~25.

8. Albert Einstein, "How I Created the Theory of Relativity," trans. Yoshimasa A. Ono, *Physics Today* 35:8 (August 1982), 47.

9. James Overduin, "The Experimental Verdict on Spacetime from Gravity Probe B," in Vesselin Petkov, ed., *Space, Time, and Spacetime: Physical and Philosophical Implications of Minkowski's Unification of Space and Time* (Berlin: Springer, 2010), 31.

10. Abraham Pais, *Subtle Is the Lord: The Science and the Life of Albert Einstein* (New York: Oxford University Press, 2008), 213.

11. 같은 책, 210.

12. David E. Rowe, "Book Review: Einstein's Italian Mathematicians: Ricci, Levi-Civita, and the Birth of General Relativity," *Notices of the American Mathematical Society* 166 (October 2019), 1478.

13. E. B. Christoffel, "Ueber die Transformation der homogenen Differentialausdrücke zweiten Grades," *Journal für die Reine und Angewandte Mathematik* 70 (1869), 46~70.

14. Galina Weinstein, "Genesis of General Relativity," arXiv:1204.3386, April 16, 2012.

15. Lewis Pyenson, "Einstein's Education: Mathematics and the Laws of Nature," *Isis* 71:3 (September 1980), 419.

16　Rowe, "Einstein's Italian Mathematicians," 1481.
17　Albert Einstein, "Outline of a Generalized Theory of Relativity and of a Theory of Gravitation (I. Physical Part)," *Zeitschrift für Mathematik und Physik* 62 (1914), 225~261.
18　같은 책.
19　Michel Janssen and Jürgen Renn, "Arch and Scaffold: How Einstein Found His Field Equations," *Physics Today* 68:11 (November 2015), 34.
20　Albert Einstein, "Notes on the Origin of the General Theory of Relativity," in *Ideas and Opinions* (New York: Wing Books, 1954), 289. (알베르트 아인슈타인 지음, 《아인슈타인의 나의 세계관》, 구자현·홍수원 옮김, 중심, 2003)
21　John Norton, "How Einstein Found His Field Equations: 1912~1915," *Historical Studies in the Physical Sciences* 14:2 (1984), 253.
22　John Earman and Clark Glymour, "Lost in the Tensors: Einstein's Struggles with Covariance Principles 1912~1916," *Studies in History and Philosophy of Science* 9:4 (1978), 260.
23　Albert Einstein and Marcel Grossmann, "Covariance Properties of the Field Equations of the Theory of Gravitation Based on the General Theory of Relativity," *Zeitschrift für Mathematik und Physik* 63 (1914), 215~225.

3장 최고의 걸작

1　Ann M. Hentschel, trans., *The Collected Papers of Albert Einstein*, vol. 8, *The Berlin Years: Correspondence, 1914~1918*, English translation supplement (Princeton, NJ: Princeton University Press, 1997), Document 60, 71.
2　Galina Weinstein, "Einstein the Stubborn: Correspondence Between Einstein and Levi-Civita," arXiv:1202:4305, January 31, 2012.
3　David E. Rowe, "Book Review: Einstein's Italian Mathematicians: Ricci, Levi-Civita, and the Birth of General Relativity," *Notices of the American Mathematical Society* 166 (October 2019), 1481.
4　Francesco dell'Isola, Emilio Barchiesi, and Luca Placidi, "Levi-Civita, Tullio," in H. Altenbach and A. Öchsner, eds., *Encyclopedia of Continuum Mechanics* (Berlin: Springer, 2019), 1~11.
5　Abraham Pais, *Subtle Is the Lord: The Science and the Life of Albert Einstein* (New

York: Oxford University Press, 2008), 259.

6 Ivan T. Todorov, "Einstein and Hilbert: The Creation of General Relativity," arXiv:physics/0504179, April 25, 2005.

7 Jürgen Renn and Matthias Schemmel, eds., *The Genesis of General Relativity*, vol. 4, *Gravitation in the Twilight of Classical Physics: The Promise of Mathematics* (Dordrecht: Springer, 2007), 1003.

8 Constance Reid, *Hilbert-Courant* (New York: Springer-Verlag, 1986), 127.

9 Leo Corry, "The Influence of David Hilbert and Hermann Minkowski on Einstein's Views over the Interrelation Between Physics and Mathematics," *Endeavor* 22:3 (1998), 95~97.

10 Pais, *Subtle Is the Lord*, 259.

11 Todorov, "Einstein and Hilbert."

12 Albert Einstein, "Explanation of the Perihelion Motion of Mercury from the General Theory of Relativity," *Sitzungsberichte der Königlich Preußischen Akademie der Wissenschaften zu Berlin* (submitted November 18, 1915), 831~839.

13 Derek Raine, "Review: Mercury's Perihelion from Le Verrier to Einstein," *British Journal for the Philosophy of Science*, 35:2 (June 1984), 188.

14 Jürgen Renn and John Stachel, "Hilbert's Foundation of Physics: From a Theory of Everything to a Constituent of General Relativity," Max Planck Institute for the History of Science Preprint 118, 1999.

15 Renn and Schemmel, *The Genesis of General Relativity*, vol. 4, 1015.

16 Leo Corry, Jürgen Renn, and John Stachel, "Belated Decision in the Hilbert-Einstein Priority Dispute," *Science* 278 (November 14, 1997), 1270~1273.

17 Martin Harwit, *In Search of the True Universe: The Tools, Shaping, and Cost of Cosmological Thought* (New York: Cambridge University Press, 2013), 35.

18 Kip Thorne, *Black Holes and Time Warps: Einstein's Outrageous Legacy* (New York: W. W. Norton, 1994), 117~119. (킵 손 지음, 《블랙홀과 시간여행》, 박일호 옮김, 반니, 2019)

19 John Earman and Clark Glymour, "Einstein and Hilbert: Two Months in the History of General Relativity," *Archive for History of Exact Sciences* 19:3 (1978), 307.

20 John Norton, "How Einstein Found His Field Equations," *Historical Studies in the Physical Sciences* 14:2 (1984), 263.

21 Dieter Ebner, "How Hilbert Has Found the Einstein Equations Before Einstein and

Forgeries of Hilbert's Page Proofs," arXiv:physics/0610154, October 19, 2006.
22 Pais, *Subtle Is the Lord*, 275~276.
23 같은 책.
24 Fabio Toscano, "Luigi Bianchi, Gregorio Ricci Curbastro e la scoperta delle identita di Bianchi," in *Atti Del XX Congresso Nazionale Di Storia Della Fisica E Dell'astronomia (Proceedings of the XX National Congress of the History of Physics and Astronomy)* (Naples: CUEN, 2001), 353~370.
25 Jürgen Neffe, *Einstein: A Biography* (New York: Farrar, Straus and Giroux, 2007), 206.
26 Albert Einstein, "Notes on the Origin of the General Theory of Relativity," in *Ideas and Opinions* (New York: Wing Books, 1954), 289. (알베르트 아인슈타인 지음, 《아인슈타인의 나의 세계관》, 구자현·홍수원 옮김, 중심, 2003)
27 Tilman Sauer, "Marcel Grossmann and His Contribution to the General Theory of Relativity," in Robert T. Jantzen and Kjell Rosquist, eds., *Proceedings of the Thirteenth Marcel Grossmann Meeting on General Relativity* (Singapore: World Scientific, 2015), 487.
28 Tilman Sauer, "Marcel Grossmann and His Contributions to the General Theory of Relativity," arXiv:1312.4068, April 22, 2014, 32, 35~36.
29 Alberto Rojo and Anthony Block, *The Principle of Least Action: History and Physics* (Cambridge, UK: Cambridge University Press, 2018), 7.
30 Cumrun Vafa, *Puzzles to Unravel the Universe* (Middleton, DE: self-published, 2020), 23~24.
31 데이비드 가핑클(오클랜드대학교)과의 인터뷰(2021. 6월 8일).
32 Katherine Brading, "How It All Began: The Puzzle That Led to Noether's Theorems," presented at Boston University, October 19, 2018.
33 Yvette Kosmann-Schwarzbach, *The Noether Theorems* (New York: Springer-Verlag, 2011), 45~46.
34 Emmy Noether, "Invariant Variational Problems," *Nachrichten der Königlichen Gesellschaft der Wissenschaften zu Göttingen, Mathematisch-Physikalische Klasse* (1918), 235~257.
35 이 비유는 부르카르프 슈바프가 이메일로 보내준 것이다(2021년 6월 15일).
36 Chris Quigg, "Colloquium: A Century of Noether's Theorem," technical report FERMILAB-PUB-19-059-T, arXiv:1902.01989, July 9, 2019.
37 Ruth Gregory, "Celebrating the Life and Legacy of Emmy Noether," presented at the Perimeter Institute for Theoretical Physics, June 22, 2015.

38   David E. Rowe, "Emmy Noether on Energy Conservation in General Relativity," arXiv:1912.03269, December 4, 2019.
39   Albert Einstein, "Hamilton's Principle and the General Theory of Relativity," in Ann M. Hentschel, trans., *The Collected Papers of Albert Einstein, vol. 6, The Berlin Years: Writings, 1914~1917*, English translation supplement (Princeton, NJ: Princeton University Press, 1997), 240.
40   Hanoch Gutfreund, "Relatively Speaking—Einstein and Black Holes," presented at Harvard Black Hole Initiative, September 11, 2019.

4장 가장 특이한 해답

1   Brandon Carter, "Half Century of Black Hole Theory: From Physicists' Purgatory to Mathematicians' Paradise," arXiv:gr-qc/0604064, April 16, 2006.
2   Areeba Merriam, "Karl Schwarzschild's Letter to Albert Einstein," *Cantor's Paradise*, December 5, 2021, https://www.cantorsparadise.com/karl-schwarzschilds-letter-to-albert-einstein-6661734dd3e.
3   Karl Schwarzschild, "From Karl Schwarzschild," in Ann M. Hentschel, trans., *The Collected Papers of Albert Einstein*, vol. 8, *The Berlin Years: Correspondence, 1914~1918*, English translation supplement (Princeton, NJ: Princeton University Press, 1997), 163~165.
4   같은 책.
5   Albert Einstein, "To Karl Schwarzschild," in Ann M. Hentschel, trans., *The Collected Papers of Albert Einstein*, vol. 8, *The Berlin Years: Correspondence, 1914~1918*, English translation supplement (Princeton, NJ: Princeton University Press, 1997), 175~177.
6   Galina Weinstein, "Einstein, Schwarzschild, the Perihelion Motion of Mercury and the Rotating Disk Story," arXiv:1411.7370, November 26, 2014.
7   K. Schwarzschild, "On the Gravitational Field of a Sphere of Incompressible Fluid According to Einstein's Theory," trans. S. Antoci, arXiv:physics/9912033, December 16, 1999. (Originally published in *Sitzungsberichte der Königlich Preußischen Akademie der Wissenschaften zu Berlin [Math. Phys.]*, 1916, 424~434.)
8   Dennis Overbye, "A Century Ago, Einstein's Theory of Relativity Changed Everything," *New York Times*, November 24, 2015.
9   Arthur Eddington, "Relativistic Degeneracy," *The Observatory* 58:729 (1935),

37~39.

10 Marcia Bartusiak, *Black Hole: How an Idea Abandoned by Newtonians, Hated by Einstein, and Gambled on by Hawking Became Loved* (New Haven, CT: Yale University Press, 2015), 41. (마샤 바투시액 지음,《블랙홀의 사생활》, 이충호 옮김, 지상의책, 2017)
11 Demetrios Christodoulou, "The Formation of Black Holes in General Relativity," arXiv:0806.3880, May 18, 2008, 5.
12 J. R. Oppenheimer and H. Snyder, "On Continued Gravitational Contraction," *Physical Review* 56:5 (September 1, 1939), 455~459.
13 Christodoulou, "The Formation of Black Holes in General Relativity," 5~6.
14 Albert Einstein, "On a Stationary System with Spherical Symmetry Consisting of Many Gravitating Masses," *Annals of Mathematics* 40 (October 1939), 922~936.
15 Petros S. Florides, "John Lighton Synge," *Biographical Memoirs of Fellows of the Royal Society* 54 (2018), 401~424.
16 같은 책.
17 Fulvio Melia, *Cracking the Einstein Code: Relativity and the Birth of Black Hole Physics* (Chicago: University of Chicago Press, 2009), 52~53.
18 같은 책, 70.
19 Roy Kerr, "Afterword," in Melia, *Cracking the Einstein Code*, 126~127.
20 Roy P. Kerr, "Gravitational Field of a Spinning Mass as an Example of Algebraically Special Metrics," *Physical Review Letters* 11:5 (1963), 237~238.
21 Melia, *Cracking the Einstein Code*, 1.
22 Kip Thorne, *Black Holes and Time Warps: Einstein's Outrageous Legacy* (New York: W. W. Norton, 1994), 290. (킵 손 지음,《블랙홀과 시간여행》, 박일호 옮김, 반니, 2019)
23 S. Chandrasekhar, "Shakespeare, Newton and Beethoven or Patterns of Creativity," *Current Science* 70 (May 1996), 810~822.
24 Florides, "John Lighton Synge."
25 Melia, *Cracking the Code*, 89.
26 Werner Israel, "Dark Stars: The Evolution of an Idea," in Stephen Hawking and Werner Israel, eds., *Three Hundred Years of Gravitation* (Cambridge, UK: Cambridge University Press, 1987), 253.
27 Roger Penrose, "Gravitational Collapse and Space-Time Singularities," *Physical Review Letters* 14 (January 18, 1965), 57~59.
28 Stephen Hawking, *A Brief History of Time* (New York: Bantam Books, 1988), 49. (스티

븐 호킹 지음, 《그림으로 보는 시간의 역사》, 김동광 옮김, 까치, 2021)

29 리처드 쇼언(스탠퍼드대학교)과의 인터뷰(2008년 1월 31일).
30 Thorne, *Black Holes and Time Warps*, 463. (킵 손 지음, 《블랙홀과 시간여행》, 박일호 옮김, 반니, 2019)
31 Michael Brooks, "Cosmic Thoughts," *New Scientist* 256 (November 19, 2022), 46~49.
32 블랙홀이라는 용어는 1963년 12월 클리블랜드주에서 열린 미국과학진흥협회 연례회의에서 처음으로 사용되었다.
33 Richard Schoen and S.-T. Yau, "The Existence of a Black Hole Due to Condensation of Matter," *Communications in Mathematical Physics* 90 (1983), 575~579.
34 S. W. Hawking, "Black Holes in General Relativity," *Communications in Mathematical Physics* 25 (1972), 152~166. 35. Gary T. Horowitz, "Higher Dimensional Generalizations of the Kerr Black Hole," arXiv:gr-qc/0507080, July 18, 2005.
35 Gary T. Horowitz, "Higher Dimensional Generalizations of the Kerr Black Hole," arXiv:gr-qc/0507080, July 18, 2005.
36 Roberto Emparan and Harvey S. Reall, "A Rotating Black Ring Solution in Five Dimensions," *Physical Review Letters* 88:10~11 (March 2002), 101101.
37 Gregory J. Galloway and Richard Schoen, "A Generalization of Hawking's Black Hole Topology Theorem to Higher Dimensions," *Communications in Mathematical Physics* 266 (2006), 571~576.
38 Roger Penrose, "Gravitational Collapse: The Role of General Relativity," *Rivista del Nuovo Cimento* 1 (1969), 252~277.
39 Stephen W. Hawking, *The Theory of Everything* (Beverly Hills: Phoenix Books, 2005), 46.
40 Kevin Hartnett, "Mathematicians Disprove Conjecture Made to Save Black Holes," Quanta, May 17, 2018, https://www.quantamagazine.org/mathematicians-disprove-conjecture-made-to-save-black-holes-20180517/.
41 같은 글.
42 제레미 셰프텔(소르본대학교)과의 인터뷰(2021년 6월 25일).
43 세르지우 클라이네르만(프린스턴대학교)가 보내준 이메일(2022년 6월 1일).
44 티보 다무르(프랑스 고등과학연구소IHÉS)가 보내준 이메일(2022년 6월 3일).
45 Elena Giorgi, Sergiu Klainerman, and Jérémie Szeftel, "Wave Equations Estimates and the Nonlinear Stability of Slowly Rotating Kerr Black Holes," arXiv:2205.14808, May 31, 2022.

46 엘레나 조르지(콜롬비아대학교)와의 인터뷰(2022년 6월 24일).
47 Robert Bartnik and John McKinnon, "Particlelike Solutions of the Einstein − Yang−Mills Equations," *Physical Review Letters* 61:2 (1988), 141~144.
48 펠릭스 핀슈터(레겐스부르크대학교)와의 인터뷰(2022년 9월 12일).
49 Yuewen Chen, Jie Du, and Shing-Tung Yau, "Stable Black Hole with Yang−Mills Hair," arXiv:2210.03046, October 6, 2022.
50 The Royal Swedish Academy of Sciences, "The Nobel Prize in Physics 2020," press release, October 6, 2020, https://www.nobelprize.org/prizes/physics/2020/press-release/.
51 Brooks, "Cosmic Thoughts."
52 Lee Billings, "Black Hole Scientists Win Nobel Prize in Physics," *Scientific American*, October 6, 2020, https://www.scientificamerican.com/article/black-hole-scientists-win-nobel-prize-in-physics1/.
53 Stephen Hawking, "Foreword," in Thorne, *Black Holes and Time Warps*, 12. (킵 손 지음, 《블랙홀과 시간여행》, 박일호 옮김, 반니, 2019)

5장 중력의 파동을 찾아서

1 Albert Einstein, "Approximate Integration of the Field Equations of Gravitation," in Ann M. Hentschel, trans., *The Collected Papers of Albert Einstein*, vol. 6, *The Berlin Years: Writings*, 1914~1917, English translation supplement (Princeton, NJ: Princeton University Press, 1997), 201~210. (Originally published on June 22, 1916.)
2 Abraham Pais, *Subtle Is the Lord: The Science and the Life of Albert Einstein* (New York: Oxford University Press, 2008), 22, 279.
3 Albert Einstein, "To Karl Schwarzschild," in Ann M. Hentschel, trans., *The Collected Papers of Albert Einstein*, vol. 8, *The Berlin Years: Correspondence, 1914~1918*, English translation supplement (Princeton, NJ: Princeton University Press, 1997), 196.
4 Albert Einstein, "Approximate Integration of the Field Equations of Gravitation," *Sitzungsberichte der Königlich Preußischen Akademie der Wissenschaften* (1916), 688~696.
5 Albert Einstein, "On Gravitational Waves," *Sitzungsberichte der Königlich Preußischen Akademie der Wissenschaften* (1918), 154~167.
6 Daniel Kennefick, "Controversies in the History of the Radiation Reaction Problem

in General Relativity," arXiv:gr-qc/9704002, April 1, 1997.
7   Jorge L. Cervantes-Cota, Salvador Galindo-Uribarri, and George F. Smoot, "A Brief History of Gravitational Waves," arXiv:1609.09400, September 26, 2016.
8   Whitney Clavin, "When Black Holes Collide," *Caltech News*, January 24, 2019, https://www.caltech.edu/about/news/when-black-holes-collide-85110.
9   J. Hadamard, "*Sur les problèmes aux dérivées partielles et leur signification physique*," *Princeton University Bulletin* 13 (April 1902), 49~52.
10 Lydia Bieri, "Book Review: A Lady Mathematician in This Strange Universe: Memoirs," *Notices of the American Mathematical Society* 67:3 (March 2020), 387.
11 리디아 비에리(미시간대학교)와의 인터뷰(2019년 2월 23일).
12 Y. Choquet-Bruhat, "*Théorème d'existence pour certains systèmes d'équations aux dérivées partielles non linéaires*," Acta Mathematica 88:1 (1952), 141~225.
13 Bieri, "Book Review: A Lady Mathematician," 386.
14 리디아 비에리와의 인터뷰(2019년 2월 23일).
15 Daniel Holz, "The Difficult Childhood of Gravitational Waves," *Discover*, April 25, 2007.
16 프란스 프리토리우스(프린스턴대학교)와의 인터뷰(2021년 9월 8일).
17 Bieri, "Book Review: A Lady Mathematician.' "
18 마틴 레서드(하버드 블랙홀 이니셔티브Harvard Black Hole Initiative)와의 인터뷰(2019년 12월 13일).
19 Yvonne Choquet-Bruhat and Robert Geroch, "Global Aspects of the Cauchy Problem in General Relativity," *Communications in Mathematical Physics* 14 (1969), 329~335.
20 Demetrios Christodoulou and Sergiu Klainerman, *The Global Nonlinear Stability of the Minkowski Space (PMS-41)* (Princeton, NJ: Princeton University Press, 1993).
21 미할리스 다페르모스(프린스턴대학교)가 보내준 이메일(2020년 4월 6일).
22 같은 글.
23 Demetrios Christodoulou, "Nonlinear Nature of Gravitation and Gravitational-Wave Experiments," *Physical Review Letters* 67:12 (1991), 1486~1489.
24 Lydia Bieri, Po-Ning Chen, and Shing-Tung Yau, "The Electromagnetic Christodoulou Memory Effect and Its Application to Neutron Star Binary Mergers," arXiv:1110.0410, October 3, 2011.
25 Paul D. Lasky, Eric Thrane, Yuri Levin, Jonathan Blackman, and Yanbei Chen, "Detecting Gravitational-Wave Memory with LIGO: Implications of GW150914,"

     Physical Review Letters 117 (August 5, 2016), 061102.
26 미할리스 다페르모스가 보내준 이메일(2020년 4월 6일).
27 The Royal Swedish Academy of Sciences, "The Nobel Prize in Physics 1993," press release, October 13, 1993, https://www.nobelprize.org/prizes/physics/1993/press-release/.
28 프란스 프리토리우스와의 인터뷰(2021년 9월 8일).
29 Davide Castelvecchi, "What 50 Gravitational-Wave Events Reveal About the Universe," Nature, October 30, 2020, https://www.nature.com/articles/d41586-020-03047-0.

6장 우주 전체의 방정식

1 Tim Folger, "Einstein's Grand Quest for a Unified Theory," Discover, September 29, 2004, https://www.discovermagazine.com/the-sciences/einsteins-grand-quest-for-a-unified-theory.
2 Albert Einstein, "To Paul Ehrenfest," in Ann M. Hentschel, trans., *The Collected Papers of Albert Einstein*, vol. 8, *The Berlin Years: Correspondence, 1914~1918*, English translation supplement (Princeton, NJ: Princeton University Press, 1997), 282.
3 Albert Einstein, "To Willem de Sitter," in Ann M. Hentschel, trans., *The Collected Papers of Albert Einstein*, vol. 8, *The Berlin Years: Correspondence, 1914~1918*, English translation supplement (Princeton, NJ: Princeton University Press, 1997), 301~302.
4 Albert Einstein, "Cosmological Considerations in the General Theory of Relativity," in Ann M. Hentschel, trans., *The Collected Papers of Albert Einstein*, vol. 6, *The Berlin Years: Writings, 1914~1917*, English translation supplement (Princeton, NJ: Princeton University Press, 1997), 421~432.
5 Albert Einstein, *Relativity: The Special and the General Theory* (Princeton, NJ: Princeton University Press, 2015), 153. (알베르트 아인슈타인 지음,《상대성이론》, 장헌영 옮김, 지만지, 2012)
6 Arthur Eddington, *The Expanding Universe*, Revised Edition (Cambridge, UK: Cambridge University Press, 1988), 21. (Originally published in 1933.)
7 Einstein, *Relativity*, 153. (알베르트 아인슈타인 지음,《상대성이론》, 장헌영 옮김, 지만지, 2012)
8 Donald Goldsmith, *Einstein's Greatest Blunder? The Cosmological Constant and Oth-*

er Fudge Factors in the Physics of the Universe (Cambridge, MA: Harvard University Press, 1997). (도널드 골드스미스 지음, 《아인슈타인의 최대 실수》, 박범수 옮김, 동문선, 2002)

9   Cormac O'Raifeartaigh and Simon Mitton, "Interrogating the Legend of Einstein's 'Biggest Blunder,'" arXiv:1804.06768, February 27, 2019.
10 Robbert Dijkgraaf, "Without Einstein, We'd All Be Lost," *Wall Street Journal*, November 5, 2015.
11 Einstein, "To Willem de Sitter," 308~309.
12 O'Raifeartaigh and Mitton, "Interrogating the Legend of Einstein's 'Biggest Blunder.'"
13 Abraham Pais, *Subtle Is the Lord: The Science and the Life of Albert Einstein* (New York: Oxford University Press, 2008), 288.
14 A. S. Eddington, *The Mathematical Theory of Relativity* (Cambridge, UK: Cambridge University Press, 1923), 272~273.
15 Eddington, *The Expanding Universe*, 46.
16 Alexander Friedmann, "On the Curvature of Space," *Zeitschrift für Physik* 10 (1922), 377~386.
17 Stephen Hawking, *A Brief History of Time* (New York: Bantam Books, 1988), 40. (스티븐 호킹 지음, 《그림으로 보는 시간의 역사》, 김동광 옮김, 까치, 2021)
18 Lisa Randall, "Energy in Einstein's Universe," in Peter L. Galison, Gerald Holton, and Silvan S. Schweber, eds., *Einstein for the 21st Century: His Legacy in Science, Art, and Modern Culture* (Princeton, NJ: Princeton University Press, 2008), 305.
19 Harry Nussbaumer and Lydia Bieri, *Discovering the Expanding Universe* (Cambridge, UK: Cambridge University Press, 2009), 90.
20 J. J. O'Connor and E. F. Robertson, "Aleksandr Aleksandrovich Friedmann," *MacTutor*, December 1997, https://mathshistory.st-andrews.ac.uk/Biographies/Friedmann/.
21 Martin Harwit, *In Search of the True Universe: The Tools, Shaping, and Cost of Cosmological Thought* (Cambridge, UK: Cambridge University Press, 2013), 42.
22 Tom Siegfried, "Einstein's Genius Changed Science's Perception of Gravity," *Science News*, October 4, 2015, https://www.sciencenews.org/article/einsteins-genius-changed-sciences-perception-gravity.
23 Abhay Ashtekar, "Geometry and Physics of Null Infinity," in Lydia Bieri and Shing-Tung Yau, eds., *One Hundred Years of General Relativity: A Jubilee Volume on General Relativity and Mathematics*, Surveys in Differential Geometry XX (Boston: Interna-

tional Press, 2015), 99.

24 Jean-Pierre Luminet, "Lemaître's Big Bang," arXiv:1503.08304, March 28, 2015.
25 Hawking, *A Brief History of Time*, 49~50. (스티븐 호킹 지음, 《그림으로 보는 시간의 역사》, 김동광 옮김, 까치, 2021)
26 S. W. Hawking and R. Penrose, "The Singularities of Gravitational Collapse and Cosmology," *Proceedings of the Royal Society A* 314 (1970), 529~548.

7장 질량의 문제(그리고 물질의 질량)

1 R. Penrose, R. D. Sorkin, and E. Woolgar, "A Positive Mass Theorem Based on the Focusing and Retardation of Null Geodesics," arXiv:gr-qc/9301015, January 15, 1993.
2 Richard Schoen and Shing-Tung Yau, "On the Proof of the Positive Mass Conjecture in General Relativity," *Communications in Mathematical Physics* 65:1(1979), 45~76.
3 Richard Schoen and Shing-Tung Yau, "Proof of the Positive Mass Theorem. II," *Communications in Mathematical Physics* 79 (1981), 231~260.
4 Hubert L. Bray, "Proof of the Riemannian Penrose Conjecture Using the Positive Mass Theorem," arXiv:math/9911173, November 23, 1999.
5 Edward Witten, "A New Proof of the Positive Energy Theorem," *Communications in Mathematical Physics* 80:3 (1981), 381~402.
6 Richard Schoen and Shing-Tung Yau, "Proof That the Bondi Mass Is Positive," *Physical Review Letters* 48:6 (February 8, 1982), 369~371.
7 Richard Schoen and Shing-Tung Yau, "Positive Scalar Curvature and Minimal Hypersurface Singularities," arXiv:1704.05490, April 18, 2017.
8 R. Penrose, "Some Unsolved Problems in Classical General Relativity," in Shing-Tung Yau, ed., *Seminar on Differential Geometry* (Princeton, NJ: Princeton University Press, 1982), 631~668.
9 같은 책, 631.
10 같은 책, 635.
11 Stephen Hawking, "Gravitational Radiation in an Expanding Universe," *Journal of Mathematical Physics* 9 (1968), 598~604.
12 Robert Bartnik, "New Definition of Quasilocal Mass," *Physical Review Letters* 62

(1989), 2346~2348.
13 왕무타오(콜롬비아대학교)와의 인터뷰(2022년 6월 26일).
14 황란쉬안(코네티컷대학교)과의 대화(2022년 4월 29일).
15 왕무타오와의 인터뷰(2022년 1월 15일).
16 J. David Brown and James W. York, Jr., "Quasilocal Energy in General Relativity," *Contemporary Mathematics* 132 (1992), 129~142.
17 왕무타오와의 인터뷰(2022년 2월 18일).
18 Yuguang Shi and Luen-Fai Tam, "Positive Mass Theorem and the Boundary Behaviors of Compact Manifolds with Nonnegative Scalar Curvature," *Journal of Differential Geometry* 62 (2002), 79~125.
19 Mu-Tao Wang and Shing-Tung Yau, "Quasilocal Mass in General Relativity," arXiv:0804.1174, April 8, 2008.
20 같은 논문.
21 왕무타오와의 인터뷰(2020년 3월 17일).
22 Po-Ning Chen, Mu-Tao Wang, and Shing-Tung Yau, "Conserved Quantities in General Relativity: From the Quasi-Local Level to Spatial Infinity," *Communications in Mathematical Physics* 338 (2015), 31~80.
23 Po-Ning Chen, Mu-Tao Wang, Ye-Kai Wang, and Shing-Tung Yau, "Conserved Quantities in General Relativity—The View from Null Infinity," arxiv: 2204.04010, April 8, 2022.
24 이 비유는 데이비드 가핑클이 우리와 대화를 나누던 도중에 제안한 것이다(2022년 1월 26일).
25 압하이 아쉬테카르(펜실베이니아주립대학교)와의 인터뷰(2022년 1월 26일).
26 Penrose, "Some Unsolved Problems in Classical General Relativity."
27 왕무타오와의 인터뷰(2022년 1월 21일).
28 저자에게 이메일로 이 자료를 보내주었다(2021년 11월 6일).
29 리디아 비에리(미시간대학교)가 보내준 이메일(2021년 12월 3일).
30 비자이 바르마(알베르트아인슈타인연구소)와의 인터뷰(2022년 6월 27일).
31 리디아 비에리가 보내준 이메일(2021년 12월 3일).

8장 통일을 위한 탐구

1 Albert Einstein, "Fundamental Ideas and Problems of the Theory of Relativity," pre-

2   sented at the Nordic Assembly of Naturalists, Gothenburg, July 11, 1923. (Available at https://www.nobelprize.org/uploads/2018/06/einstein-lecture.pdf.)

2. Walter Isaacson, *Einstein: His Life and Universe* (New York: Simon & Schuster, 2007), 337. (월터 아이작슨 지음, 《아인슈타인 삶과 우주》, 이덕환 옮김, 까치, 2007)

3. David Gross, "Einstein and the Quest for a Unified Theory," in Peter L. Galison, Gerald Holton, and Silvan S. Schweber, eds., *Einstein for the 21st Century: His Legacy in Science, Art, and Modern Culture* (Princeton, NJ: Princeton University Press, 2008), 287.

4. "Einstein's Quest for a Unified Theory," *APS News* 14:11 (December 2005), https://www.aps.org/publications/apsnews/200512/history.cfm.

5. Abraham Pais, *Subtle Is the Lord: The Science and the Life of Albert Einstein* (New York: Oxford University Press, 2008), 350.

6. 같은 책.

7. Gross, "Einstein and the Quest for a Unified Theory," 287, 298.

8. Albert Einstein, *The Albert Einstein Collection*, vol. 2, *Essays in Science, Letters to Solovine, and Letters on Wave Mechanics* (Philosophical Library/Open Road, 2019).

9. Pais, *Subtle Is the Lord*, 325.

10. Einstein, *The Albert Einstein Collection*, vol. 2.

11. Albert Einstein, "On the Method of Theoretical Physics," *Philosophy of Science* 1:2 (April 1934), 167.

12. Jürgen Neffe, *Einstein: A Biography* (New York: Farrar, Straus and Giroux, 2007), 356.

13. Hermann Weyl, "Gravitation and Electricity," *Sitzungsberichte der Königlich Preußischen Akademie der Wissenschaften zu Berlin* (1918), 465~480.

14. Lochlainn O'Raifeartaigh, *The Dawning of Gauge Theory* (Princeton, NJ: Princeton University Press, 1997), 45.

15. Juan Maldacena, "The Economic Analogy," Plus, July 16, 2016, https://plus.maths.org/content/its-economy-stupid.

16. Albert Einstein, "To Hermann Weyl," in Ann M. Hentschel, trans., *The Collected Papers of Albert Einstein*, vol. 8, *The Berlin Years: Correspondence, 1914~1918*, English translation supplement (Princeton, NJ: Princeton University Press, 1997), 654. (Letter originally dated September 27, 1918.)

17. Pais, *Subtle Is the Lord*, 341.

18. Michael Atiyah, *Hermann Weyl: 1885~1955*, Biographical Memoirs 82 (Washington, D.C.: The National Academy Press, 2002), 12.

19 Freeman J. Dyson, "Prof. Hermann Weyl, For.Mem.R.S.," *Nature* 177 (1956), 457~458.
20 Hermann Weyl, "Gravitation and the Electron," *Proceedings of the National Academy of Sciences* 15:4 (1929), 323~334.
21 Hermann Weyl, "Elektron und Gravitation,"& Zeitschrift für Physik 56 (1929), 330~352.
22 O'Raifeartaigh, *The Dawning of Gauge Theory*, vii.
23 같은 책.
24 Shiing-Shen Chern, "Geometry and Physics," presented at the University of Singapore, June 27, 1980.
25 O'Raifeartaigh, The Dawning of Gauge Theory, vii.
26 Atiyah, *Hermann Weyl*, 13.
27 Theodor Kaluza, "On the Unification Problem of Physics," in O'Raifeartaigh, *The Dawning of Gauge Theory*, 53~58. (Originally published in *Sitzungsberichte der Königlich Preußischen Akademie der Wissenschaften zu Berlin* [Math. Phys.] 96 [1921], 69~72.)
28 Oskar Klein, *"Quantentheorie und fünfdimensionale Relativitätstheorie," Zeitschrift für Physik* 37 (1926), 895~906; Oskar Klein, "The Atomicity of Electricity as a Quantum Theory Law," *Nature* 118 (1926), 516.
29 Albert Einstein, "To Theodor Kaluza," in Ann M. Hentschel, trans., *The Collected Papers of Albert Einstein*, vol. 9, *The Berlin Years: Correspondence, January 1919– April 2020*, English translation supplement (Princeton, NJ: Princeton University Press, 1997), 21. (Letter originally dated April 21, 1919.)
30 Brian Greene, *The Elegant Universe: Superstrings, Hidden Dimensions, and the Quest for the Ultimate Theory* (New York: Vintage Books, 1999), 203. (브라이언 그린 지음,《엘러건트 유니버스》, 박병철 옮김, 승산, 2002)
31 에우제니오 칼라비(펜실베이니아대학교)와의 인터뷰(2007년 10월 18일).
32 James B. Hartle, "General Relativity in the Undergraduate Physics Curriculum," arXiv:gr-qc/0506075, February 3, 2008.
33 K. C. Cole, "From This Angle, Geometry Rules the Universe," *Los Angeles Times*, November 4, 1999, https://www.latimes.com/archives/la-xpm-1999-nov-04-me-30000-story.html.
34 Leonard Susskind, "Some Thoughts About String Theory and the World," Monday Colloquium at Harvard University Department of Physics, October 26, 2020.
35 같은 책.

36 Andrew Strominger and Cumrun Vafa, "Microscopic Origin of the Bekenstein – Hawking Entropy," *Physics Letters* B 379 (June 27, 1996), 99~104.
37 Brian Greene and Ronen Plesser, "Duality in Calabi – Yau Moduli Space," *Nuclear Physics* B 338 (1990), 15~37.
38 Philip Candelas, Xenia de la Ossa, Paul S. Green, and Linda Parkes, "A Pair of Calabi – Yau Manifolds as an Exactly Soluble Superconformal Theory," *Nuclear Physics B* 359 (1991), 21~74.
39 Andrew Strominger, Shing-Tung Yau, and Eric Zaslow, "Mirror Symmetry Is T-duality," *Nuclear Physics B* 479 (November 1996), 243~259.
40 피터 갤리슨(하버드대학교)과의 인터뷰(2019년 6월 12일).
41 Lewis Pyenson, "Einstein's Education : Mathematics and the Laws of Nature," *Isis* 71:3 (September 1980), 419.
42 Leo Corry, "The Influence of David Hilbert and Hermann Minkowski on Einstein's Views over the Interrelation Between Physics and Mathematics," *Endeavor* 22 : 3 (1998), 95~97.
43 Constance Reid, *Hilbert* (London : Allen & Unwin, 1970), 127. (콘스탄스 리드 지음, 《현대 수학의 아버지 힐베르트》, 이일해 옮김, 사이언스북스, 2005)
44 Chen Ning Yang, "Albert Einstein : Opportunity and Perception," *International Journal of Modern Physics A* 21 (2006), 3031~3038.
45 미할리스 다페르모스(프린스턴대학교)와의 인터뷰(2020년 4월 2일).
46 우훙시(캘리포니아대학교 버클리캠퍼스)와의 인터뷰(2019년 2월 21일).
47 Judith R. Goodstein, *Einstein's Italian Mathematicians: Ricci, Levi-Civita, and the Birth of General Relativity* (Providence, RI : American Mathematical Society, 2018), 145.
48 Peter Galison, "The Suppressed Drawing : Paul Dirac's Hidden Geometry," *Representations* 72 (Autumn 2000), 158.
49 사이먼 도널드슨(임페리얼 칼리지 런던)과의 인터뷰(2019년 7월 5일).
50 사이먼 도널드슨과의 인터뷰(2008년 4월 3일).
51 사이먼 도널드슨과의 인터뷰(2019년 7월 5일).
52 Steve Mirsky, "A New Book Examines the Relationship Between Math and Physics," Scientific American, August 1, 2019, https://www.scientificamerican.com/article/a-new-book-examines-the-relationship-between-math-and-physics/.

후주곡 진정한 '미스터리 스폿'이 숨겨진 곳

1. Nicholas Jackson, "St. Ignace Mystery Spot," *Atlas Obscura*, October 3, 2010, https://www.atlasobscura.com/places/st-ignace-mystery-spot.
2. "Mystery Spots," *RoadsideAmerica.com*, accessed September 14, 2023, https://www.roadsideamerica.com/story/29062.
3. Tony Phillips, "NASA Announces Results of Epic Space-Time Experiment," *NASA Science*, May 4, 2011, https://einstein.stanford.edu/content/press-media/results_news_2011/NASA_ScienceNews.pdf.
4. Clifford M. Will, "Finally, Results from Gravity Probe B," *Physics*, May 31, 2011, https://physics.aps.org/articles/v4/43.
5. G. Voisin, I. Cognard, P. C. C. Freire, N. Wex, L. Guillemot, G. Desvignes, M. Kramer, and G. Theureau, "An Improved Test of the Strong Equivalence Principle with the Pulsar in a Triple Star System," *Astronomy and Astrophysics* 638 (June 2020), A24.
6. Max Planck Society, "Confirming Einstein's Most Fortunate Thought," press release, June 10, 2020, https://www.mpg.de/14923530/general-relativity-pulsar.
7. R. Abuter, A. Amorim, M. Bauböck, J. P. Berger, et al., "Detection of the Schwarzschild Precession in the Orbit of the Star S2 near the Galactic Centre Massive Black Hole," *Astronomy and Astrophysics* 636 (April 2020), L5.
8. Gabriella Agazie, Akash Anumarlapudi, Anne M. Archibald, Zaven Arzoumanian, et al., "The NANOGrav 15 yr Data Set: Evidence for a Gravitational-Wave Background," *The Astrophysical Journal Letters* 951:1 (2023), L8.
9. Katrina Miller, "The Cosmos Is 'Thrumming' with Gravitational Waves, Astronomers Find," *New York Times*, June 28, 2023, https://www.nytimes.com/2023/06/28/science/astronomy-gravitational-waves-nanograv.html.
10. E. K. Anderson, C. J. Baker, W. Bertsche, N. M. Bhatt, et al., "Observation of the Effect of Gravity on the Motion of Antimatter," *Nature* 621 (September 28, 2023), 716~722.
11. Helmut Friedrich, "On the Existence of n-Geodesically Complete or Future Complete Solutions of Einstein's Field Equations with Smooth Asymptotic Structure," *Communications in Mathematical Physics* 107 (1986), 587~609.
12. Demetrios Christodoulou and Sergiu Klainerman, *The Global Nonlinear Stability of the Minkowski Space (PMS-41)* (Princeton, NJ: Princeton University Press, 1993).

13. Georgios Moschidis, "A Proof of the Instability of the AdS for the Einstein – Null Dust System with an Inner Mirror," arXiv:1704.08681, April 27, 2017.

14. Lars Andersson, Pieter Blue, Zoe Wyatt, and Shing-Tung Yau, "Global Stability of Spacetimes with Supersymmetric Compactifications," arXiv:2006.00824, June 1, 2020.

15. Marcus A. Khuri and Jordan F. Rainone, "Black Lenses in Kaluza – Klein Matter," arXiv:2212.06762v2, July 11, 2023.

16. Sven Hirsch, Demetre Kazaras, Marcus Khuri, and Yiyue Zhang, "Spectral Torical Band Inequalities and Generalizations of the Schoen – Yau Black Hole Existence Theorem," *International Mathematics Research Notices* (June 26, 2023), rnad129.

찾아보기

ㄱ

가속도 33, 37, 52, 130, 131, 297
가우스 곡률 78~80
가우스-보네 공식 170
가우스, 카를 프리드리히 74~81, 90, 115, 126, 170, 171
가핑클, 데이비드 19, 133, 320, 329
각운동량 138, 159, 161, 169, 178, 196, 210, 252~258, 299, 305
갇힌 폐곡면 163~168, 170, 206, 207
갈릴레이, 갈릴레오 37, 315
강성 추측 (→ 유일성 추측) 178
강한 핵력 16, 181, 266, 267, 274, 275
갤러웨이, 그레고리 19, 171
갤리슨, 피터 19, 286, 287, 332
거울대칭 283~285, 288
겉보기 지평선 170
게로치, 로버트 201, 202, 236, 237, 239, 304
게이지 변환 271
게이지 불변성 270, 272, 274

게이지 이론 274, 275, 287, 290
결합상수 183
경계조건 119
계량텐서 82, 83, 91~95, 116, 119, 276, 277
《곡면에 관한 일반적 탐구》(가우스) 77
공간 무한대 237, 244, 245
공간이동 대칭성 138
공변성 원리 87, 102
관성질량 51, 52, 68
광속 불변의 원리 46
광자 44
광전효과 44, 266
구트프로인드 141
국소적 존재성 및 유일성 정리 201
굿스타인, 주디스 289
그레고리, 루스 19, 27, 91, 139, 171
그로스, 데이비드 266, 267
그로스, 마크 285
그로스만, 마르셀 27, 69, 87, 89, 91, 97~102, 105, 107, 114, 125, 126, 288, 311, 312

그린, 브라이언 166, 280, 283, 331
근일점 41, 42, 100, 101, 107, 109, 149
글리모어, 클라크 101, 111
기준시공간 248, 250, 251, 253
"기하학의 토대를 이루는 가설들에
  관하여"(리만) 74
기하해석학 204, 205
긴즈부르크, 비탈리 158
길이수축 46, 47, 49, 54, 66
끈이론 261, 279, 280, 282, 283,
  286~288, 299, 300, 304

ㄴ

나노그래브 297, 298
내재 기하학 78
노턴, 존 101
뇌터, 에미 133~136, 138, 139
뇌터의 두 번째 정리 135, 136
뇌터의 첫 번째 정리 139
뉴먼, 에즈라 158, 159, 180, 182
뉴컴, 사이먼 42
뉴턴 극한 100, 121
뉴턴, 아이작 25~27, 34~43, 47, 48, 52,
  61, 62, 67, 86, 89, 100, 101, 112, 114,
  120, 121, 124, 128, 131, 150, 215, 217,
  220, 264, 267, 268, 309

ㄷ

다무르, 티보 175, 323
다무아, 조르주 200
다섯 번째 차원 277, 278

다양체 53, 81~86, 91, 94~96, 98, 115,
  171, 181, 200, 237~242, 276, 279,
  281~284, 299, 303
다이버전스 116~118
다페르모스, 미할리스 19, 174, 204, 205,
  207, 288, 325, 326, 332
대수적 특수성 159, 163
대칭성 137~140, 162, 163, 253, 291,
  300
대형강입자충돌기 172
더시터르, 빌럼 217, 223, 224, 299
데데킨트, 리하르트 90
데서, 스탠리 35, 91, 128, 239, 243, 281
데이크흐라프, 로버르트 24, 26, 27, 221
도널드슨, 사이먼 19, 276, 290, 291, 332
두제 184, 185
등가원리 50~52, 64, 67, 83, 85, 87, 95,
  112, 122, 274, 297, 299
등주문제 129
디랙, 폴 158, 241, 290
디키, 로버트 167, 231

ㄹ

라그랑주, 조제프 루이 128, 130, 131, 268
라그랑지언 128~130, 132
라스키, 폴 206
라이프니츠, 고트프리트 빌헬름 35, 112,
  128
란초스, 코르넬리우스 63
러벌, 짐 39
레비-치비타, 툴리오 27, 91, 96~99, 101,
  105, 106, 126, 288, 289, 311
레서드, 마틴 19, 201, 325

레이저 간섭계 중력파 관측소
　(→LIGO) 208
렌, 위르겐 19, 54, 110, 171, 216, 285
로, 데이비드 E. 140
로런츠 다양체 94~96, 115
로런츠, 헨드릭 49, 94~96, 115
로바쳅스키, 니콜라이 76
로버트슨, 에드먼드 F. 226
로버트슨, 하워드 228
로빈슨, 데이비드 C. 180
로즌, 네이선 193
루크, 조너선 174
류, 멀리사 247
르레이, 장 198
르메트르, 조르주 227, 228, 230, 231
르베리에, 위르뱅 41, 42
리만 가설 85
리만 곡면에 대한 생각(바일) 81
리만 공간 82, 98
리만 기하학 71, 74, 87, 89~91, 270, 288, 311
리만 다양체 83, 91, 94, 96, 115, 239, 240
리만, 베른하르트 27, 34, 74, 77, 81~87, 89~91, 94, 96, 98, 114, 115, 119, 126, 132, 134, 159, 168, 178, 239, 240, 270, 288, 289, 311
리만 펜로즈 추측 239
리시네로비츠, 앙드레 200
리얼, 하비 170, 171, 332
리치 곡률텐서 113~117, 119, 281, 289
리치-쿠르바스트로, 그레고리오 27, 91
리치 흐름 289
린든-벨, 도널드 186

ㅁ

마이컬슨, 알버트 48, 87
《마이크로그라피아》(후크) 37
만유인력 법칙 38
말다세나, 후안 271
매키넌, 존 181~184
맥스웰 방정식 45
맥스웰, 제임스 클러크 45, 268, 272
메나이크모스 22
멜리아, 풀비오 159, 160
모페르튀이, 피에르 루이 128
몰리, 에드워드 49, 87
《물리학 연보》 43, 125
《물리학의 토대(첫 번째 소통)》(힐베르트) 107, 110
미분학 35, 36, 91, 98, 99, 120, 131, 289
미스너, 찰스 243
미적분학 25, 35, 37, 38, 91, 95, 97, 106, 108, 112, 128, 204, 288, 289
민코프스키 시공간 56~58, 60, 67, 92~96, 197, 202~204, 222, 238, 241, 244, 246, 249~251, 253, 299
민코프스키, 헤르만 27, 53~68, 90~96, 108, 157, 197, 200, 202~204, 222, 238, 241, 244, 246, 249~251, 253, 287, 299, 311, 312
밀스, 로버트 181~184, 274, 275
밍거렐리, 키아라 298

ㅂ

바르마, 비자이 19, 194, 258, 329
바이스, 라이너 208

찾아보기　337

바일, 헤르만 81, 108, 223, 229, 270,
　272~276, 312
바트닉, 로버트 181~184, 246, 247
바트닉 블랙홀 181, 182
바파, 캄란 129, 283
반더시터르 시공간 299
반물질 298, 299
《방사성 및 전자학 연보》 49
백조자리 X-1 186
버코프의 정리 153, 154
버코프, 조지 데이비드 153, 154
벌컨 42
법선틀 249, 250
베소, 미켈레 27, 101, 107, 110
베유, 앙드레 275
베켄슈타인, 제이컵 283
벡터 55, 84, 116, 256, 291
벤틀리, 리처드 40
변분법 108, 128~130, 132, 136, 140
보른, 막스 109, 193
보먼, 프랭크 39
보여이 야노시 76
보편상수 219
본디 질량 241, 255
볼테르 34
부정부호 92
불변량 115, 132, 135
《불변량의 변분 문제》(뇌터) 135
불변량 이론 132
불연속 대칭성 137
브라운, 데이비드 44, 247~250, 266
브라운-요크 질량 250
브라운 운동 44, 266
브레이, 휴버트 239
블랙홀 15, 141, 143, 153~156,
　158~161, 163, 164, 166~188,
　191~196, 204, 206, 209~212, 218,
　230, 240, 242~244, 254, 255, 257,
　258, 263, 264, 283, 297, 298, 300, 305,
　307, 311, 319, 322~325
블랙홀 정보 역설 179
블랙홀 존재 증명 168, 300
비르고 간섭계 211
비선형 89, 90, 118, 122~124, 145, 146,
　149, 181, 197, 202, 204~206, 209,
　211, 241, 252
비선형 중력 기억효과 205
비앙키, 루이지 116, 117, 136
비앙키 항등식 116, 117, 136
비에리, 리디아 19, 197, 198, 206, 257,
　258, 325, 329
빅뱅 141, 230, 231, 264, 286, 307
빛원뿔 60, 61, 92, 164, 255

ㅅ

사건지평선 152, 156, 161, 163,
　169~173, 180, 182, 184, 187, 211
상대성 원리 45, 48, 49
상대성이론센터 158
상미분방정식 122, 148
서스킨드, 레너드 283
세계선 60, 61
세차운동 41, 42, 107, 297
셰프텔, 제레미 19, 175, 177, 323
손, 킵 111
쇼언, 리처드 166, 168, 171, 197, 203,
　237~239, 241~243, 300, 304, 305,
　323

쇼언-야우 블랙홀 300
쇼케-브뤼아, 이본 197~202, 210, 243, 312
수성 41, 42, 100, 107, 109, 110, 140, 145, 149, 150, 159, 163, 215, 297
수치상대론 209~211, 258
슈바르츠실트 계량 151, 152, 156, 159
슈바르츠실트 반지름 151, 152, 156, 243
슈바르츠실트 블랙홀 159, 163, 182, 184
슈바르츠실트, 카를 147~157, 159~163, 169, 170, 182, 184, 192, 194, 195, 199, 243, 263
슈베르트, 헤르만 284
스나이더, 하틀랜드 154, 155
스몰러, 조엘 182, 184
스밋, 마르턴 186
스칼라 곡률텐서 115, 119, 132, 183
스칼라함수 121
스테이철, 존 110
스트로민저, 앤드루 19, 281~284
스트로민저-야우-재슬로 추측 (→SYZ 추측) 284
스핀 다양체 241
슬라이퍼, 베스토 227
시간 의존 시공간 154
시간이동 대칭성 137
시간팽창 46, 47, 54, 59
시유광 250
싱, 존 L. 156
쌍곡면 77, 78
쌍곡 방정식 198, 205, 207
쌍곡선 22
쌍둥이 역설 58, 59

ㅇ

아노윗, 리처드 243
아다마르, 자크 196
아르키메데스 127
아리스토텔레스 37
아쉬테카르, 압하이 18, 229, 255, 329
아이작슨, 월터 266, 330
아인슈타인 310
아인슈타인, 알베르트 13, 15~18, 25~28, 43~53, 62~69, 85, 87~91, 96~102, 105~123, 125, 126, 132, 134, 140, 141, 145~147, 149, 150, 152, 153, 155, 156, 158, 159, 161~163, 167, 169, 171, 175, 178, 181, 183, 184, 187, 191~199, 202, 206, 211, 215~227, 229, 232, 235, 236, 239, 242, 243, 251, 258, 263~270, 272, 273, 275, 278, 287~290, 292, 293, 295~297, 299, 301, 302, 306, 310~313, 315, 316, 318, 320, 326, 327, 329, 330
아인슈타인-양-밀스 방정식 184
아인슈타인 텐서 113, 116, 117, 220, 270
아인슈타인-힐베르트 장 방정식 111
아티야, 마이클 273, 275, 276, 292
아폴로 22~24, 39
아폴로니우스 22~24
암흑물질 184, 185
암흑에너지 185, 228, 229, 251
앤더스, 빌 39
야마베 문제 239
야마베, 히데히코 239
야우싱퉁 15~18, 168, 182, 184, 185, 197, 202~206, 237~239, 241, 242,

찾아보기 **339**

247, 250~254, 257, 258, 281, 283,
284, 299, 302, 312
약한 핵력 16, 181, 266, 267, 274, 275
양-밀스 게이지 이론 274, 275
양-밀스 물질 183
양-밀스 장 181~183
양-밀스 장 방정식 181
양-밀스 털 182
양수 질량 추측 171, 236~238, 240, 246, 304
양의 정부호 91, 92, 94
양자역학 38, 232, 264, 280, 283, 286, 312
양자중력 232, 261, 264, 280, 305
양천닝 26, 27, 275
에너지 보존 법칙 117, 118, 138
에너지-운동량 텐서(→ 응력-에너지 텐서) 118, 176, 181
에딩턴, 아서 153, 199, 218, 223, 224
에라토스테네스 121
에렌페스트, 파울 216
에스허르, M. C. 146
엔트로피 283
엔트부르프 97, 98, 100, 101, 107, 114, 121, 125, 126
엠파란, 로베르토 170, 171
여분차원 277, 278, 280, 282, 299, 300
영무한대 255, 257
영방향 254, 255
오라프러티, 로클란 270, 274, 275
오일러, 레온하르트 77, 128
오코너, 존 조지프 226
오펜하이머, J. 로버트 154, 155
와인버그, 스티븐 17, 39
왕무타오 19, 62, 247, 249~254, 257,

258, 315, 329
왕예카이 254, 257, 258
요스트, 위르겐 73, 74
요크, 제임스 247~250
우주검열 가설 172~174, 305
우주론 17, 141, 159, 216, 217, 222~227, 230, 305
우주배경탐사선(COBE) 231
우주상수 219, 221, 223, 224, 228, 229
우홍시 19, 289, 332
워커, 아서 228
원뿔곡선 22~24, 28
《원뿔곡선론》(아폴로니우스) 22, 23
원시 블랙홀 184, 185
위상수학 162, 164, 167, 168, 170, 241, 290
위튼, 에드워드 241~243, 282
윌슨, 로버트 231
윌, 클리퍼드 296
유럽남방천문대 297
유율 이론 35
유일성 추측 178, 179
유클리드 22, 53, 56, 57, 66~68, 75~77, 80~82, 87, 88, 92~94, 127, 168, 237, 248, 250, 296
응력-에너지 텐서 118, 181, 251
이스라엘, 베르너 162
이어먼, 존 101, 111
일마넨, 톰 239
일반공변성 83, 88, 96, 99~101, 107, 109, 122, 133, 135
일반상대성이론 13~15, 17, 18, 27, 28, 52, 54, 59, 61, 64, 65, 68, 71, 82, 88, 89, 91, 94~98, 102, 105, 107, 109~112, 114, 116, 123~126,

131, 133, 135, 136, 140, 145~149,
152~158, 160~163, 167, 168, 173,
174, 176, 187, 191, 195, 197, 199, 201,
202, 205~209, 211, 213, 215~217,
220, 222, 225, 228, 229, 232, 235,
236, 239, 242~246, 252, 256, 257,
263~266, 268~270, 276, 280, 281,
286~292, 295~297, 299, 302~306,
310, 312
《일반상대성이론에서의 블랙홀 형성》
(크리스토둘루) 206
《일반상대성이론의 기초》(아인슈타인) 64,
125, 215
《일반상대성이론의 우주론적 고찰》
(아인슈타인) 216
《일반화된 상대성이론과 중력 이론의 초안》
(아인슈타인, 그로스만) (→ 엔트부르프) 98

ㅈ

《자서전적 노트》(아인슈타인) 45
작용 원리 127, 128, 131, 133, 136, 137,
183, 268
잘 설정된 문제 195
장봉수 239
재슬로, 에릭 284
적분학 25, 35~38, 91, 95, 97, 106, 108,
112, 128, 204, 288, 289
적색편이 227
전자기복사 155, 179, 206, 254, 273
전자기장 45, 251, 265, 270, 272
전자기 퍼텐셜 270
전자기학 49, 135, 264, 265, 274, 287
절대공간 47

절대미분학 91, 98, 289
절대시간 47
절제 210
점근적 평탄 다양체 237
정규화 251
제1차 초끈이론 혁명 300
제5원소 229
제노도로스 129
제퍼슨, 토머스 28
조르지, 엘레나 19, 177, 204, 324
조머펠트, 아르놀트 97
조화좌표계 199, 200, 210
좌표 불변성 270, 274
좌표 특이점 156
주곡률 79
준국소 각운동량 252~254, 257
준국소 질량 244~252, 299
중력 14~17, 20, 25~27, 33~43,
48~52, 62~65, 67, 68, 83, 85~90,
95~101, 107, 108, 110, 114, 116,
118~125, 130, 132, 133, 135, 136,
141, 145, 148~151, 153~158,
162~164, 168, 172, 175, 176, 178,
179, 181, 185, 189, 191~195,
197~200, 203~212, 215~217,
219~221, 224, 228, 230, 232, 236,
237, 240~242, 244, 248, 251,
254~258, 263~268, 270, 272,
274, 276, 277, 280~283, 287, 289,
294~298, 303, 305, 324
중력붕괴 154~156, 162~164, 172, 185
《중력붕괴와 시공간 특이점》(펜로즈) 162,
163
중력상수 36, 151, 220
중력장 50, 64, 67, 90, 96, 98~100, 103,

찾아보기 341

108, 110, 114, 119~123, 125, 135,
136, 141, 145, 148, 149, 153~155,
157, 197, 198, 215, 217, 228, 240, 244,
248, 265, 298, 310~312
중력장 방정식 90, 96, 103, 108, 110,
119~123, 125, 141, 145, 217, 228,
310~312
중력질량 51, 52, 68
중력 탐사선 B 295, 296
중력파 141, 155, 175, 179, 189,
192~194, 197, 199, 200, 203~212,
221, 230, 254~258, 263, 297, 298, 311
지베르트 285
《지속적인 중력 수축에 관하여》(오펜하이머,
스나이더) 154
지, 앤서니 55, 68
진공 장 방정식 119, 153, 202, 299
진동 모드 280

ㅊ

찬드라세카르, 수브라마니안 161
척도 불변성 270
천싱선 275
천웨원 19, 184, 185
천포닝 206, 252~254, 257, 258
초기값 문제 195, 201, 243
초대질량 블랙홀 186, 187, 298
초병진 256~258
초신성 228
최소곡면 168, 169, 237, 238
최소작용의 원리 127
최종상태 추측 178, 179
축소화 282, 299, 300

축약된 비앙키 항등식 116, 117, 136
취리히 연방공과대학교 69
측지선 67, 95, 157
측지효과 296

ㅋ

카르탕, 엘리 275
카터, 브랜든 145, 161, 180
칸델라스, 필립 282
칼라비-야우 다양체 281~284, 299
칼라비, 에우제니오 14, 281~284, 299,
300, 304, 331
칼루차-클라인 이론 279, 299
칼루차, 테오도어 270, 276~280, 299
커, 로이 158~161
케일리, 아서 132
케플러, 요하네스 24, 25, 28, 35, 39, 309
코리, 레오 19, 65, 316
코시 문제 195, 197
코시지평선 173, 174
코페르니쿠스, 니콜라우스 24, 227, 309,
310
콘딧, 존 34
퀘이사 186
퀴그, 크리스 138
크리스토둘루, 데메트리오스 19, 154,
155, 174, 197, 202~207, 257
크리스토펠, 엘빈 브루노 91, 126
클라이네르만, 세르지우 19, 175, 177,
197, 202~205, 323
클라인, 오스카 277
클라인, 펠릭스 107, 117, 133~135

ㅌ

타우리누스, 프란츠 76
타원 22, 24, 25, 35, 36, 67, 110, 198, 204, 307
탐룬후이 250
태양중심설 24
털없음 정리 179~182, 184, 185, 305
테오레마 에그레기움(가우스) 78
테일러, 조지프 207, 208
텐서미적분학 91, 97, 106, 288, 289
토도로프, 이반 T. 52, 109
톰슨, 앨런 158
통일 이론 16, 86, 261, 264~266, 277
특수상대성이론 27, 31, 44~49, 53, 54, 58, 59, 61~63, 66, 68, 82, 87, 88, 94~96, 108, 124, 287
특이점 143, 152, 155~157, 161~163, 165~169, 172~174, 187, 193, 197, 199, 202, 204, 210, 211, 223, 231, 232, 263, 264
틀 끌림 296

ㅍ

파동좌표계(→ 조화좌표계) 199
파울리, 볼프강 269, 288
파이스, 아브라함 89, 90, 267
패러데이, 마이클 268
펄서 207, 208, 298
페렐만, 그리고리 289
페르마, 피에르 드 127, 131
펜로즈, 로저 63, 161~169, 172~174, 187, 197, 206, 231, 232, 236, 239, 244,
245, 252, 255, 256, 263, 312
펜지어스, 아노 231
편미분방정식 122, 145, 148, 177, 198
평행선 공준 75, 76
평행이동 46, 96
포물선 22, 33, 88, 198
포스, 아웰 116, 117
표준우주모형 228
표준좌표계 115
푸아송 방정식 120
푸앵카레, 앙리 49, 62, 289
프레이르, 파울루 297
프리드만-르메트르-로버트슨-워커 모형 228
프리드만, 알렉산드르 225~229, 231, 232
프리토리우스, 프란스 19, 199, 210, 325, 326
《프린키피아》(뉴턴) 38~40, 47
플랑크 길이 278
플랑크, 막스 73, 102, 278, 297
플레세르, 로넨 283
피셔, 아서 303
《피지컬 리뷰》 160, 193, 206
《피지컬 리뷰 레터스》 160, 206
피타고라스 정리 55, 82, 83
핀슈터, 펠릭스 19, 181, 182, 324

ㅎ

하윗, 마틴 111
하틀, 제임스 154, 282
할러, 프리드리히 43
해밀턴, 리처드 140, 289
《해밀턴의 원리와 일반상대성이론》

(아인슈타인) 140
핵융합 154
허블, 에드윈 227
허블의 법칙 227
헐스, 러셀 207
호로비츠, 게리 170, 282
호젠펠더, 자비네 187, 188
호킹, 스티븐 38, 164, 169~172, 180,
　　183~185, 187, 188, 197, 225, 231,
　　232, 245, 246, 264, 283, 314, 323, 327,
　　328
호킹 질량 246
황란쉬안 19, 247, 329
회전 대칭성 138, 253
후이스켄, 게르하르트 239
후크, 로버트 37
휠러, 존 229, 303
휴메이슨, 밀턴 227
힐베르트, 다비트 27, 106~112, 117,
　　119, 126, 127, 131~136, 140, 183,
　　269, 287, 312, 332

3+1 분해 200, 201

A~Z

ADM 질량 243, 246, 247, 251
$E=mc^2$ 44
FLRW 모형(→ 프리드만-르메트르-로버트슨-
　　워커 모형) 228
LIGO 208~212, 257, 258, 263, 325
M87 186, 187
M-이론 279, 300
S2 297, 333
SYZ 추측 284, 285
X선 186